国家科学技术学术著作出版基金资助出版

住 宅 节 能

江 亿 林波荣 曾剑龙 朱颖心 著

中国建筑工业出版社

图书在版编目（CIP）数据

住宅节能/江亿等著．—北京：中国建筑工业出版社，2006
（国家科学技术学术著作出版基金资助出版）
ISBN 978－7－112－08038－0

Ⅰ．住...　Ⅱ．江...　Ⅲ．住宅—节能—建筑设计
Ⅳ．TU241

中国版本图书馆 CIP 数据核字（2006）第 008869 号

本书首先概述了我国住宅发展状况和节能的意义，分析了住宅建筑能耗构成和节能途径，然后以当前国际流行的节能设计理念和技术方法，介绍了包含小区规划节能、住宅能耗分析与优化、围护结构节能、通风节能、采光、太阳能合理利用、采暖空调系统等与住宅节能密切相关的技术内容和相关措施。

本书可供从事建筑及相关专业设计的工程师参考，也可供大专院校的师生参考。

*　　*　　*

责任编辑：齐庆梅
责任设计：赵　力
责任校对：张树梅　关　健

国家科学技术学术著作出版基金资助出版
住宅节能
江　亿　林波荣　曾剑龙　朱颖心　著
*
中国建筑工业出版社出版、发行（北京西郊百万庄）
各地新华书店、建筑书店经销
北京嘉泰利德公司制版
北京云浩印刷有限责任公司印刷
*
开本：787×960 毫米　1/16　印张：21½　字数：430 千字
2006 年 3 月第一版　2009 年 8 月第四次印刷
印数：6001—7200 册　定价：39.00 元
ISBN 978－7－112－08038－0
（13991）

序

目前我国正处在经济建设高速发展的过程中。随着我国城市化程度的不断提高，第三产业占 GDP 比例的加大以及制造业结构的调整，建筑运行能耗将不断提高，对我国能源供应和环境保护造成巨大压力。目前我国城镇建筑消耗采暖用能 1.5 亿吨标煤/年，相当于我国非发电用煤的 16%～18%，建筑运行过程用电量 4000～4500 亿度/年，为我国发电总量的 22%～24%。按照目前规划，到 2020 年我国城镇建筑还将新增 100～150 亿平方米，增加量为目前城市建成建筑面积的 65%～90%。这将导致建筑用能的不断增长，造成对我国能源供应系统的巨大压力，同时也成为减少我国二氧化碳排放量的重要障碍之一。

然而目前我国现有住宅建筑中能够达到采暖建筑节能设计标准的只有 1.8 亿平方米，仅占全部城乡建筑面积的 0.6%，占城市房屋建筑面积的 2.3%。约 210 亿平方米的既有住宅建筑存在着保温隔热性和气密性差、供热系统热效率低下等问题。同时，在我国每年新建的城镇住宅中，完全按照建筑节能要求设计的不足 6%。即便执行了节能标准的住宅，其能耗与相同气候条件的西欧或北美国家相比，单位建筑面积要多消耗 50%～100% 的采暖能量，而且舒适性较差。

住宅作为目前最昂贵的商品，消费者在穷其半生积蓄购买时不可能不考虑它的节能性能。需要注意的是，在当前市场机制作用下的房地产市场，伴随着日趋激烈的市场竞争，住宅能耗作为一项重要指标，已得到购房者和开发商的共同关注，并逐渐成为开发商的自觉行为。因为不节能的住宅不仅将在使用过程中不断地消耗居住者的金钱（据统计已在居民年收入的10%以上），同时还会影响人们的生活质量和身体健康。时不待我，当前正是新建住宅狠抓节能的关键。因此，本书将从技术角度出发，在总结国内外住宅节能设计经验的基础上，着重介绍清华大学及其合作单位多年来在节能住宅、生态住宅的设计、实践过程中积累下来的成熟技术与方法，并期望给房地产开发商、工程设计人员以指导和帮助。

清华大学自20世纪80年代以来，便开始从事住宅（建筑）节能和绿色建筑的研究和实践工作，积累了丰富的经验。包括，80年代初开始的太阳能住宅设计（北京、河北、西藏）；90年代开展的生态农宅设计（张家港生态农宅，1998，英国建筑与社会基金项目），中国生态住宅项目（1998年，国际可持续发展基金（AGS）项目，合作单位：美国MIT大学、日本东京大学、瑞士苏黎士高等技术学院、同济大学等），住区微气候的热物理问题研究（1999~2004，国家自然科学基金重点项目），中国生态住宅技术评估手册（2001~2003），绿色奥运建筑评估体系及奥运园区能源系统综合评价研究（北京市科委项目，2002~2003），奥运绿色建筑标准研究（科技部奥运十大科技专项之一，2002~2004），新建建筑能耗评估体系与超低能耗示范建筑（北京市科委，2002~2004），降低建筑物能耗的综合关键技术研究（科技部“十五”科技攻关项目，2004~2006）。此外还与万科、天鸿、金地、招商、万达、当代集团等大型房地产集团进行过紧密的设计、咨询和评估实践工作。本书即为上述成果的总结与提炼。书中的许多节能措施、设计方法和理念已经或正在北京、上海、南京、深圳、广州、成都、西安等地20余个住宅小区的设计、建造中得以实现。

本书首先概述了我国住宅发展状况和节能的意义，分析了住宅建筑能耗构成和节能途径，然后以当前国际流行的节能设计理念和技术方法，介绍了包含小区规划节能、住宅能耗分析与优化、围护结构节能、通风节能、采光、太阳能合理利用、采暖空调系统等与住宅节能密切相关的技术内容和相关措施。

本书除了介绍清华大学对住宅节能整体优化设计的新理念，同时还强调不同专业之间尤其是工程技术人员与建筑师之间的紧密配合及交流。此外，还努力通过一些经验性成果的总结、罗列来直接指导工程设计。

本书各章作者如下：

第1章：江　亿、林波荣

第2章：江　亿、林波荣

第3章：林波荣、顾道金、朱颖心

第4章：曾剑龙、林波荣

第5章：曾剑龙、孟庆林、袁　圆、朱颖心

第6章：林波荣、欧阳沁、朱颖心

第7章：林波荣、唐振中、朱颖心

第8章：林波荣、夏春海、陈海波

第9章：江　亿、林波荣

全书由林波荣统稿。

本书的出版要归功于清华大学建筑技术科学系师生们的集体智慧，以及中国建筑工业出版社的支持和鼓励，更得益于相关政府部门、科研单位和房地产开发商的大力支持与合作；特别地，得到了华南理工大学孟庆林教授的积极支持和热情参与。在此，对他们表示深深的谢意。

本书获国家科学技术学术著作出版基金资助，特此致谢！

由于书中所述多为新思路、新技术的探索，同时作者水平有限，文字表述也可能存在疏漏，恳请读者批评指正。

目　录

第1章 住宅节能综述

1.1 我国住宅发展状况

目前我国正处于飞速城镇化的进程中。据统计，2003年我国城镇化率达到40.53%。预计到2020年将达到60%。伴随着庞大的基础设施、住房、工作用房和教育、保健、休闲用房需求，我国房屋建筑正在以飞快的速度发展。按照世界银行的预测，到2015年，全世界新建筑的一半出现在中国；而到2015年，中国城市商用和居住建筑中的一半在2000年后建造。

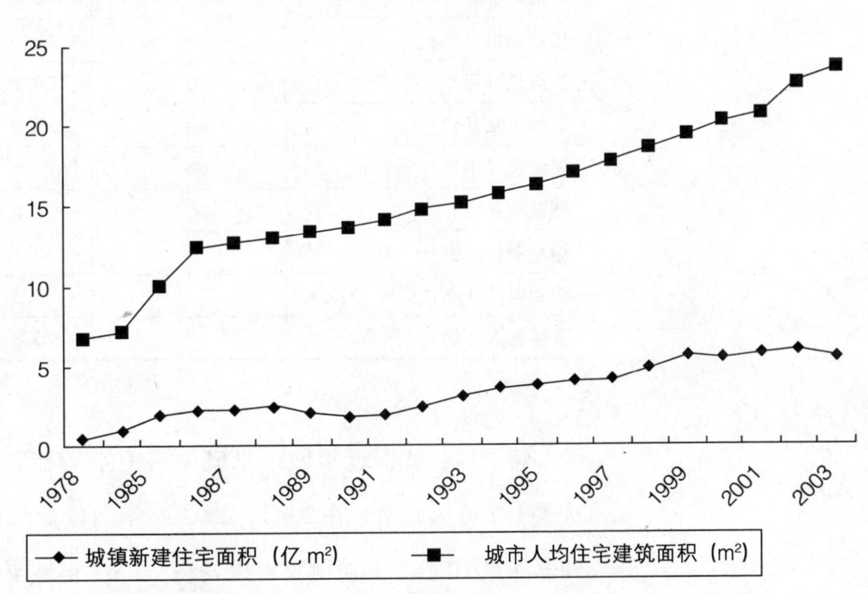

图1-1 我国城镇新建住宅面积和人均居住面积发展状况

住宅发展和人居环境的改善一直得到高度重视，特别是改革开放以来，住宅建设进入到快速发展的轨道，如图1-1所示。可以看出，从1996年以来，住宅年平均竣工面积达到了4.5亿m^2，大大超过了“九五”计划 2.4 亿 m^2 的目标。特别地，2000 年以后，城镇年均新建住宅面积达到了 5.68 亿 m^2，增长速度迅猛。

在居住面积增加、生活水平不断提高的同时，与人们生活质量息息相关的电器设备拥有率也迅速提高，如表 1-1 所示。

我国居民家用电器设备拥有率变化情况（/百户）　　表 1-1

项目＼年份	1990	1995	1999	2000	2002	2003
摩托车（辆）	1.9	6.3	15.1	18.8	22.2	24.0
洗衣机（台）	78.4	89.0	91.4	90.5	92.9	94.4
电冰箱（台）	42.3	66.2	77.7	80.1	87.4	88.7
彩色电视机（台）	59.0	89.8	111.6	116.6	126.4	130.5
录放像机（台）		18.2	21.7	20.1	18.4	17.9
组合音响（套）		10.5	19.7	22.2	25.2	26.9
照相机（架）	19.2	30.6	38.1	38.4	44.1	45.4
空调器（台）	0.3	8.1	24.5	30.8	51.1	61.8
淋浴热水器（台）		30.1	45.5	49.1	62.4	66.6
排油烟机（台）		34.5	48.6	54.1	60.7	63.6
影碟机（台）			24.7	37.5	52.6	58.7
家用电脑（台）			5.9	9.7	20.6	27.8
摄像机（架）			1.1	1.3	1.9	2.5
微波炉（台）			12.2	17.6	30.9	37.0
健身器材（套）			3.8	3.5	3.7	4.1
移动电话（部）			7.1	19.5	62.9	90.1
家用汽车（辆）			0.3	0.5	0.9	1.4

特别地，我国近年城市家庭中房间空调器拥有量以极快的速度增长。从表 1-2 可以看出，在 2002～2003 一年间，全国城市每百户家庭的房间空调器净增 10 台。简单测算可以发现，2003 年城市住宅房间空调器装机电力占到了全国发电能力的五分之一左右，对国家电力需求和能源安全提出了

严峻的挑战。

我国部分省市每百户城市家庭房间空调器拥有量　　表 1-2

省/市	空调器台数（2002）	空调器台数（2003）
广东	125.54	141.99
上海	113.87	135.80
重庆	106.89	126.67
北京	106.46	119.31
浙江	81.64	105.23
天津	76.78	90.87
福建	74.45	99.88
湖北	70.52	77.75
江苏	67.40	90.94
安徽	50.65	61.75
河南	—	73.07
陕西	—	59.34
四川	—	56.21
湖南	—	55.38
山东	—	52.31
河北	—	55.91
全国	51.10	61.79

注：表中仅列出每百户城市家庭房间空调器拥有量在 50 台以上的省市。

1.2　我国建筑能耗状况和住宅节能潜力

建筑能耗包括建材生产、建筑施工、建筑日常运转及建筑拆除等项目的能耗。其中比重最大（约占 80% 以上）的是建筑使用过程中的能耗，包括建筑物（主要指住宅和公共建筑）采暖、空调、热水供应、炊事、照明及建筑电器耗能。

我国目前城镇民用建筑（非工业建筑）运行耗电为我国总发电量的

22%~24%，北方地区城镇采暖消耗的燃煤为我国非发电用煤量的15%~18%（建筑消耗的能源为全国商品能源的21%~24%）。这些数值都仅为建筑运行所消耗的能源，不包括建筑材料制造用能及建筑施工过程能耗。目前发达国家的建筑能耗一般在总能耗的三分之一左右。随着我国城市化程度的不断提高，第三产业占GDP比例的加大以及制造业结构的调整，建筑能耗的比例将继续提高，最终接近发达国家目前33%的水平。根据近30年来能源界的研究和实践，目前普遍认为建筑节能是各种节能途径中潜力最大、最为直接有效的方式，是缓解能源紧张、解决社会经济发展与能源供应不足这对矛盾的最有效措施之一。

我国城镇民用建筑能源消耗按其性质可分为如下几类：

（1）北方地区采暖能耗，目前城镇民用建筑采暖能耗平均约为20kg标煤，城镇民用建筑采暖面积约为65亿m^2，此项能耗约占民用建筑总能耗的56%~58%；

（2）除采暖外的住宅能耗（照明、炊事、生活热水、家电、空调），折合用电量为10~30kWh/(m^2·a)①，目前城镇住宅总面积接近为100亿m^2，约占民用建筑总能耗的18%~20%；

（3）除采暖外的一般性非住宅民用建筑能耗（办公室、中小型商店、学校等），主要是照明、空调和办公室电器等，用电量在20~40kWh/(m^2·a)之间，约占民用建筑总能耗的14%~16%；

（4）大型公共建筑能耗（高档写字楼、星级酒店、大型购物中心等），此部分建筑总面积不足民用建筑总面积的5%，但单位面积用电量多达100~300kWh/(m^2·a)，因此用电量占民用建筑总用电量的30%以上，此部分建筑能耗占民用建筑总能耗的12%~14%，是非常值得关注的部分。

上述分析之所以把采暖能耗分出，是因为此部分能耗以直接燃煤和热

---

① 根据清华大学、同济大学、上海建科院、湖南大学等单位对北京、上海、长沙等地中高档住宅用能调研的结果，这些大城市的住宅月平均用电量已经达到或接近300kWh。

电联产之排热为主，而其他部分能耗则以用电为主；之所以把非住宅民用建筑分为一般与大型是因为这两类建筑的单位面积用电量差别巨大。

目前我国正处在城市化高速发展的过程中。为适应城镇人口飞速增加的需求和继续改善人民生活水平的需要，在 2020 年前我国每年城镇新建建筑的总量将持续保持在 10 亿 m^2/a 左右，到 2020 年新增城镇民用建筑面积将为 100～150 亿 m^2。由于人民生活水平提高，采暖需求线不断南移，新建建筑中将有 70 亿 m^2 以上需要采暖，10 亿 m^2 左右为大型公建，按照目前建筑能耗水平，则需要增加 1.4 亿吨标煤/a 用于采暖，增加 4000～4500 亿 kWh/a 用电量。这将对我国能源供应产生巨大压力。

住宅节能是我国建筑节能的重要组成部分。截至 2000 年底，全国既有房屋建筑面积，城市已至 100 亿平方米，然而其中能够达到采暖建筑节能设计标准的仅占全部城乡建筑面积的 0.6%，占城市房屋建筑面积的 2.3%。而约 210 亿平方米的既有住宅建筑存在着保温隔热性和气密性差、供热系统热效率低下等问题。上海住宅及其住宅节能的发展情况如表 1-3 所示。

上海住宅发展情况　　表 1-3

年份	住宅保有量（万 m^2）	新建建筑增长量（万 m^2）	节能建筑增长量（万 m^2）	节能建筑总量（万 m^2）
2002	26906	/	107	107
2003	30560	3654	320	427
2004	32560	2000	600	1027

另外，在我国每年新建的城镇住宅中，完全按照建筑节能要求设计的不足 6%。即便执行了建筑节能标准的住宅建筑，其住宅能耗与相同气候条件的西欧或北美国家相比，单位建筑面积要多消耗 50%～100% 的采暖能量，而且舒适性较差。例如，按照 2004 年新的节能 65% 的标准建造，北京市住宅采暖能耗大幅降低，但仍比瑞典、丹麦、芬兰等国气候相近地区的采暖能耗高出近 50%（表 1-4），而国内目前按照 65% 节能标准进行居住建筑节

能设计的城市仅仅是北京、天津两个城市。

气候相同地区我国住宅建筑耗热量指标与发达国家的比较　表 1-4

	采暖季平均耗热量指标（W/m^2）
未按新节能标准建造的北京市住宅	30.1
按照65%节能标准建造的北京市住宅	15.0
瑞典、丹麦、芬兰等国家住宅	11

我国与西方发达国家建筑节能设计部分技术指标的比较如表 1-5 所示。从表中可以看出，我国北京地区的外墙保温水平已经与气候相近的德国、英国、美国、俄罗斯、日本等国相差无几，但是外窗的热工性能依然有值得提高的潜力。

国内外围护结构传热系数指标比较　表 1-5

国　家	外墙 [$W/(m^2 \cdot K)$]	外窗 [$W/(m^2 \cdot K)$]	屋顶 [$W/(m^2 \cdot K)$]
中国：			
北京①	0.60　0.45	2.80	0.60　0.45
哈尔滨	0.52　0.40	2.50	0.50　0.30
瑞典南部地区	0.17	2.00	0.12
丹麦	0.30	2.90	0.20
德国	0.50	1.50	0.22
英国	0.45	双层玻璃	0.45
美国（相当于北京地区）	0.32（内保温） 0.45（外保温）	2.04	0.19
加拿大：			
相当于北京地区	0.38	2.86	0.23　0.40
相当于哈尔滨地区	0.27	2.22	0.17　0.31

① 节能65%标准，2004年7月1日开始执行。

续表

国　家	外墙 [W/(m²·K)]	外窗 [W/(m²·K)]	屋顶 [W/(m²·K)]
日本:			
北海道	0.42	2.33	0.23
东京都	0.87	6.51	0.66
俄罗斯:			
相当于北京地区	0.80　0.44	2.75	0.57　0.33
相当于哈尔滨地区	0.56　0.32	2.35	0.40　0.24

以前我国住宅建筑的电耗一部分消耗在照明及家用电器，年平均能耗在 5W/m² 以下；同时南方绝大多数地区的民用建筑无采暖和空调，这是为何全国建筑平均能耗低于发达国家的主要原因。然而近十年来，随着人民生活水平的提高，无论是住宅还是一般性民用建筑，空调的安装率迅速提高，空调器市场销售量持续以每年 20% 左右的速度增长，空调电耗很快就会成为建筑能耗的重要组成部分，并将改变目前我国建筑能耗低于发达国家水平的状况。根据预测，今后十年我国建成并投入使用的商品住宅及一般性民用建筑至少为每年 5 亿平方米，如果它们全部安装空调或采暖设备，并且全部按 20W/m² 电功率装机容量计算①，则十年累计增加的用电设备为 1 亿千瓦，恰为我国 2000 年发电能力的三分之一。与同纬度的发达国家相比，我国北方地区住宅采暖能耗约为国外的 2～2.5 倍。我国大部分地区通过对建筑的节能改造，可使空调电耗降低 40%～70%，有些地区甚至不装空调也可保证夏季基本处于舒适范围。如果这 50 亿平方米的新建建筑在建设中采用节能措施，则至少可节省 50% 的采暖空调能耗，其量相当于我国 2000 年发电能力的六分之一！

对新建居住建筑通过改进建筑设计、加强围护结构保温和有效利用太阳能，可使建筑采暖需热量降低至目前的二分之一甚至三分之一，采暖标

① 按照目前的下限值，空调电耗 20W/m²，采暖热耗 60W/m²，采用热泵可折合为 20W/m² 电耗。

煤耗量可仅为 6～7kg/(m^2·a)。目前我国北方城镇建筑有近 60% 采用不同规模的集中供热系统供热。由于调节不当导致部分建筑过热、开窗散热造成的热量浪费平均为供热量的 30% 以上。部分小型燃煤锅炉效率低下也是造成能耗过高的原因之一。通过更换供热方式，改善管网系统的调节、提高热源效率这三方面的改进，现有居住建筑的采暖能耗也可以在目前水平上降低 30%。这样，对新建居住建筑全面采用节能措施，对现行的供热系统进行节能改造，在 2020 年新增居住建筑面积接近翻一番的情况下，我国北方地区建筑采暖能耗总量与目前相同，届时将大大缓解对能源供应的压力。

除采暖外，住宅能耗中的用电量为 10～30kWh/(m^2·a)，随着生活水平的提高目前呈上升趋势；生活热水能耗在大城市中也逐渐加大。推广节能灯和节能家电对降低住宅电耗有重要作用；改进建筑设计、降低夏季空调能耗，也可以使住宅电耗减少 3～8kWh/(m^2·a)。及时开发和推广高效的家用生活热水装置，可避免由于生活热水需要量的不断增长所导致的住宅新能耗的增加。对现有住宅的照明和用电设备实行节能改造，对新建住宅从建筑形式、通风遮阳等方面全方位采取措施，可以使得在增加 100 亿平方米住宅后，除采暖外的住宅能耗总量仅在目前基础上增加 50%，维持在 2000 亿 kWh/a 内。

按照前述分析，我国住宅建筑节能的重点应为：围护结构节能（包括住区微气候改善、促进自然通风和自然采光等）、采暖空调系统的节能、太阳能合理利用、提高灯具和其他电器的效率、既有建筑的节能改造。

1.3 与住宅节能工作相关的主体及其利益分析

与住宅节能工作相关的主体如图 1-2 所示。不同主体在住宅节能工作的开展中可获得的收益和应开展的工作如下所示。

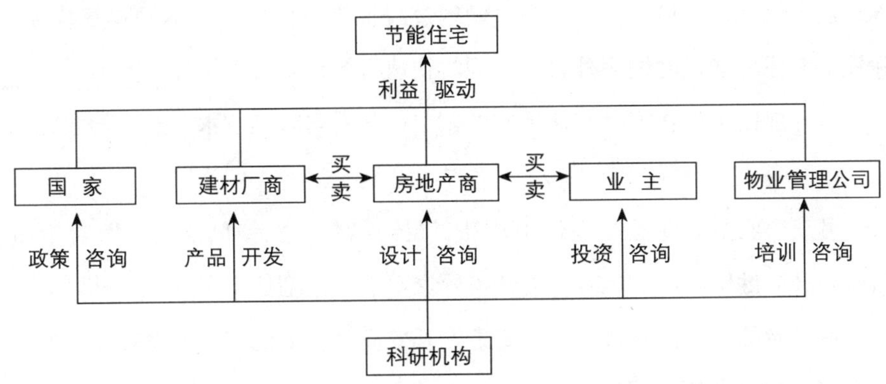

图 1-2　与节能住宅有关的主体关系示意图

（1）政府

可获得的利益：总体能源利用效率提高，环境改善；顺应并推动国家能源结构的调整，刺激国民经济的增长，有利于国家长期可持续发展。

可开展的工作：尽快出台与住宅（或建筑）节能相关的政策法规，制定新建住宅能耗评估体系，并配以经济奖励、惩罚机制，从而在政府的宏观调控和市场机制的共同作用下，推动住宅节能深入进行。

（2）建材、设备厂商

可获得的利益：有市场需求，即有利润。随着节能住宅及节能建筑的推广，市场对新型建材、部品、设备的要求量增大，可降低厂家的生产成本。同时可通过市场节能的需求，进行技术创新和企业改革，从而提升自身的竞争力。

可开展的工作：加强产品需求调研，把握节能市场的信息和方向；加大创新力度，发展出新的适销对路的节能产品；企业内部挖潜，通过降低生产成本，扩大生产规模提升利润空间。

（3）房地产商

可获得利益：争取国家优惠政策，降低房屋开发成本；提升企业形象和竞争力；赢得顾客，赢得利润（一是通过在建设节能住宅过程中控制投入，追求性能效率最优；二是通过销售过程提高房屋价值及缩短销售周期，弥补节能住宅建设时的额外投入，同时快速有效地实现资金周转）。

可开展的工作：支持节能住宅的试点、开发与节能技术、产品的实施。

（4）业主（购房者）

可获得利益：降低住宅使用能耗，提高居住生活空间质量，改善生活品质和身体健康状况。还有可能获得国家对节能住宅使用者的经济补贴。

可开展的工作：支持并督促房地产开发商进行节能住宅的设计及开发。

（5）物业管理公司

目前物业管理公司负责整个住宅小区的保安、卫生和设备维护等工作，住户所交的电费和热费与其无关，因节能而导致的住户水电热费降低只对住户有利。但公共区域的电费、热费打入了公司所收的管理费中，如进行节能管理，则可降低管理成本，提高效益。

可获得利益：通过系统的节能管理和运行，降低管理成本，提高经济效益。

可开展的工作：与房地产公司签订能耗费用独立核算的管理合同，在保证末端用户使用的前提下节能增效。

（6）科研机构

通过节能住宅相关技术的研究深化科研，增强和政府、业界的合作与交流。可开展的工作如下：

1）为政府提供决策咨询

对政府制订的政策、法律、法规等，提供科学理论根据；

参与制订各种标准、规范；

为国民经济的发展提供相关的建议和意见。

2）为建材厂商合作开发新产品

节能技术、产品的应用基础研究，与厂家合作开发新型技术与产品；

突破技术难点，研究适应中国国情的（包括气候，建筑类型，经济状况等）新技术；

参与建材厂商的产品开发，促进科研成果迅速转化为生产力。

3）为房地产商提供设计咨询

研究建筑设计对住宅能耗的影响，并为房地产开发商提供相应的咨询服务；

研究各种建筑技术、设备、系统等对住宅能耗的影响，并为房地产开发商提供相应的咨询服务；

与房地产开发商合作，建设示范工程。

4）为购房者提供投资咨询

配合政府，开展宣传教育工作；

为购房者的投资进行咨询。

5）为物业管理公司提供培训咨询

对物业管理公司的工作人员进行教育和培训；

为物业管理公司提供技术咨询，提高系统运行管理水平；

与物业管理公司合作，对示范项目进行跟踪调查，了解各种技术方面存在的问题，为科研工作的深入开展提供第一手资料。

1.4　住宅节能的经济效益和社会效益

住宅作为目前最昂贵的商品，消费者在穷其半生积蓄购买时不可能不考虑它的节能性能；因为不节能的住宅不仅将在使用过程中过量地消耗居住者的金钱，还会影响人们的生活质量和身体健康。值得指出的是，事实上住宅节能导致的建设成本增加并不明显。根据建设部的统计，自 1986 年开展北方地区建筑节能工作以来，在节能 30% 的第一阶段，北方采暖地区的新建建筑和既有建筑节能改造成本在 80 ~ 90 元/平方米。增加的节能成本，一般可通过节能的效益在 3 ~ 4 年内回收。1996 年开始建筑节能 50% 第二阶段以来，北方采暖地区的新建建筑和既有建筑节能改造成本约为 100 ~ 120 元/平方米，增加的节能成本一般可通过节能效益在 4 ~ 5 年即可回收。

夏热冬冷和夏热冬暖地区的节能工作据初步实践也与此大致相当。

此外，如果能全面开展住宅建筑节能，还可从以下三方面拉动内需（只考虑城市民用建筑），促进国民经济的发展[①]：

一是既有住宅建筑的节能改造。到2003年末，全国既有房屋建筑面积达400亿平方米，其中城市住宅约为80亿平方米，这些建筑绝大多数是不节能的。若节能改造按每平方米100元计算，在10年内完成，则一年的有效需求为800亿元。

二是新建住宅建筑按节能标准进行设计和建设。按照住宅建筑节能增量成本占居住建筑投资的10%左右，城市新建住宅每年新开工约5亿平方米，则每年新增有效需求约500亿元。

三是发展建筑节能产业。住宅节能不仅可以直接带动节能墙体材料、门窗、变流量供暖系统、节能制冷设备、节能照明设施等新兴产业的发展，还将会直接推动建材、化学建材、建筑业的结构调整与升级。

此外，住宅节能设计还能有效改善人们的生活质量。多年来，由于历史、社会和经济等多方面的原因，我国大部分地区的人民居住水平较低。改革开放以来，国家十分重视住宅建设，在一定程度上解决了人们的居住有无问题，但居住的舒适性、室内环境仍未得到根本改善，特别是长江流域和南方炎热地区，夏季炎热、冬季湿冷的情况仍十分普遍，与这一地区的社会发展和我国现代化要求十分不相符。因此，进行住宅节能设计，在节约能源的基础上还可使人民居住条件上一个新的台阶，真正达到小康水平。

住宅节能的经济效益和社会效益无疑是十分重大的，然而长期以来单纯依靠建筑节能设计标准中强制性条文实施却难以得到推动。其中原因很多，包括政策、法规、标准、技术、管理和资金等，这里不深入分析。在当前的市场经济条件下，推动住宅节能的关键在于：在充分把握与节能住

① 建设部资料。

宅相关的主体关系基础上，建立符合市场机制的激励机制（包括建筑能耗评估体系及相关政策法规等）、开展科学合理的建筑规划与设计、加快节能新技术的开发及应用。

清华大学自 20 世纪 80 年代以来，便开始从事住宅（建筑）节能和绿色建筑的研究和实践工作，积累了丰富的经验。包括，20 世纪 80 年代初开始的太阳能住宅设计（北京、河北、西藏）；90 年代开展的生态农宅设计（张家港生态农宅，1998，英国建筑与社会基金项目），中国生态住宅项目（1998 年，国际可持续发展基金（AGS）项目，合作单位：美国 MIT 大学、日本东京大学、瑞士苏黎士高等技术学院、同济大学等），住区微气候的热物理问题研究（1999～2004，国家自然科学基金重点项目），中国生态住宅技术评估手册（2001～2003），绿色奥运建筑评估体系及奥运园区能源系统综合评价研究（北京市科委项目，2002～2003），奥运绿色建筑标准研究（科技部奥运十大科技专项之一，2002～2004），新建建筑能耗评估体系与超低能耗示范建筑（北京市科委，2002～2004），降低建筑物能耗的综合关键技术研究（科技部"十五"科技攻关项目，2004～2006）。此外还与万科、天鸿、金地、招商、万达、当代集团等大型房地产集团进行过紧密的设计、咨询和评估实践工作。

本书即为上述研究和实践的成果，即主要从技术设计角度出发，介绍作者在节能住宅、生态住宅的研究、实践过程中积累下来的成熟技术与方法，并期望给房地产开发商、工程设计人员以指导和帮助。

需要注意的是，在当前市场机制作用下的房地产市场，由于房屋开发量逐渐趋于供求平衡，在日趋激烈的市场竞争环境下，开发商已把提高房屋质量、环境作为提高产品竞争力的重要途径。住宅能耗作为其中一项重要指标，已得到购房者和开发商的共同关注，并逐渐成为开发商的自觉行为。这种在市场经济规律下的住宅节能推进模式，如能得到政府政策的合理引导，无疑会在今后得到不可限量的发展。

参考文献

1 中国统计年鉴（2004 版），中国统计出版社

2 武涌．关于充分发挥政府公共管理职能推进建筑节能工作的思考．建筑节能，2002

3 江亿．我国建筑节能的现状和需要解决的问题．中国工程院 2002 年土木建筑工程学部论文集，2000

4 江亿．建立我国的建筑能耗评估体系．建筑节能，2002

5 世界银行委托清华大学研究项目（内部报告）：中国建筑节能的调查分析．2000

6 世界银行报告（建设部内部报告）．中国建筑节能的契机．2000

7 林其标等编著．住宅人居环境设计．广州：华南理工大学出版社，2000

第2章　住宅建筑能耗构成和节能途径

2.1　住宅建筑能源消耗的构成

住宅能耗是指住宅在使用过程中消耗的能量，主要包括建筑采暖、空调、热水供应、炊事、照明、家用电器、电梯等。由于通过建筑围护结构散失的能量和供暖制冷系统的能耗在整个建筑能耗中占大部分（各部分能耗大体比例见图2-1），因此目前建筑节能主要围绕提高建筑物围护结构的保温隔热性能和提高供热制冷系统效率两个方面展开。据统计，民用建筑能耗中住宅占60%①。而在住宅生活用能中，采暖空调耗能最大占65%②，生活热水占15%，电视照明约占14%，厨房饮食约占6%。

住宅与一般性民用建筑内部发热量相对较低，体表比偏小，因此，此类建筑的热性能就更多地依赖于外界气象环境。我国地域辽阔，不同地区气象条件差异很大，要在低能耗的条件下获得较好的室内热舒适，所需要采取的主要措施也大不相同，绝不是简单地采用外墙保温和窗保温等措施就能解决的。要在建筑规划

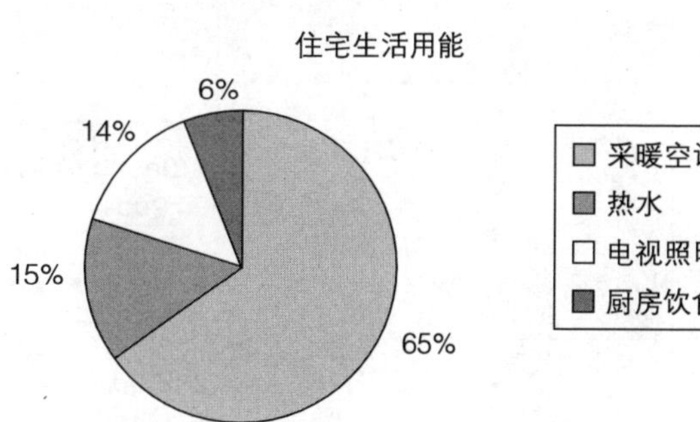

图2-1　住宅能耗分配情况

---

① 世界银行报告。

② 这一数据主要来自北方采暖地区。对于南方地区，空调能耗约在40%~55%左右。

设计、材料与部品选用、施工图设计、采暖空调系统选择等每一环节都做深入细致的工作，根据当地的气候特点确定最适宜方案。

2.2 住宅节能设计与热工分区

我国大部分地区四季分明，东部地区与世界上同纬度地区相比，夏季偏热、冬季偏冷。在我国人口稠密的城市，室内既需要冬季采暖，也需要夏季供冷。从而造成我国住宅能耗的复杂性和多样性。

我国建筑气候区划分级，是在综合分析和主导因素相结合的原则指导下，把全国划分为7个一级区、20个二级区。一级区反映全国建筑气候的大差异，二级区则反映一级区内建筑气候的区别。如表2-1所示为中国建筑气候区划的全貌。表中一级区分别以Ⅰ、Ⅱ、Ⅲ……Ⅶ表示其区号，二级区则在一级区号的右下角注以A、B、C……代表二级区号。

中国建筑气候一级区区划指标 **表2-1**

区名	主要指标	辅助指标	各区辖行政区范围
Ⅰ	1月平均气温≤-10℃；7月平均气温≤25℃；7月平均相对湿度≥50%	年降水量200~800mm；年日平均气温≤5℃的日数≥145d	黑龙江、吉林全境；辽宁大部；内蒙中、北部及陕西、山西、河北、北京北部的部分地区
Ⅱ	1月平均气温-10~0℃；7月平均气温18~28℃	年日平均气温≥25℃的日数<80d；日年平均气温≤5℃的日数145~90d	天津、山东、宁夏全境；北京、河北、山西、陕西大部；辽宁南部；甘肃中东部；河南、安徽、江苏北部的部分地区
Ⅲ	1月平均气温0~10℃；7月平均气温25~30℃	年日平均气温≥25℃的日数40~110d；年日平均气温≤5℃的日数90~0d	上海、重庆、浙江、江西、湖北、湖南全境；江苏、安徽、四川大部；陕西、河南南部；贵州东部；福建、广东、广西北部；甘肃南部的部分地区
Ⅳ	1月平均气温>10℃；7月平均气温25~29℃	年日平均气温≥25℃的日数100~200d	海南、台湾全境；福建南部；广东、广西大部；云南南部和元江河谷地区
Ⅴ	7月平均气温18~25℃；1月平均气温0~13℃	年日平均气温≤5℃的日数0~90d	云南大部；贵州、四川西南部；西藏南部一小部分地区
Ⅵ	7月平均气温<18℃；1月平均气温0~-22℃	年日平均气温≤5℃的日数90~285d	青海全境；西藏大部；四川西部、甘肃西南部；新疆南部部分地区
Ⅶ	7月平均气温≥18℃；1月平均气温-5~-20℃；7月平均相对湿度<50%	年降水量10~600mm；年日平均气温≥25℃的日数<120d；年日平均气温≤5℃的日数110~180d	新疆大部；甘肃北部；内蒙西部

不同的气候条件对住宅设计提出的要求不同。炎热地区需要通风、遮阳、隔热，以防室内过热；寒冷地区需要采暖、防寒和保温。为了明确建筑和气候两者之间的科学联系，使建筑物可以充分地利用和适应气候条件，从建筑热工设计角度把我国各地气候划分为五个气候分区，并直观地称之为严寒地区、寒冷地区、夏热冬冷地区、夏热冬暖地区、温和地区，这就是建筑热工设计分区，如图 2-2 所示。

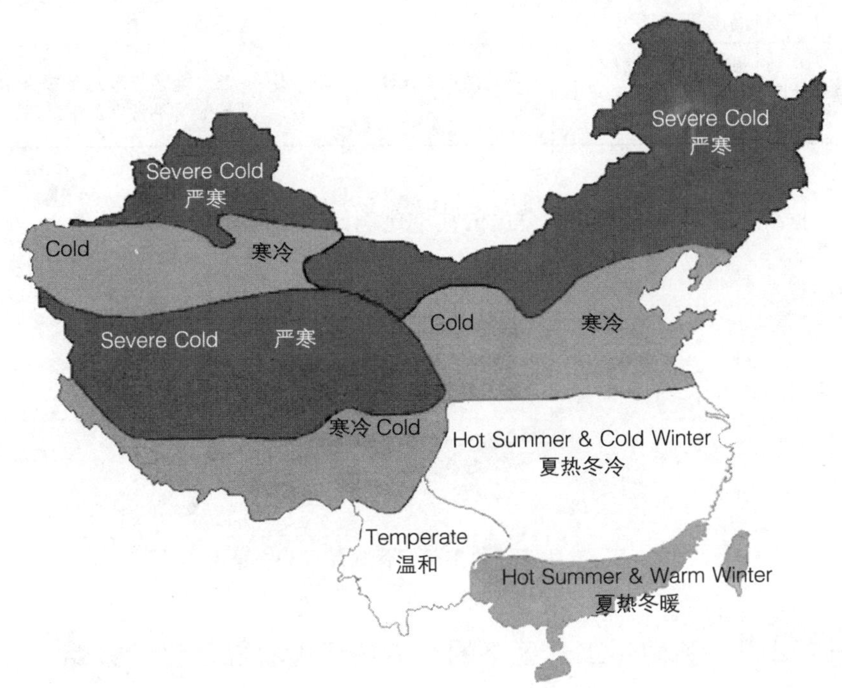

图 2-2　全国建筑热工设计分区图

不同热工分区的指标和建筑设计要求如表 2-2 所示。

建筑热工设计分区和设计要求　　　　**表 2-2**

分区名称	分区指标		设计要求
	主要指标	辅助指标	
严寒地区	最冷月平均温度≤ −10℃	日平均温度≤5℃的天数≥145d	必须充分满足冬季保温要求，一般可不考虑夏季防热

续表

分区名称	分区指标		设计要求
	主要指标	辅助指标	
寒冷地区	最冷月平均温度0～-10℃	日平均温度≤5℃的天数为90～145d	应满足冬季保温要求，部分地区兼顾夏季防热
夏热冬冷地区	最冷月平均温度0～10℃，最热月平均温度25～30℃	日平均温度≤5℃的天数为0～90d，日平均温度≥25℃的天数为40～110d	必须满足夏季防热要求，适当兼顾冬季保温
夏热冬暖地区	最冷月平均温度>10℃，最热月平均温度25～29℃	日平均温度≥25℃的天数为100～200d，	必须充分满足夏季防热要求，一般可不考虑冬季保温
温和地区	最冷月平均温度0～13℃，最热月平均温度18～25℃	日平均温度≤5℃的天数为0～90d	部分地区应考虑冬季保温，一般可不考虑夏季防热

据统计，我国不同热工分区的住宅比例如图2-3所示。

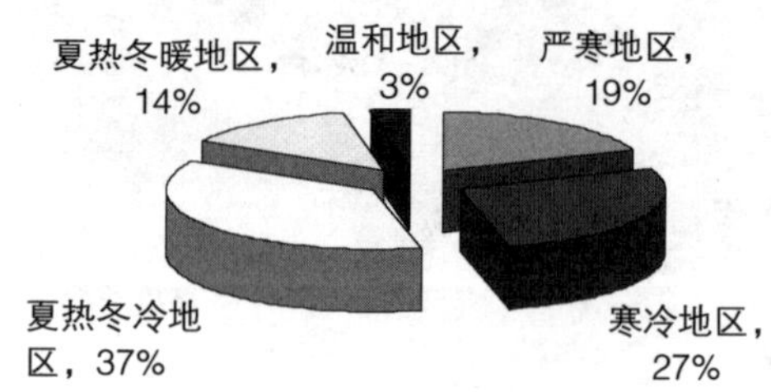

图2-3 我国不同热工分区住宅面积分布情况

2.3 不同热工分区下的住宅热环境状况及设计策略

2.3.1 严寒和寒冷地区

在严寒和寒冷地区，冬天最低气温可降到零下10～30°C。采暖是生存的基本需求，也是住宅节能设计中面临的主要问题。调查表明，我国北方采暖地区采暖能耗已经占住宅能耗的40%以上。若按照每年16元/m^{2}的供暖费、2003年城镇人均居住面积23.7m^{2}计算，则人均年供暖费支出约380元以上。清华大学世行报告给出了不同采暖地区采暖费占居民年收入的比例情况（表2-3）。

1999 年各地人员收入及其供暖费所占比例[①] **表 2-3**

城市	北京	黑龙江	吉林	新疆
采暖费比例	5.3%	13%	13%	10.7%

然而，在调查的多数住宅建筑中，采暖期内住宅室内温度分布不均(13～22℃)，一栋楼内各家冷热不均、无法调节的情况常常出现。这既浪费了大量的采暖能耗，又没有有效地改善冬季室内热环境。

根据清华大学 1998 和 1999 年对北京 200 多户住宅夏季室内热环境的调查（1998 年调查了 83 户无空调的住户，1999 年调查了 140 余户住宅，其中 98 户安装了空调），结果发现，测试房间的室温平均值主要在 29.3～32℃的范围内变化，按照美国 ASHRAE 的标准，多数仍然处于不舒适区域（图 2-4）。

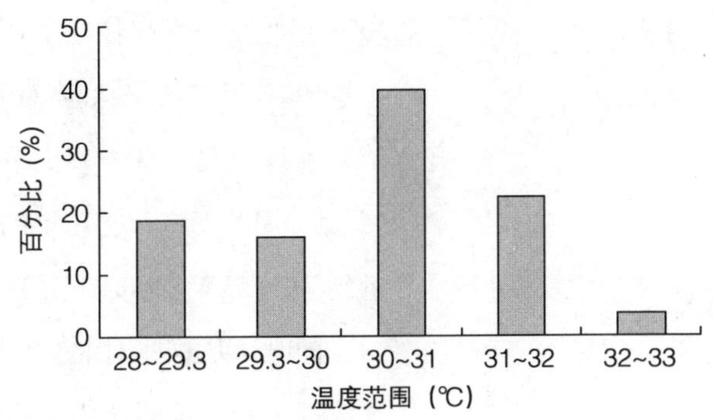

图 2-4 测试房间室温平均值的分布

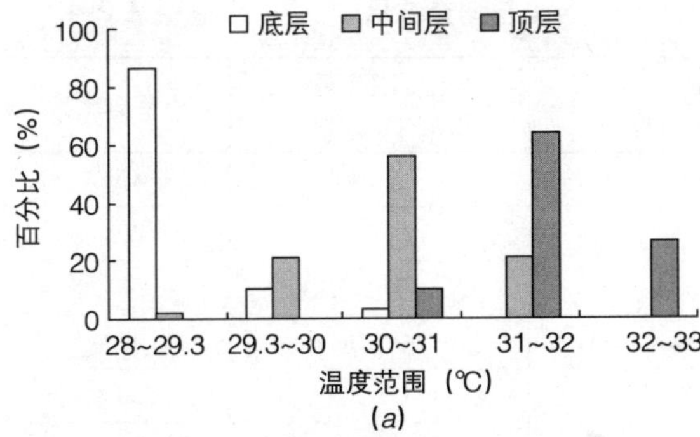

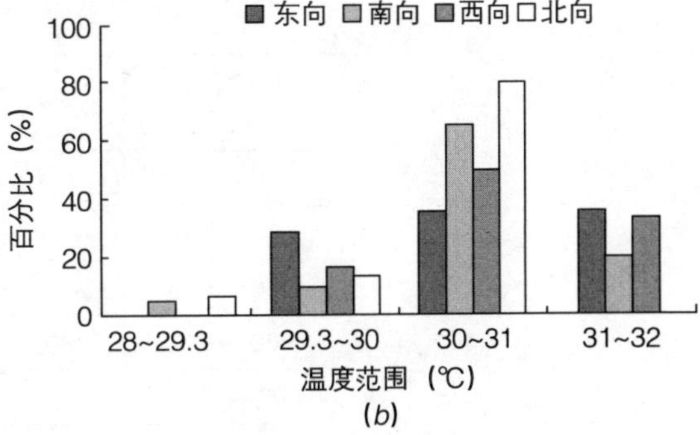

图 2-5 不同楼层和不同朝向房间的室温平均值分布
(*a*) 楼层位置不同；(*b*) 外墙朝向不同

① 清华大学 2000 年世行报告——《中国建筑节能调查分析报告》。

特别地，不同楼层房间的室温平均值表现出明显的差异（图2-5）。只有底层房间的室温平均值几乎小于外温的平均值，中间层房间的室温平均值基本比外温的高1~2℃，而顶层房间的则比外温的平均值高2~3℃。而不同朝向房间室温平均值的变化也存在一定的差异。这主要来自于外窗遮阳、室内自然通风状况以及室内发热量等因素的影响。

值得注意的是，近年来即便是寒冷地区的住宅，空调的安装和使用也呈明显上升的趋势，住宅能耗中用于空调制冷的比例正在逐年上升。例如，2003年北京每百户住宅空调拥有量已经达到了119台，天津达到了91台。

1999年，清华大学对410户住宅全年用电量、用气量进行了调研，结果发现，夏季住户每月用于空调的能耗占家庭月总耗电量的45%以上（见表2-4）。基于这几年的发展和上述调研数据，估算每户夏季空调用电量约为1.5kWh/(m^2·月)。

同时，从这些对北京市近千户居民家庭和四百多个公共建筑的能耗调查数据来看，不同使用性质的民用建筑在能耗指标方面也存在较大的差异，住宅的电耗指标大概在10~20kWh/(m^2·a)。

不同面积住户耗电量调查结果 **表2-4**

面积范围(m^2)	夏季平均月耗电量[kWh/(m^2·月)]	空调耗电量[kWh/(m^2·月)]	百分比
50~60	1.5	0.74	49%
60~70	1.4	0.40	29%
70~80	1.35	0.43	32%
80~90	1.34	0.63	47%
90~100	1.30	0.77	59%
100以上	1.16	0.65	56%

根据严寒和寒冷地区的气候特征，住宅设计中首先要保证围护结构热工性能满足冬季保温要求，并兼顾夏季隔热。通过降低建筑体形系数、采取合理的窗墙比、提高外墙及屋顶和外窗的保温性能，以及尽可能利用太

阳得热等，可以有效地降低采暖能耗。具体的冬季保温措施有：

（1）建筑宜设在避风地段，或建筑群布局中应将板式高层建筑布置在冬季主导风向，低层布置在夏季主导风向；

（2）建筑宜设在向阳地段，尽量争取主要房间有较多的日照；

（3）建筑物的体形系数应尽量小，平、立面不宜出现过多的凹凸面；

（4）避免开敞式楼梯间和冷外廊，出入口设置门斗；

（5）建筑北侧宜布置次要房间，北向窗户的面积应尽量小，同时适当控制东西朝向的窗墙比和单窗尺寸；

（6）有效隔断在外墙和屋顶中的各种接缝和混凝土或金属嵌入体构成的各种热桥；

（7）对于阳台、挑台这些挑出建筑主体的部分，则应采取脱离建筑主体的独立构造体系，以有效防止冷桥的出现并减少主体建筑的散热。

因此，对于寒冷地区的住宅建筑，还应该注意通过优化设计来改善夏季室内的热环境，以减少空调使用时间。而通过模拟计算表明，对于严寒和寒冷气候条件下的多数地区，完全可以通过合理的建筑设计，实现夏季不用空调或少用空调以达到舒适的室内环境的要求。

2.3.2　夏热冬冷地区

夏热冬冷地区包括长江流域的重庆、上海等 15 个省市自治区，是中国经济和生活水平高速发展的地区。然而这些地区过去基本上都属于非采暖地区，建筑设计不考虑采暖的要求，更顾不上夏季空调降温。如传统的建筑围护结构是 240 普通黏土砖墙、简单架空屋面和单层玻璃的钢窗，它们的传热系数分别为 1.96、1.66 和 6.6W/(m^2·K)，围护结构的热工性能较差。

在这样的气候条件和建筑围护结构热工性能下，住宅室内热环境自然相当恶劣。例如，根据重庆大学针对近百栋住宅楼的调研结果①，夏热冬冷

---

① 付祥钊. 夏热冬冷地区建筑热环境与能耗状况. 建筑技术，1998 年，29 卷第 10 期。

地区整个夏季室内热环境约有40%的时间严重影响居民的生活。而在武汉、重庆这样的“火炉”城市，夏季晴天约有60%～90%的情况室内不能正常生活，特别是不能睡眠；约30%～56%的情况，室内闷热难受难以久留。在这种情况下，居民夜间露宿街头的情况极为常见。

根据湖南大学的调研结果①，长沙地区冬季室内温度主要在4～10℃之间，室内相对湿度在60%～90%之间，相对湿度低于60%的小时数不超过5h/d。夏季室内温度分布在25～32℃之间，其中70%的时间超过28℃；相对湿度在50%～80%之间，其中50%的时间室内相对湿度超过70%。

然而，这些普通住宅尽管室内热环境十分恶劣，但由于受社会经济发展水平限制，冬无供暖夏无空调，只好忍和熬。即使有少数家庭使用空调，其能耗也不受关注。进入20世纪90年代后，情况开始发生根本性变化。随着经济的发展、生活水平的提高，采暖和空调以不可阻挡之势进入长江流域的寻常百姓家，迅速在中等收入以上家庭中普及。长江中下游城镇除用蜂窝煤炉外，电暖器或煤气红外辐射炉的使用也越来越广泛，而在上海、南京、武汉、重庆等大城市，热泵型冷暖两用空调器正逐渐成为主要的家庭取暖设施。与此同时，住宅用于采暖空调能耗的比例不断上升。

2002年7月，同济大学对400余户住宅电耗进行了调查，结果发现每户住宅夏季空调耗电量约为3.5kWh/(m^2·空调季)，每户夏季空调耗电量约为411kWh，占家庭总耗电量的54.5%。

2004年，上海建筑科学研究院通过电力部门调查得到了上海地区2000户住宅2003年的逐月用电量。为了得出空调器的耗电，根据耗电量的分布，将5、6、11、12月份的平均耗电量作为基础耗电量，其他各月的耗电量减掉基础耗电量即认为是空调器的耗电。其中，1、2、3、4月份作为采暖季，7、8、9、10月份作为空调季。统计结果表明：上海地区住宅年平均用电量为2878.3kWh。其中过渡季月平均用电量为169.6kWh；采暖季月平均耗电

① 潘尤贵，长沙市居住建筑室内环境及其能耗的调研测试与分析研究．湖南大学硕士论文，2004。

量为267.5kWh；空调季月平均耗电量为352.8kWh。采暖设备耗电量占年耗电量的10.2%，空调设备耗电量占年耗电量的19.1%。二者累计占住宅全年耗电量的30%左右。不同季节的采暖空调耗电量如图2-6所示。

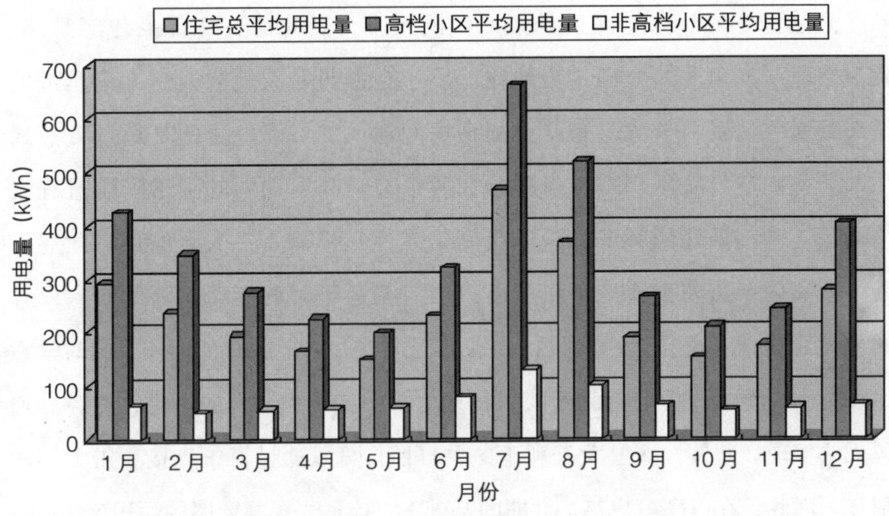

图2-6 上海地区住宅每户耗电量

而根据湖南大学潘尤贵的调查，长沙地区住户用于夏季空调的耗电量约为170～260kWh/月，其费用大概占城市居民平均年收入的8%左右；冬季空调采暖耗电量约为130～220kWh/月，其费用大概占城市居民平均年收入的6%左右；累计约在10%左右。当然这些调查的样本的普遍性还需要研究。

上述调研基本上都表明现在住宅的能耗在不断上涨。需要注意的是，夏热冬冷地区住宅节能的重点、策略等与严寒、寒冷地区不同，切不可生搬硬套。根据夏热冬冷地区的气候特征，住宅的围护结构热工性能首先要保证夏季隔热要求，并兼顾冬季防寒。

和北方采暖地区相比，体形系数对夏热冬冷地区住宅建筑全年能耗的影响程度要小。另外，由于体形系数不只是影响围护结构的传热损失，它还与建筑造型、平面布局、功能划分、采光通风等若干方面有关。因此，节能设计时不应过于追求较小的体形系数，而是应该和住宅采光、日照等要求有机地结合起来，否则将严重制约建筑师的创造性，甚至与节能的目的相背。例如，夏热冬冷地区西部全年阴天很多，建筑设计应充分考虑利用天然采光以降低人工照明能耗，而不是简单地考虑降低采暖空调能耗。

夏热冬冷的部分地区室外风小，阴天多，因此需要从提高住宅日照、促进自然通风角度综合确定窗墙比。由于在夏热冬冷地区人们无论是过渡季节还是冬、夏两季普遍有开窗加强房间通风的习惯，目的是通过自然通风改善室内空气品质，同时当夏季在两个连晴高温期间的阴雨降温过程或降雨后连晴高温开始升温过程的夜间，室外气候凉爽宜人，加强房间通风能带走室内余热和积蓄冷量，可以减少空调运行时的能耗。因此住宅设计时应有意识地考虑自然通风设计，即适当加大外墙上的开窗面积，同时注意组织室内的通风，否则南北窗面积相差太大，或缺少通畅的风道，则自然通风无法实现。此外，南窗大有利于冬季日照，可以通过窗口直接获得太阳辐射热。因此，在提高窗户热工性能的基础上，应适当提高窗墙的面积比。

对于夏热冬冷气候条件下的不同地区，由于当地不同季节的室外平均风速不同，因此在进行窗墙比优化设计时要注意灵活调整。例如，对于上海、南京、合肥、武汉等地，冬季室外平均风速一般都大于2.5m/s，因此北向窗墙比建议不超过0.25。而西部重庆、成都地区冬、夏季室外平均风速一般在1.5m/s左右，且西部冬季室外气温比上海、南京、合肥、武汉等地偏高3~7℃，因此，这些地区的北向窗墙比建议不超过0.3，并注意与南向窗墙比匹配[①]。

对于夏热冬冷地区，由于夏季太阳辐射强，持续时间久，因此要特别强调外窗遮阳、外墙和屋顶隔热的设计。值得指出，如果仅仅按照《民用建筑热工设计规范》中的相关规定（屋顶和东、西墙内表面温度保证其内表面最高温度低于夏季室外计算温度最高值）进行建筑物的屋顶和东、西

---

① 西部地区由于室外风速小，尤其是夜间静风率高，如果南北向窗墙面积比相差过大，则不利于夏季穿堂风的形成。另外窗口面积过小，容易造成室内采光不足，尤其是像西南这一地区冬季平均日照率≤25%，全年阴雨天很多。

墙的隔热设计是不够的。原因是：按照这个规定，屋顶和东、西墙内表面温度重庆可达 38.9℃，长沙可达 37.9℃，南京可达 37.1℃，武汉可达近 36.9℃，上海也可达 36.1℃，都超过人体皮肤温度，对人有明显烘烤感，不适宜居住。因此，建议在技术经济可能的条件下，通过提高优化屋顶和东、西墙的保温隔热设计，尽可能降低这些外墙的内表面温度。例如，如果外墙的内表面最高温度能控制在 32℃以下，只要住宅能保持一定的自然通风，即可让人感觉到舒适。此外，还要利用外遮阳等方式避免或减少主要功能房间的东晒或西晒情况。

2.3.3 夏热冬暖地区

在夏热冬暖地区，由于冬季暖和，而夏季太阳辐射强烈，平均气温偏高，因此住宅设计以改善夏季室内热环境、减少空调用电为主。在当地住宅设计中，屋顶、外墙的隔热和外窗的遮阳主要用于防止大量的太阳辐射得热进入室内，而房间的自然通风则可有效带走室内热量，并对人体舒适感起调节作用。

因此，隔热、遮阳、通风设计在夏热冬暖地区中非常重要。例如在过去，广州地区的传统建筑没有机械降温手段，比较重视通风遮阳，室内层高较高，外墙采用 370mm 厚的黏土实心砖墙，屋面采用一定形式的隔热，如大阶砖通风屋面等，起到较好的隔热效果。而 20 世纪 70 年代后，由于片面强调节约工程造价，外墙普遍采用 180mm 厚黏土砖墙，甚至不满足国家热工设计规范的要求；女儿墙的增高，通风屋面起不到通风隔热作用，片面强调容积率，提高建筑密度，自然通风难以实现；外窗很少考虑遮阳，甚至推崇飘窗台。结果导致室内热环境较差。因此当经济条件允许之后，居民纷纷购买空调来改善室内热环境。统计表明：广州地区每百户居民拥有空调数量为 127.6 台，由 1 户 1 台发展为 1 户多台，空调器已成为居民住宅降温的主要手段。

根据广州市建筑科学研究院任俊对 1997～1999 年住宅电耗的调查，结果发现广州住户的全年总用电量为 1200～1900kWh，其中空调用电量指标为

7.8～8.8kWh/(m^2·a)，占总用电量的40%左右。如按照建筑面积计算，则基本在17～27kWh/(m^2·a)左右，如图2-7、图2-8及表2-5所示。

高峰期住宅的总用电量为每月每户163～322kWh，而冬季用电低谷时为67～89kWh。冬季的用电量各种户型变化不大，而夏季空调期用电量的变化较大，变化幅度接近1倍以上，这主要是受空调使用时间等因素影响。2000年以来，伴随着住宅面积和家用电器数量的增加，上述指标增加了20%左右。

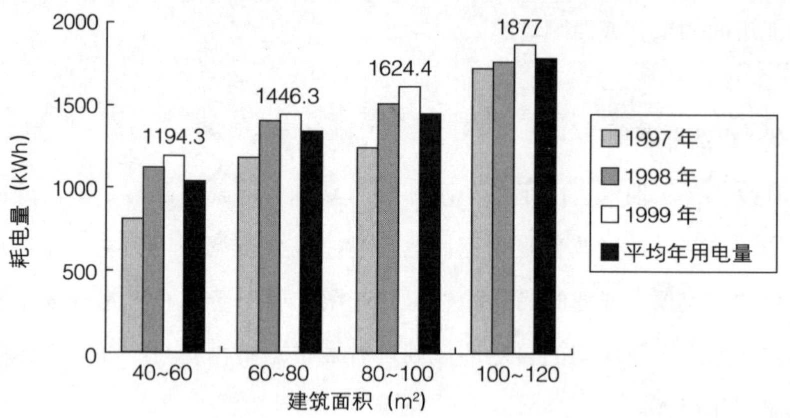

图2-7 广州住宅耗电量情况

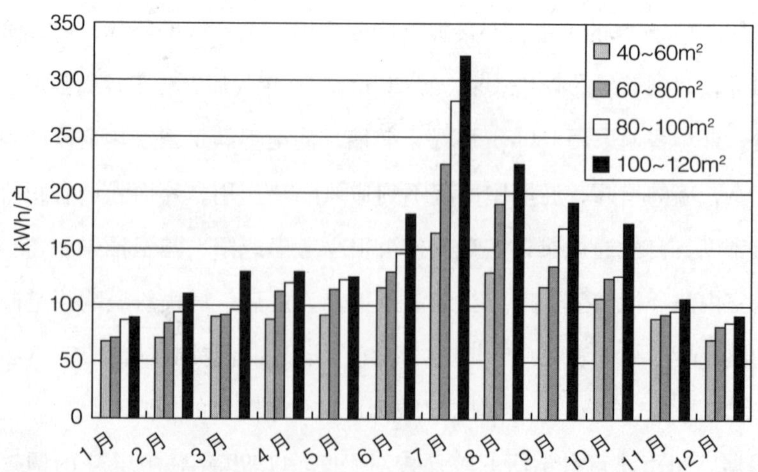

图2-8 广州住宅耗电量分布情况（1999年）

广州住宅空调耗电量分析（1999 年，kWh）　　表 2-5

每户建筑面积（m^2）	40～60	60～80	80～100	100～120	平均
1 月份用电量	67	69	85.7	89.1	
7 月份用电量	163.4	225.6	283.0	322.0	
全年总用电量	1194.3	1446.3	1624.4	1877.0	1535.5
年空调用电量	390.3	618.3	696	807.8	628.1
单位面积空调用电量（kWh/m^2）	7.8	8.8	7.7	7.3	7.9
占住宅总用电量（%）	32.7	42.8	42.8	43.0	40.3

另外，由研究者统计发现，对于深圳地区一些高档住宅而言，每月耗电量在 3.8～8.8kWh/(m^2·月）之间，平均 6.6kWh/(m^2·月）；而空调季节的耗电量已经达到了 6～11kWh/(m^2·月)。

由此可见，对于夏热冬暖地区而言，空调能耗已经成为住宅能耗的大户，占住户全年收入支出 10% 以上；此外，由于这些地区的经济水平相对较发达，未来空调装机容量还会继续增加，可能会对国家电力供求以及能源安全性带来威胁，因此必须依托集成化的技术体系，通过改善设计来实现住宅节能，改善室内热环境，并减少空调装机容量及运行能耗。

设计中首先应考虑的因素是如何有效防止夏季的太阳辐射。外围护结构的隔热设计主要在于控制内表面温度，防止对人体和室内过量的辐射传热，因此要同时从降低传热系数、增大热惰性指标、保证热稳定性等出发，合理选择结构的材料和构造形式，达到隔热保温要求。目前夏热冬暖地区居住建筑屋顶和外墙采用重质材料居多，如以混凝土板为主要结构层的架空通风屋面，在混凝土板上铺设保温隔热板屋面，黏土实心砖墙和黏土空心砖墙等。但是随着新型建筑材料的发展，轻质高效保温隔热材料作为屋顶和墙体材料也日益增多。有研究表明，传热系数为 3.0W/(m^2·K）的传统架空通风屋顶，在夏季炎热的气候条件下，屋顶内外表面最高温度差值只有5℃左右，居住者有明显烘烤感。而使用挤塑泡沫板铺设的重质屋顶，传热系数为1.13W/(m^2·K)，屋顶内外表面最高温度差值达到15℃左右，居住者没有烘烤感，感觉较舒适。因此推荐使用重质围护结构构造方式。

同时，在围护结构的外表面要采取浅色粉刷或光滑的饰面材料，以减少外墙表面对太阳辐射热的吸收。为了屋顶隔热和美化的双重目的，应考虑通风屋顶、蓄水屋顶、植被屋顶、带阁楼层的坡屋顶以及遮阳屋顶等多种样式的结构形式。

窗口遮阳对于改善夏热冬暖地区住宅的热环境并实现节能非常重要。它的主要作用在于阻挡直射阳光进入室内，防止室内局部过热。遮阳设施的形式和构造的选择，要充分考虑房屋不同朝向对遮挡阳光的实际需要和特点，综合平衡夏季遮阳和冬季争取阳光入内，设计有效的遮阳方式。例如根据建筑所在经纬度的不同，南向可考虑采用水平固定外遮阳，东西朝向可考虑采用带一定倾角的垂直外遮阳。同时也可以考虑利用绿化和结合建筑构件的处理来解决，如利用阳台、挑檐、凹廊等。此外，建筑的总体布置还应避免主要的使用房间受东、西向日晒。

合理组织住宅的自然通风同样很重要。对于夏热冬暖地区中的湿热地区，由于昼夜温差小，相对湿度高，因此可设计连续通风以改善室内热环境。而对于干热地区，则考虑白天关窗、夜间通风的方法来降温。另外，我国南方亚热带地区有季候风，因此在住宅设计中要充分考虑利用海风、江风的自然通风优越性，并按自然通风为主、空调为辅的原则来考虑建筑朝向和布局。为此，要合理地选择建筑间距、朝向、房间开口的位置及其面积。此外，还应控制房间的进深以保证自然通风的有效性。同时，在设计中还要防止片面追求增加自然通风效果，盲目开大窗而不注重遮阳设施设计的做法，因为这样容易把大量的太阳辐射得热带入室内，引起室内过热，得不偿失。

同时，建筑设计要注意利用夜间长波辐射来冷却，这对于干热地区尤其有效。在相对湿度较低的地区可利用蒸发冷却来增加室内的舒适程度，如设置水池、喷水池等。

2.3.4 温和地区

温和地区住宅建筑设计在材料选择上一般可考虑中等蓄热性能的材料，并采用连地（贴地）构造或架空构造的形式。

在围护结构设计上，建议采用浅色屋顶材料，屋面设置铝箔绝热层及通风层。可采用中等蓄热材料构造墙体，其中外墙表面应采取浅色粉刷或光滑的饰面材料。南向窗户设置外遮阳，东西朝向窗户设置活动遮阳，以实现夏季遮阳和冬季加强日照。

2.4 住宅节能集成化设计

对于住宅，从技术上而言，节能的关键体现在以下几个方面：

(1) 建筑外环境的改善，包括冬季防风、夏季及过渡季促进自然通风以及夏季室外热岛效应的控制；

(2) 建筑主体节能，即建筑围护结构热工性能的改善（包括保温、隔热、遮阳、通风性能等）；

(3) 冷热源的能效比与输配系统效率的提高，以及末端用冷（热）的可调节及费用承担形式。

上述三方面相互影响、相互制约，并受气候条件和具体的建筑形式影响。因此进行住宅设计时应遵循因地制宜、整体设计和全过程控制的原则，结合气候、技术、经济等诸多

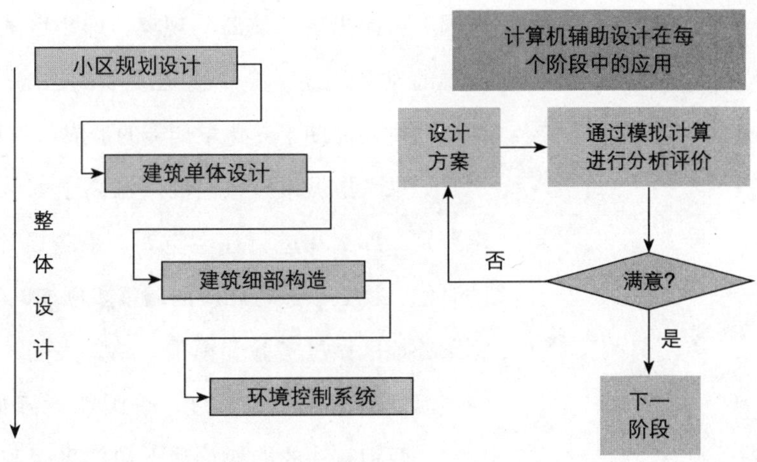

图2-9 节能住宅设计中整体设计与过程控制的有机结合

因素进行集成设计和整体优化，才能实现节能的目标。如图 2-9 所示。

2.4.1 小区规划

在小区规划中，建筑物形状与布置位置不同，会导致建筑周围空气流动状况有很大差别，冬季寒冷地区在冬季主导风向下，若在建筑物表面形成较大风速，会使建筑散热量增加 5%~7%，若在建筑两侧形成较大风压，则会增大建筑物的冷风渗透，使耗热量增大 10%~20%。而对大多数地区，夏季主导风向下，若建筑两侧不能形成较大的风压，则即使开窗也不会形成较好的自然通风，从而影响热环境，或增加开启空调的时间。同时，建筑物形状与排列，还与表面接受太阳日照时数及体表比有很大关系，这将使采暖需热量产生 10%~20% 的差别。

建筑物表面色彩与涂料性质不同亦会导致建筑能耗有 2%~5% 的差别，以冬季接收太阳辐射并减少夜间天空辐射的热损失为主要目的时需要的措施，与以夏季减少太阳辐射得热量的目的所要求的措施完全不同，因此需根据当地的气候特点分析确定。

此外，受住宅设计中建筑密度、下垫面（如道路、草地、建筑表面等）性能、建筑材料、建筑布局、绿地率和水景设施等因素的影响，住区室外气温有可能出现“热岛”现象，即小区气温会高于其他地方尤其是郊区的气温的现象。“热岛”现象在夏季的出现，不仅会使人们高温中暑的机率变大，同时还促使了光化学烟雾的形成、加重污染，并增加建筑的空调能耗。

如果考虑城市区域内的气温高于郊区气温，以及城市内不同区域的气温差别，那么在进行住宅空调、采暖设计（尤其是设备选型和能耗计算）的时候，就必须进行相应的调整。例如，澳大利亚的 M. M. Elnahls 等曾在阿德莱德地区做过实验和模拟，结果表明，由于冬、夏两季建筑群内的平均空气温度都高于气象温度，采暖能耗降低了 10%；而空调能耗则增加了 15%。两种算法的能耗总和（包括采暖和空调）相差不多，但“这并不意味着因为相互抵消就可以忽略对空气温度的修正”。另外，有学者研究热岛对北京住宅能耗的影响表明，夏季冷负荷受热岛效应的影响较大，采用气象台提供的气象参数计算出的夏季冷负荷比按小区温度计算的低10%～35%；而冬季热负荷受热岛效应的影响不到10%。

2.4.2　新型围护结构产品的利用和住宅热工性能整体优化设计

自20世纪90年代起，我国自主研发和从国外引进消化了多种外墙和屋面保温隔热技术。尤其是多种外墙外保温技术、外墙外挂可通风装饰板的隔热保温技术以及通风遮阳型屋面技术等，都获得巨大成功。采用外墙外保温技术，可以很好地解决墙角和结构搭接点的冷桥问题，获得非常好的保温效果。外墙外铺轻钢龙骨，其上外挂装饰板，装饰板与外墙主体间形成通风通道，可以在夏季通过自然通风排除太阳辐射热量，大幅度改善室内热环境。冬季阻断此通风通道，又可以使其成为保温空气夹层，同时充分吸收照在外墙表面的太阳辐射热。以上均为新型围护结构构造技术，可以在夏热冬冷地区采用。

此外，国内最近也开始生产使用高性能的外窗及玻璃幕墙。例如，秦皇岛耀华玻璃厂于2003年底与美国合作，完成了国内第一条、世界第七条玻璃在线镀膜生产线，并制造出多种高性能的Low-e玻璃产品（具有自主知识产权），为我国高性能透光型外围护结构的开发迈出了关键性一步。北京新立基公司采用自主技术的真空夹层玻璃生产线也在2004年投产，其真空玻璃的传热系数达到1.0W/(m^2·K)，成为世界领先水平。秦皇岛耀华玻璃厂2004年研制成功的玻璃钢窗框外窗，与Low-e玻璃配合，整体传热系数达到1.5W/(m^2·K)，也达到世界前列。

然而，考虑到我国气候差异较大，住宅形式多样，因此住宅节能不能等同于简单地采用高性能的节能产品。近年来，诸如外墙保温、高性能外窗等节能技术或产品在我国得到了一定的发展，但是，如何根据不同的气候条件，从整体设计的原则出发，合理高效地使用、搭配各项节能部品和技术却没有得到应有的重视。从整体上说，适当的建筑体形、平面布局、色彩、窗墙比可有效的实现建筑节能。而从细部设计上看，采用高效的外墙保温方式、屋顶保温隔热方式、高性能的外窗和外遮阳系统都是住宅建筑节能的重要措施；尤其对于北方采暖地区而言，这些措施是实现居住建筑能耗降低50%的关键。实践设计中应该把上述手段有效的结合起来。

窗墙比对建筑能耗的影响取决于窗与外墙之间热工性能的差异，相差越大，影响越显著。此外，窗墙比对建筑能耗的影响还和不同地区不同朝向的太阳辐射强度有关，北方采暖地区的结论对于其他地区并不适用。同时，与体形系数类似，窗墙比不仅影响能耗，也影响建筑立面、室内采光、通风等。窗墙比过小，建筑通风不良，自然采光不足，会增加空调与照明能耗。因此需要通过细致全面的模拟分析来优化设计，选择适当的窗墙比。

另外还要注意均匀性原则的合理应用。均匀性原则又称“木桶原则”，即在资金有限的条件下，在处理影响建筑热环境的各项因素之间的关系时，使其影响效果尽量均匀，趋向一致。例如在选择外墙、外窗和遮阳设施时，应在一定的投资下使各个方面的效果尽量均匀一致，而不应该选择保温性能特别良好的外墙却因为资金紧张而选用单层窗，或投入大量资金配置保温性能、密闭性能良好的外窗却不做外墙保温设计。结果往往由于围护结构最差的一个环节而影响节能的整体效果，正如决定木桶盛水量的多少不是桶壁上最长的木条，而是最短的一根木条一样。

对于不同的供暖方式或者空调方式，它们对墙体围护结构的热工特性要求也有所不同，因此需要从保温和蓄热两方面对墙体围护结构加以系统的分析。以供暖系统为例，传统的连续供热系统只要求墙体有较好的保温性能，即较大的热阻即可；而以削峰填谷为目的的夜间电热膜供暖方式还要求墙体具有较好的蓄热特性，即有较大的热容；相反，对于间歇供暖方式，例如燃气炉供暖方式或水系统分户调节形式，则要求较小的热容以达到“即开即热”的目的。传统的设计过程中，对住宅在冬季供暖方式下的热环境只进行静态的分析因而只强调墙体保温的重要性。随着供暖方式的多样化，围护结构的热工动态特性对供暖系统节能的影响也越来越重要。

在夏季，由于室内外环境平均温度的差别不如冬季明显，因此对墙体围护结构的保温性能的要求相对降低。另一方面，由于各种影响建筑热环境的扰量的动态变化、空调系统的间歇运行、利用昼夜电价差削峰填谷的蓄冷空调方式，或者是采用夜间通风降温方式等，都对墙体围护结构的蓄热性能提出更多的要求，因此需要从能源、环境、经济等多方面与冬季统筹考虑、具体分析，以期达到最优的效果。需要注意的是，对于夏热冬冷地区和夏热冬暖地区，由于室外日均温与热舒适要求的室温差别并不太大，因此外墙保温并非十分重要，而通风、外窗及外墙的遮阳、外窗的光学透过性能等，反而是影响室内热状态和采暖空调能耗的主要因素，因此不可不顾气候差异而简单地推广外墙保温。屋顶的保温及其他隔热措施对低层和多层建筑顶层房间的能耗也有很大影响。仅改进屋顶一项措施，一般可使顶层房间采暖空调能耗降低一半。但需要注意，以减少夏季太阳得热为主要目的的炎热地区与减少冬季屋顶散热、但希望更多地获得太阳辐射的寒冷地区所要求的措施也完全不同。

上述各项措施对建筑热性能的影响相互作用，但又与气象状况有关，因此通过简单的定性分析，往往难以判断优劣。最有效的方法是采用计算机动态模拟分析的方法，对不同方式组合下的建筑热性能及全年能耗情况进行预测分析，以优化设计。一些工程实例表明，采用这种方法，在增加的建安成本（增加的成本指建安成本，以节能材料、产品和技术的采用为主）不超过 100 元/m^2 的条件下，即可以实现降低采暖空调能耗 50% 的目标。

2.4.3　自然通风与有组织通风

随着外窗的气密性不断提高，关闭外窗后所能产生的室内外换气量已不能满足室内空气质量的要求。因此北方地区居民就不再像几十年前那样，在冬季糊窗缝，而是每天都要开窗换气。据调查，70% 以上居住在新建住宅中的北京居民冬季每天都要开窗通风。然而目前大多数外窗都无法控制开窗通风量，开启一扇窗所导致的通风换气量远大于维持室内空气质量所要求的换气量，这就造成冬季采暖的热损失。对于采取了保温措施的新建住宅和新建一般性非住宅建筑，由于建筑围护结构保温好，开窗后的热量消耗是不开窗时的2~3倍，成为冬季采暖主要的热负荷部分。按照室内卫生要求，在采暖时适量换气，而不是无控制的开窗，可以在保证室内空气质量的前提下，使这种保温好的新建建筑采暖能耗减少一半以上。在欧洲就非常重视室内的受控通风。可在窗台下设专门的可调式通风窗，可采用上翻式外窗调节通风量，还可在外窗上专门开设用于通风的小窗，专供冬季和炎热的夏季的通风换气，则既满足改善室内空气品质的要求，又可有效降低这部分热损失。研究和开发这种产品，并在建筑设计规范中强制要求设置这种通风手段，可显著减少过量通风换气导致的能耗。

即使是适量通风，室内外通风形成的热量或冷量（夏季空调时）损失，对保温较好的建筑，也成为建筑采暖空调能耗的主要部分。对于一面外墙宽4m的一间20m^2的房间，如果外墙外窗平均传热系数为1W/(m^2·K)，则室内一次换气导致的热损失为外围护结构热损失的1.6倍。实际上的新建节能住宅与新建节能型一般性非住宅建筑，一次换气时的热损失往往可达到外围护结构热损失的两倍以上。此时，通过专门装置有组织的进行通风换气，同时在需要的时候有效的回收排风中的热量或冷量，对降低这类建筑的能耗就具有重要意义。显热热回收装置回收效率达到70%时，就可以使采暖能耗降低40%~50%。

由于以前我国建筑本身的保温隔热性能较差，通风问题的重要性就远没有欧洲突出。因此与欧洲相比在通风控制与排风热回收方面有很大差距。目前随着外围护结构保温性能的不断改进，通风能耗高的问题就越来越显著。因此需要积极开展相关的研究，建筑设计规范与产品标准的制定，以及产品的开发与推广。

2.4.4 合理的采暖空调方式与系统

合理的采暖空调方式意味着：

1）高系统能源转换效率；

2）能量综合利用（或梯级利用）；

3）分户可调；

4）合理的技术经济条件下对可再生能源的利用。

传统采暖系统的改革，提高其调节效果，减少调节不当导致的能量损失，是降低集中供热系统能耗的重要途径。如何在保证采暖地区冬季供暖质量的基础上提高能效、减少环境污染并尽可能降低运行成本，也是我国北方城市冬季采暖和实现节能急需解决的问题。尤其是当引入天然气作为部分一次能源之后，协调经济、环境、能源三者之关系成为重要问题。

目前从小型锅炉到大型热电联产热源，集中供热方式为我国北方地区70%以上城镇建筑的采暖方式。它约占建筑总能耗的三分之一。对于以燃煤或热电联产为采暖热源的建筑，集中供热是不可替代的供热方式。以北京市的集中供热状况为例，根据建筑结构及气象条件可计算出的采暖需要能源为6.5～10kg标煤/(m^2·a)，然而实际燃煤锅炉房煤耗为18kg标煤/(m^2·a)，热电联产平均供热量折合为14kg标煤/(m^2·a)。这样大的差异从何而来？对一批燃煤和燃气锅炉房集中供热系统进行调查和测试的结果表明：燃煤锅炉房的热效率在60%～80%之间；燃气锅炉为70%～85%；输配管网热损失则为3%～30%之间，其巨大差异因管网铺设方式、保温质量及使用年限而异。这样，从锅炉房到建筑物间，综合热效率为45%～70%。目前暖气系统各建筑物之间无调节，建筑物内为单管串联，亦不能根据各自的室温的变化进行调节，为保证最不利房间满足采暖要求，只能使其他建筑和其他房间过热，从而因开窗散热造成又一次浪费。计算表明，这种由于不可调导致不均匀造成的热损失在8%～15%以上，这就是目前集中供热采暖综合效率仅为35%～55%的原因。

提高燃煤锅炉房的效率可通过：将5t/h以下小锅炉合并、增加锅炉房的计量与管理、更换个别的低效锅炉、加强司炉工的培训、增加自动控制装置诸方面的实现，热效率可达到80%以上，这些措施远比“分户计量，分户可调”改造易操作，易实施。室外管网热损失在20%～30%的现象非常普遍，改造管网和重新保温的投资一般远小于“分户计量、分户可调”所需要的约15元/m^2改造费，而对于现存建筑，此项改造的效益会大于分户计量改造的效益，因此应优先提倡。集中供热系统效率低的问题还有管理体制与激励机制缺位的原因。如果在每个锅炉房、热力站和每座建筑的热入口安装计量装置，分别用锅炉效率、外网效率考核相应的运行管理人员，同时对整个建筑作为一个整体实行按热量记费，这时可使各种热损失程度直接暴露，从而推动相应的节能改造。对现有系统通过改造，完全可以使采暖能耗从目前水平降低30%～40%，投资回收期在三年以内。

以燃煤为燃料的大型热电联产热源和大型燃煤锅炉房通过采用清洁煤燃烧技术，可以高效低污染地烧煤，但希望稳定在某个最佳工况，不要随负荷变化而经常调整。输送热量的大型集中供热网也很难有效地根据末端用热量的变化进行及时调节。调节不当和调节不及时导致部分建筑过热，会造成很大的热量浪费。反之，以天然气为燃料的小型锅炉可以快速、方便地进行调节，且清洁高效。但目前把天然气单独作为大型锅炉的燃料，依然存在管网热损失大、末端冷热不均等问题，也不能充分发挥其优点。因此，可以利用大型集中供热网，以燃煤作为燃料，提供采暖的基础负荷，整个供热季稳定运行。在末端采用天然气为燃料的小型调峰锅炉根据负荷需求补充不足的热量。天然气调峰锅炉可根据各自的末端状况及时准确的调节，避免调节不当造成的浪费，燃煤热源又可稳定运行，保证清洁与高效。这样还缓解了目前燃煤供热与燃气供热间巨大的成本差，实现燃煤燃气联合供热，有益于社会公平。整个冬季均匀地使用燃煤也可缓解严寒期高负荷时由于燃煤用量高峰导致的大气污染高峰。

这种方式应是今后北方地区大中城市燃煤燃气共同构成一次能源时应首先采取的供热方式。如此通过改善调节，并提高集中热源的效率，可以使集中供热系统的能耗降低20%～30%。

通过热泵技术从低温热源中取热，提升其温度后，为建筑物提供热量，解决采暖和生活热水的热量供应，是直接燃烧一次能源而获取热量的主要替代方式。随着夏季空调的广泛使用，我国用电高峰已逐渐从冬季转到夏季，从而使冬季电力供应能力过剩。需要增加冬季用电负荷，减少冬夏电负荷差，这是近年来各地推行电采暖的实质原因。直接电热相当于燃煤供热效率为30%，无论如何不应推广。采用热泵技术，只要其电热转换效率大于3，就应是最节省一次能源的产热方式。因此当推广冬季用电采暖时，应该着重推广热泵方式。由于热泵在夏天又可用作空调制冷，随着空调的大范围应用，就使得采用热泵并不比直接燃烧燃料方式增加一次投资。

2.5 建立我国的住宅能耗评估体系

上面简单分析了各种可能的节能手段，但是，目前问题的关键是没有一种机制去推动房地产开发商采用这些节能技术和节能措施。

住宅建筑的能耗作为一项可量化的具体指标，仅仅停留在概念上是远远不够的。“节能”概念炒作的结果必然是消费者丧失对“节能”建筑的信任，进一步使得真正掌握节能技术、重视建筑节能的开发商利益受损。因此有必要建立一个比较完善的评测体系来量化“节能”这个概念。这样可以消除炒作“节能”的可能性，规范房地产市场，营造一个公平的竞争环境，在市场接受和需求的推动下，使优秀的开发商和消费者都能够在竞争中获益。

住宅建筑能耗标识体系即通过建立一个能在市场推动下自主运行的新建住宅能耗标识体系，由自发进而强制要求开发商在销售时必须清晰标明每一套商品住宅的能耗水平，并对购房者进行充分的宣传，则可以通过市场竞争机制自然而然的淘汰能耗水平低下的住宅，而使节能性能高的住宅脱颖而出。市场运作体系可按照如下思路完成，即通过一个独立的建筑能耗评估事务所对房地产公司所开发建筑的热性能进行评估，并通过所公示的热性能指标影响消费者的购房选择，进而促进房地产公司之间的良性竞争。

2.5.1 住宅建筑能耗标识体系的结构

住宅建筑能耗标识体系的主体共有四部分：购房者、房地产开发商、标识事务所及政府。

（1）购房者

作为住宅建筑及其能耗的终端消费者，购房者在目前的市场中无法获得关于建筑能耗的足够信息。举例而言，住宅并未像汽车行业标出“百公里油耗”那样标出建筑物在实际运行时可能的能耗状况。因此，通过建立住宅建筑能耗标识体系，不仅能够使购房者获得住宅建筑能耗的信息，在市场中清晰地分辨出住宅建筑节能性能的高下，满足其对建筑节能的需求，而且能够使购房者更深入地了解建筑节能与其切身的经济利益以及居住健康舒适水平等重要因素的密切关系。通过一定的宣传引导，作为大多数人所接触的最为昂贵的商品，能耗的因素必然会成为购房者在购房时重要的参考因素。

（2）房地产开发商

房地产开发商是住宅建筑的生产者，也是住宅建筑能耗标识体系的执行者。目前由于缺乏一套科学的建筑能耗评估体系，因此在建筑节能方面没有一个统一的竞争的规则和平台，因此如果房地产市场中建立起建筑能耗评估体系，如同在体育比赛中制定好比赛规则，选好裁判，比赛就能够公平有序地开展起来。当本体系有效地运行起来后，获得了购房者的认可，真正的节能住宅在市场中就会有极大的竞争优势，开发商在节能方面的投入也会得到相应的回报。

（3）能耗标识事务所

能耗标识事务所的职责是将具有法律效力的建筑能耗数据提供给开发商，由其标识于售楼书上。能耗标识事务所应具有独立、客观、公正的特点。它将从市场机制的运行模式出发，仿照目前会计师事务所对上市企业进行审计及资产评估的体制，培育出一个独立的建筑能耗标识行业，以提供能耗标识和设计咨询服务的方式，对住宅建造的各阶段的能耗与热性能进行评估、标识或现场监查。

（4）政府部门

在这套能耗标识体系中，政府机构则对能耗标识机构进行监管，包括组织制定评估标准；审查认证能耗标识师资格；颁发能耗标识事务所执照等。为进一步保证能耗标识行业的公正性，还可以由政府委托专门机构建立数据库存储和管理标识结果，向大众公布，并有选择地对已投入使用的标识过的建筑进行现场测试，考核标识机构给出的标识结果的正确性。恰当地设计这种监督机制，可以在市场机制的条件下，在政府部门、标识机构、开发商及购房者之间形成良好的制约机制，从而保证标识工作可以科学、公正地进行。

2.5.2　住宅建筑能耗标识体系的具体实施方法

由于建筑物是一复杂系统，其能耗及热性能很难简单地根据建筑尺寸及窗墙形式与材料估算，而对于如此复杂的系统如果全部通过现场实测，很难在短期内获得有效的数据，测量成本也很高。因此可操作的现实的方法是通过计算机动态模拟计算的方法（如美国的 DOE2、国内清华大学开发的 DeST-h），根据施工图纸对能耗及热性能做出预测，并对施工中的主要步骤进行监督，对敏感参数进行实测，再根据标准将预测结果转化为大众便于理解的能耗和热舒适指标，使购房者获得科学、准确、易懂的能耗指标。

（1）模拟计算部分

当建筑开发方完成建筑的设计后，将建筑图纸提供给能耗标识事务所，事务所根据图纸所提供的建筑信息，如建筑几何尺寸、围护结构材料等，利用动态模拟软件，对建筑进行模拟计算，得到相应的指标。

通过研究和在一定范围内对普通住户进行的调查，初步确定了下列参数作为建筑热性能的指标，如表 2-6 所示。

住宅能耗评价指标　　表2-6

季节	指　标	备　注
冬季	一年中较冷（室温 <16℃）的小时数	按主要功能房间给出
	一年中户累计采暖耗电量	按户给出
夏季	一年中较热（室温 >29℃）的小时数	按主要功能房间给出
	一年中户累计空调耗电量	按户给出

上述指标能够比较科学、准确地反映出一栋建筑的热性能状况，而且也比较容易被购房者所接受。

（2）施工质量保证部分

为了保证计算输入的参数与实际的建筑一致，保证计算结果的可靠性，能耗标识人员需要对建筑进行实地的检查和测试。影响建筑能耗的因素有很多，如保温层的做法、外墙的材料厚度等，其中一些因素需要在建筑施工的过程中加以检测，而另一些因素可在建筑完工后进行检测。

能耗标识所涉及的建筑数量非常大，而且对建筑进行全面测试的费用非常高，所以在本体系中，只是在建筑施工进行到某一阶段时进行抽样检测。同时，这种检测不同于监理过程，标识人员只是去了解建筑的实际情况，从而修正与实际不符的计算输入参数，并不对建筑施工提出任何修改要求。

标识人员主要检测的内容为墙体材料、楼板材料、窗体材料、遮阳、窗的密闭性等参数。在施工进行到相应阶段时，标识人员到施工现场通过现场观察、抽样检测或查看质检报告等方式对相应参数进行检测。

完成检测后，标识人员根据实际建筑的情况对计算输入参数进行修改，进行计算得到相应的指标。

若开发商出售期房，无法进行施工过程的检测，则能耗标识事务所向开发商提供能耗数据时应说明以设计图纸为准。

（3）能耗标识

完成计算后，标识人员将计算结果提交给开发方，并由其标在售楼书上，供购房者参考。为了便于监督管理，标识机构需要将相应计算文件送交专门机构备案。

（4）法律纠纷解决办法

当因数据不准确引起纠纷时，若是由于标识机构计算不准确造成的，相应责任应由标识机构承担。因此，标识机构需要与保险公司合作，以降低风险。

参考文献

1　民用建筑热工设计规范（GB50176—93）. 北京：中国计划出版社，1993

2　民用建筑节能设计标准（JGJ26—95）. 北京：中国建筑工业出版社，1996

3　采暖居住建筑节能检验标准（JGJ132—2001）. 北京：中国建筑工业出版社，2001

4　夏热冬冷地区居住建筑节能设计标准（JGJ134—2001）. 北京：中国建筑工业出版社，2001

5　夏热冬暖地区居住建筑节能设计标准（JGJ75—2003）. 北京：中国建筑工业出版社，2003

6　B. 吉沃尼著，陈士驎译. 人·气候·建筑. 北京：中国建筑工业出版社，1982

7　涂逢祥等编著. 建筑节能技术. 北京：中国计划出版社，1996

8　付祥钊. 中国夏热冬冷地区建筑节能技术. 保温材料与建筑节能，2000. 6：13～17

9　付祥钊等. 长江流域住宅夏季通风降温方式探讨. 暖通空调，1996，3：27～29

10　付祥钊. 夏热冬冷地区建筑热环境与能耗状况. 建筑技术，1998 年，

29 卷第 10 期

11 潘尤贵．长沙市居住建筑室内环境及其能耗的调研测试与分析研究．湖南大学硕士论文，2004

12 钟婷，龙惟定．上海市住宅空调的相关调查及其耗电量的估算．建筑热能通风空调，2003（3）

13 张晓亮．住宅能耗标识体系的研究．清华大学硕士论文，2005

14 任俊、孟庆林、刘娅、杨树荣．广州住宅空调能耗分析与研究．墙材革新与建筑节能，2003（4）：34～37

15 白玮，龙惟定，张蓓红．住宅建筑空调形式的比较及现状实测．建筑热能通风空调，2003（3）：13～16

第 3 章　住区规划节能技术

住宅小区的规划设计对单体住宅节能有明显的影响，住宅小区的规划应从建筑选址、分区、建筑和道路布局走向、建筑方位朝向、建筑体形、建筑间距、冬季风主导风向、太阳辐射、绿化、建筑外部空间环境构成等方面进行综合研究，以改善小区的微气候环境，并实现住宅节能。

有关小区规划中的节能问题，设计面较广，问题也比较复杂，限于篇幅，本书重点讨论小区布局与通风、热岛现象的防止以及如何更多的获取日照等，对于其他问题，则简要地给出应对策略或实际的做法。

3.1　建筑选址与布局

建筑的选址应根据气候分区进行选择。对于严寒或寒冷地区，为防止“霜洞”效应，一般不建议建筑布置在山谷、洼地、沟底等凹地处。因为冬季冷气流容易在此处聚集，形成“霜洞”，从而使得位于凹地的底层或半地下层建筑为保持相同的室内温度而多消耗一部分采暖能量。但是，对于夏季炎热的地区而言，建筑布置在上述地方却是相对有利的，因为在这些地方往往容易实现自然通风，尤其是到了晚上，高处凉爽气流会“自然”地流向凹地，把室内热量带走，在节约能耗的基础上还改善了室内的热环境。

其次，建筑选址还需注意向阳问题。日照与人们的日常生活、健康、工作效率关系紧密，因此在规划设计中要注意合理利用太阳辐射。例如对于寒冷地区的冬季，住宅规划设计应在满足冬至日规定最低日照小时数的基础上尽可能争取更长的日照时间，为此应在基地选择、朝向选择和日照间距上仔细考虑。

此外，建筑选择还应注意冬季防风和夏季有效利用自然通风的问题。在寒冷地区，考虑冬季防止冷风渗透而增加采暖能耗，住宅建筑应选择避风基址建造；而在夏季炎热地区，则应顺应当地的盛行风向，尽可能利用自然通风。对于绝大多数地区而言，由于冬夏两季盛行风向的不同，住宅小区的选址和规划布局可以通过协调与权衡来解决防风与通风的问题，从而实现节能的目标。

合理设计小区的建筑布局，可形成优化微气候的良好界面，建立气候“缓冲区”，对住宅节能有利。因此，小区规划布局中要注意改善室外风环境，在冬季应避免二次强风的产生以利于建筑防风，在夏季应避免涡旋死角的存在而影响室内的自然通风。此外，小区规划中还应注意热岛现象的控制与改善，以及如何控制太阳辐射得热等。下面分别介绍。

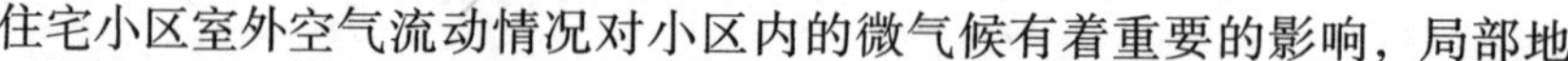

3.2 住区风环境优化设计

住宅小区室外空气流动情况对小区内的微气候有着重要的影响，局部地方（尤其是高层）风速太大可能对人们的生活、行动造成不便，同时会在冬季使得冷风渗透变强，导致采暖负荷增加。例如，据测算，在冬季如果建筑保持0.5~1次/h的换气次数，那么冷风渗透造成的采暖负荷将占总采暖负荷的1/4~1/3；并随着风速的增加成e指数增加，对采暖负荷影响巨大。如图3-1

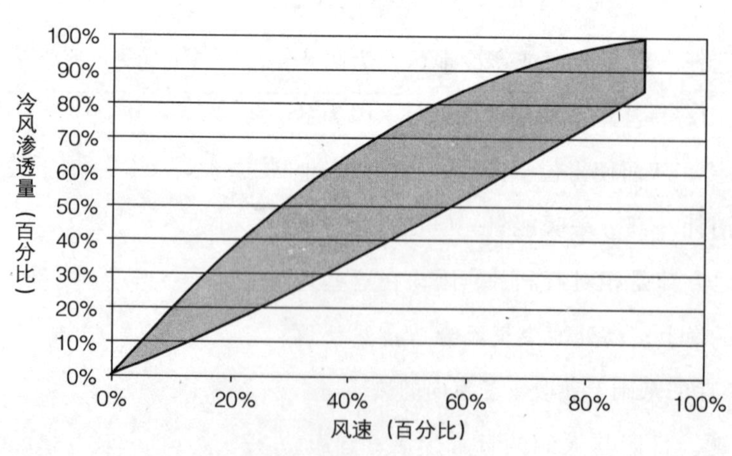

图3-1 冷风渗透量和室外风速的关系

所示。

建筑高度对室外风环境也有很大的影响。原因是高空风受高层建筑阻挡后，会在迎风面高度2/3处以下的部分形成风的涡流，把风引向地下，使得周围低层建筑物的风向有较大的影响，甚至使道路上的行人、自行车感到行动困难，产生“楼房风”的危害。如图3-2、图3-3所示。

事实上，由于单体设计和群体布局不当而导致强风卷刮物体撞碎玻璃的报导是屡见不鲜的。最为极端的莫过于1982年美国纽约曼哈顿岛世界贸

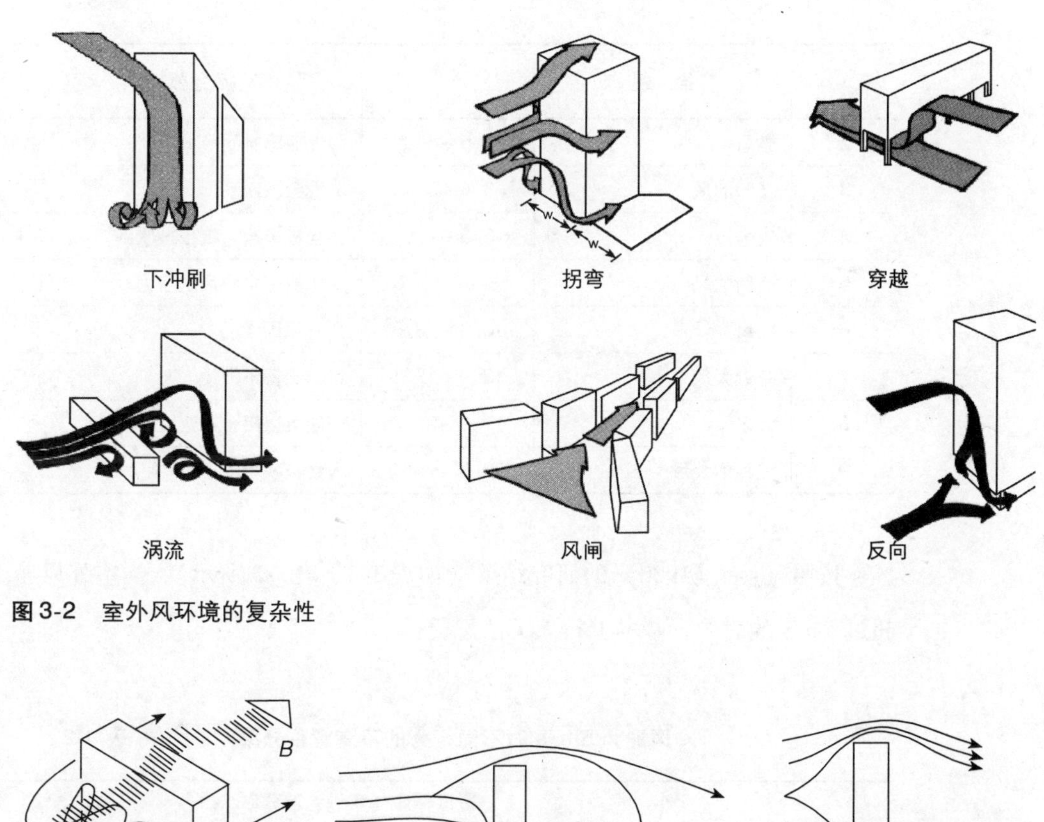

图3-2　室外风环境的复杂性

图3-3　高层建筑周围风环境情况

A—旋风；*B*—高速风

易中心附近一栋高层建筑前的广场上，一位女士在行走时被强风刮倒而受伤，一怒之下向纽约最高法院控告建筑设计和施工上的缺点并要求赔偿650万美元。这些事例提醒规划师和建筑师，风环境和再生风环境问题已不容忽视。

根据有关研究结果，风速与舒适性关系如表3-1所示。为此，应确保在建筑物周围人区1.5m处风速 $V<5\text{m/s}$，保证不影响人的正常行走。

风级分类　　表3-1

风　级	描　述	风速 (m/s)	风的效果
2	微风	1.6~3.3	脸上能感觉到风
3	温和的风	3.4~5.4	头发会被吹乱
4	中等风	5.5~7.9	灰尘被扬起，纸张被吹乱
5	清新的风	8.0~10.7	身体能感觉到风的压力
6	强风	10.8~13.8	撑伞很困难
7	接近大风	13.9~17.1	行走觉得不方便
8	大风	17.2~20.7	一般可以阻止前进
9	强烈的大风	20.8~24.4	人会被吹倒

按照Visser（1980）的研究结果（如表3-2、表3-3所示），当室外风速超过5m/s的时候，基本上行人无法忍受。

风速为5m/s时不同行为的不满意百分率　　表3-2

行　为	舒适度标准（不满意百分率,%）		
	接受	不满意	无法忍受
快走	<35	35~75	>75
漫步	<5	5~35	>35
坐着/蹲着	<0.1	0.1~5	>5
坐着/站着	0	0~0.1	>0.1

不同风速下人的感觉　表 3-3

风　速	人的感觉
$V<5$m/s	舒适
5m/s $<V<$ 10m/s	不舒适，行动受到影响
10m/s $<V<$ 15m/s	很不舒适，行动受到严重影响
15m/s $<V<$ 20m/s	不能忍受
$V>20$m/s	危险

因此，在我国《中国生态住宅技术评估手册》、《绿色奥运建筑评估体系》等出版物中，对建筑小区外的室外风环境设计提出了明确的要求，即：

（1）在建筑物周围行人区 1.5m 处风速小于 5m/s。

（2）冬季保证建筑物前后压差不大于 5Pa。

（3）夏季保证 75% 以上的板式建筑前后保持 1.5Pa 左右的压差，避免局部出现旋涡和死角，从而保证室内有效的自然通风。

然而，可能是对室外风环境的预测不够重视或缺乏有效的技术手段，当建筑师们在对建筑住区进行规划时，更为常见的做法是把注意力过多地集中在建筑平面的功能布置、美观设计及空间利用上，而很少（或仅仅凭经验）考虑高层、高密度建筑群中气流的流动情况。

事实上，良好的室外风环境，不仅意味着在冬季盛行风风速太大时不会在住区内出现人们举步维艰的情况，还应该是在炎热夏季能利于室内自然通风的进行（即避免在过多的地方形成旋涡和死角）。从这一点上来说，在规划设计中仅仅考虑对盛行风简单设置屏障的做法显然是不够了。

传统的解决方法是在规划设计中，邀请有经验的建筑师、规划师或工程师尽早参与设计。这是因为，尽管多数人知道当风垂直吹向建筑物正面时，由于受到建筑表面的遮挡而在迎风面产生正压区，而在建筑物背面产生负压区，但是多数人缺乏合理布置建筑（或设置障碍物）以避免“风漏斗”或“再生强风”的经验，只有少数的建筑师能把这些经验运用在实际的规划设计中。

3.2.1 优化住区风环境设计的常规做法

3.2.1.1 风向分布与规划设计

1941年，德国学者施茂斯（Schmauss）提出在考虑城市布局时，工业区应布置在主导风向的下风地区，居住区在其上风方向，以减少居民受到工厂烟尘的危害。第一次世界大战后，欧洲许多工业区和城市遭到破坏，在重建过程中，就应用此“主导风向原则”进行城市的功能分区，在美国新建城市也使用此原则。前苏联十月革命后，吸取了西欧的理论，也应用主导风向原则进行城市规划和布局。

解放初期，这个原则传入我国，成为多年来我国城市规划设计的一个基本原则。近10年来，我国工程技术界逐渐认识到这个原则不能一成不变地使用，原因是西欧和美国大部分地区全年以西风和西南风占绝对优势，而我国多数地区为季风气候、静风频率高。经过许多人的努力，现在已形成一套适合我国国情的城市规划设计原则，这个原则对于住宅小区规划设计也是值得重视和借鉴的。

一般说来，我国的风向可以分为以下几个区，如图3-4所示：

（1）季风区：季风区的风向比较稳定，冬偏北，夏偏南，冬、夏季盛行风向的频率一般都在20%~40%。冬季盛行风向的频率大于夏季。从图中可以看出，我国从东北到东南大部分地区属于季风区。

（2）主导风向区（单一盛行风向区）：主导风向区一年中基本上吹一个方向的风，其风向频率一般在50%以上。我国主导风向区大致分为三个地区。Ⅱa常年风向偏西，我国新疆的大半部和内蒙、黑龙江的西北部基本属于这个区。Ⅱb常年吹西南风，我国广西、云南南部属于这个区。Ⅱc介于主导风向和季风两区之间，冬季偏西风，频率较大，约为50%，夏季偏东风，频率较小，约15%，青藏高原基本在这个区。

（3）无主导风向区（无盛行风向区）：这个区的特点是全年风向多变，各向频率相差不大且都较小，一般都在10%以下。我国陕西北部、宁夏等地在这个区内。

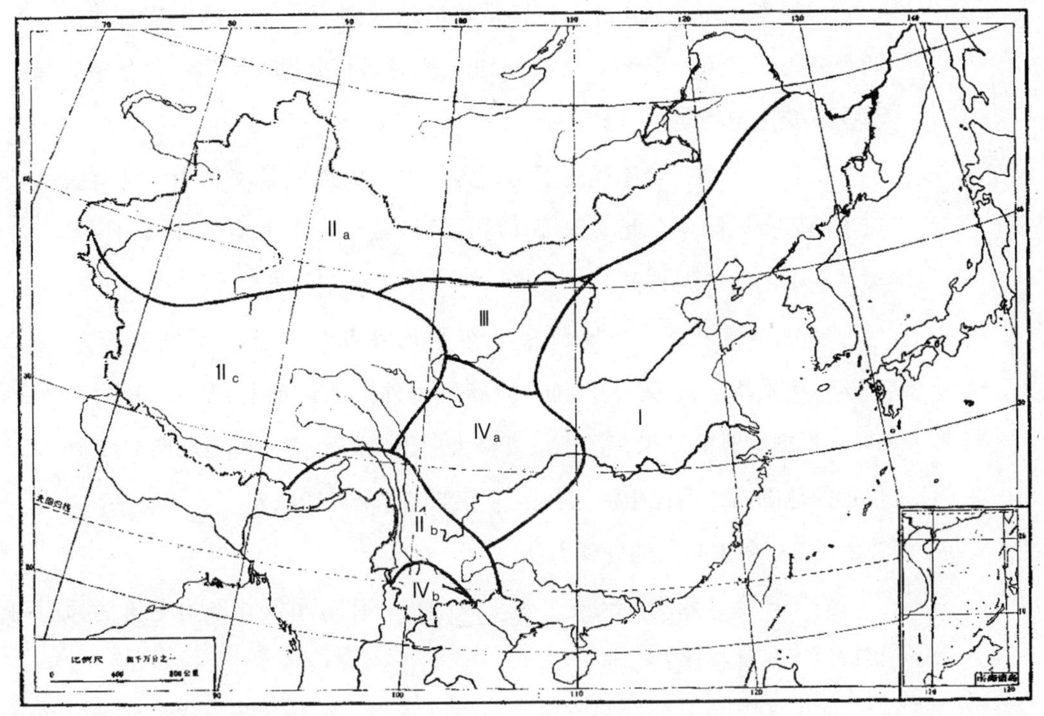

图 3-4　我国风向分区图

Ⅰ区：季风变化区。

Ⅱ区：主导风向区。Ⅱ$_a$区，全年以西风为主；Ⅱ$_b$区，全年以西南风为主；Ⅱ$_c$区，冬季盛行偏西风，夏季盛行偏东南风。

Ⅲ区：无主导风向区。

Ⅳ区：准静风区。Ⅳ$_a$区，静稳偏东风区；Ⅳ$_b$区，静稳偏西风区。

（4）准静风区：简称静风区，是指风速小于 1.5m/s 的频率大于 50% 的区域。我国四川盆地等属于这个区。

因此，住宅小区进行规划设计的时候，也应该考虑不同地区的风向特点，即按照我国不同的风向分区进行区别对待。其基本原则可以简述如下。

（1）季节变化型：风向冬夏变化一般大于 135°，小于 180°。在进行住宅小区规划时，应参照该小区所在城市 1 月份和 7 月份的平均风向频率。

（2）单盛行风向型：风向稳定，全年基本上吹一个方向的风。进行住宅小区规划时，应避免把住宅小区布置在工业区的下方。

（3）双主型：风向在月、年平均风玫瑰图上同时有两个盛行风向，其两个风向间夹角大于90°。例如，北京同时盛行北风和南风，其住宅布局应与季节变化型相同。

（4）无主型：全年风向不定，各个方位的风向频率相当，没有一个较突出的盛行风向。在此情况下，可计算该城市的年平均合成风向风速，考虑住宅小区的规划布置。

（5）准静风型：静风频率全年平均在50%以上，有的甚至超过了75%，年平均风速仅为0.5m/s。静风以外的所谓盛行风向，其频率不到5%。根据计算的结果，污染浓度极大值出现的距离大概是烟囱高度10～20倍远的范围内，因此生活居住区应安排在这个界线以外。

3.2.1.2 冬季防风的处理方法

对于严寒、寒冷地区或冬季多风地区，住宅小区在考虑冬天防风时可采取以下具体措施：

（1）利用建筑物隔阻冷风，即通过适当布置建筑物，降低风速。建筑间距在1:2的范围以内，可以充分起到阻挡风速的作用，保证后排建筑不处于前排建筑尾流风的涡旋区之中，避开寒风侵袭。此外，还应利用建筑组合，将较高层建筑背向冬季寒流风向，减少寒风对中、低层建筑和庭院的影响。

（2）设置风障。可以通过设置防风墙、板、防风带之类的挡风措施来阻隔冷风。以实体围墙作为阻风措施时，应注意防止在背风面形成涡流。解决方法是在墙体上作引导气流向上穿透的百叶式孔洞，使小部分风由此流过，大部分的气流在墙顶以上的空间流过。

（3）避开不利风向。我国北方城市冬季寒流主要来自西伯利亚冷空气的影响，所以冬季寒流风向主要是西北风。故建筑规划中为了节能，应封闭西北向。同时合理选择封闭或半封闭周边式布局的开口方向和位置，使得建筑群的组合避风节能。

此外，研究表明，错列式布局是解决“风漏斗”的好方法，下面给出了不同密度障碍物的挡风效果，如图3-5所示。图3-6、3-7给出了寒冷地区冬季合理种植树木进行防风的例子。图3-8给出了种植树木防风后室内热损失减少的示例。

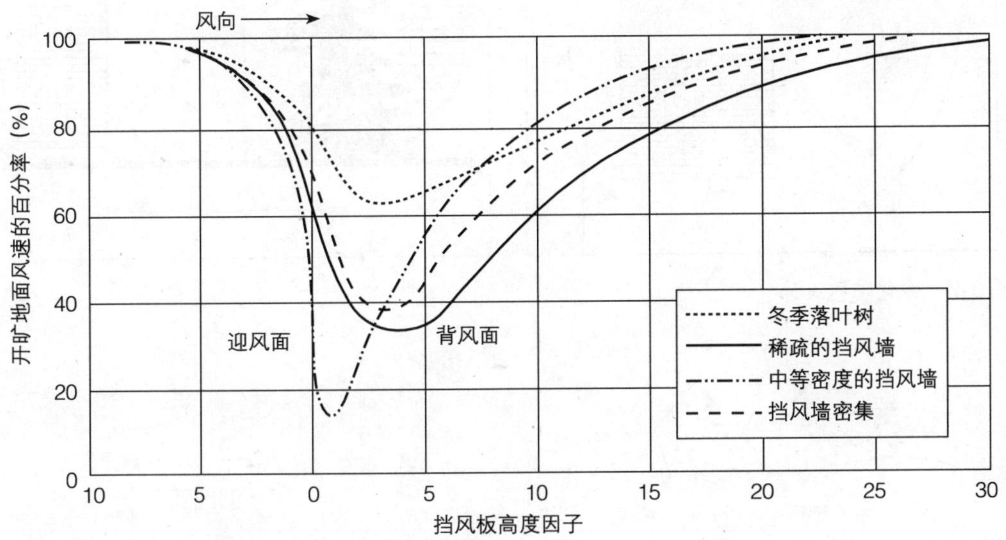

图3-5 不同类型防风林（屏障）防风能力比较

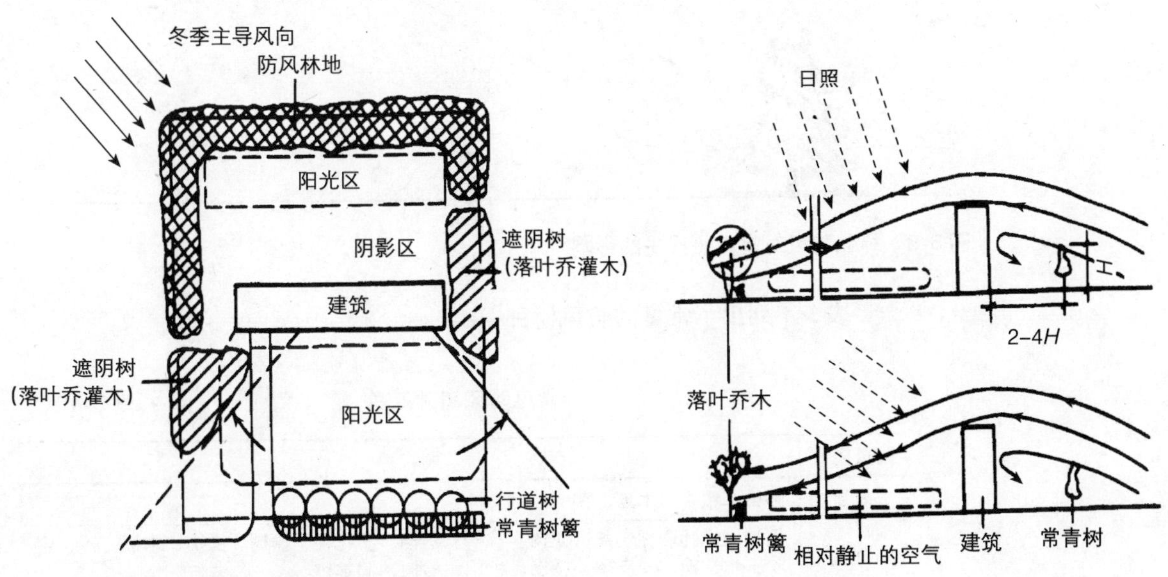

图3-6 冬季利用植物防风的例子

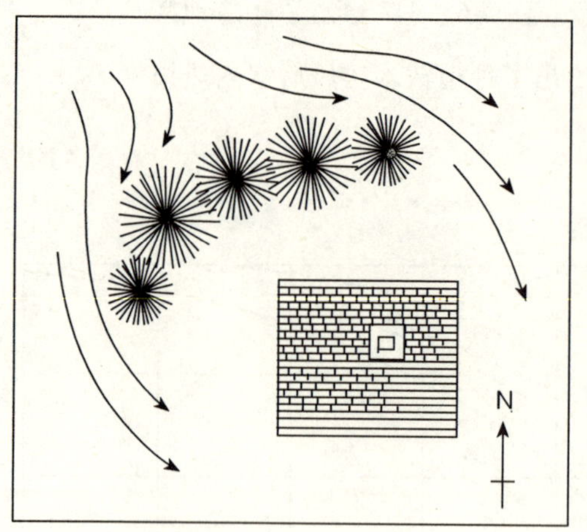

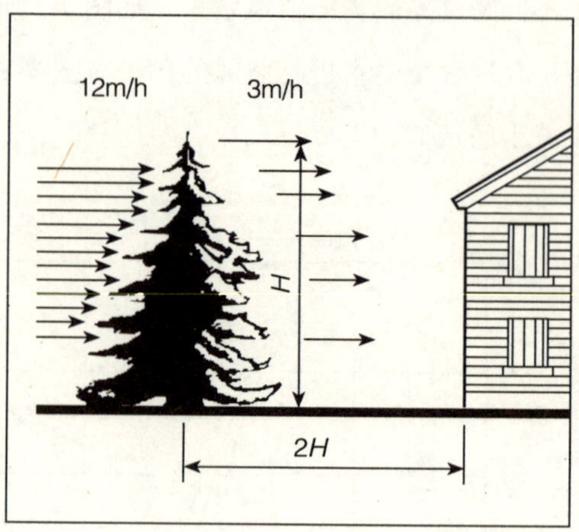

图 3-7 绿化防风设计

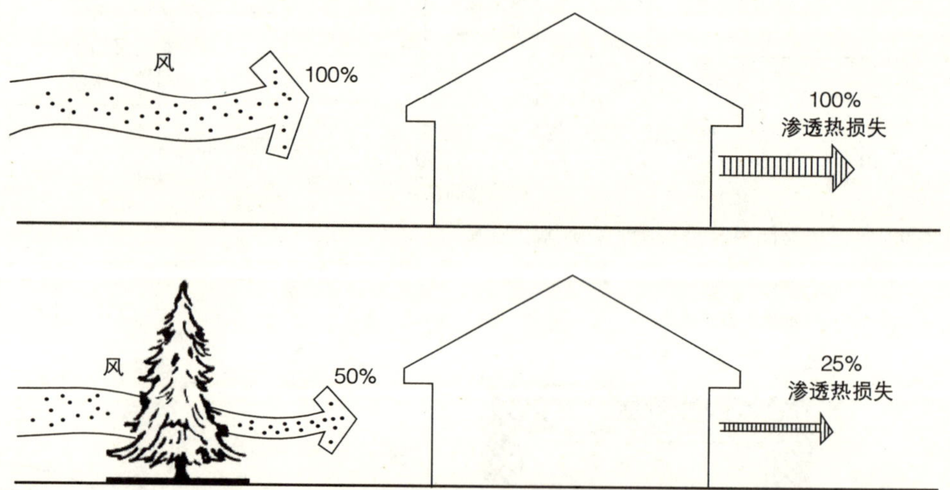

图 3-8 绿化防风对室内热损失的影响

表 3-4 列出了常见的防风树种。

常见防风树种汇总 表 3-4

防风能力	树 种
最强	圆柏、银杏、木瓜、柳
强	侧柏、桃叶珊瑚、黄爪龙树、棕榈、梧桐、无花果、榆树、女贞、木槿、榉、合欢、竹、槐、厚皮香、杨梅、枇杷、榕树、鹅掌楸
稍强	龙柏、黑松、夹竹桃、珊瑚树、海桐、核桃、樱桃、菩提树

3.2.1.3　改善住区夏季及过渡季通风的方法

要改善夏季、过渡季小区室外的风环境，进而改善室内的自然通风，首先应该在朝向上尽量让房屋纵轴垂直建筑所在地区夏季的主导风向。例如，我国南方在建筑设计中有防热要求的地区（夏热冬暖地区和夏热冬冷地区），各地区的主导风向都是在南到东南方向之间。在这些地区的传统建筑，大多数的朝向都是向南或偏南的。

选择了合理的建筑朝向，还必须合理规划整个住宅建筑群的布局，才能组织好室内的通风。前面说过，建筑物的背风面会产生一个涡流区。在涡流区内，风力弱、风向也不稳定，如果另一幢建筑处于前面建筑的涡流区内，是很难利用风压组织起有效的通风的。

影响涡流区长度的主要因素是房屋的大小以及风向投射角。涡流区的长度随房屋的高度及宽度的增大而增大，随房屋的深度增大而减少。风向投射角是风向与房屋外墙面法线的交角，如图 3-9 所示。图 3-10 给出了不同建筑排列时对后面气流涡流区的影响。

因此，建筑间距应该适当避开前面建筑的涡流区。根据研究，不同风向投射角情况下的建筑涡流区范围如表 3-5 所示。可以看出，随着涡流区长度的缩小，能够使后面的建筑避开涡流区，有利于组织风压通风。有利于缩短建筑间距，节省建筑用地①。

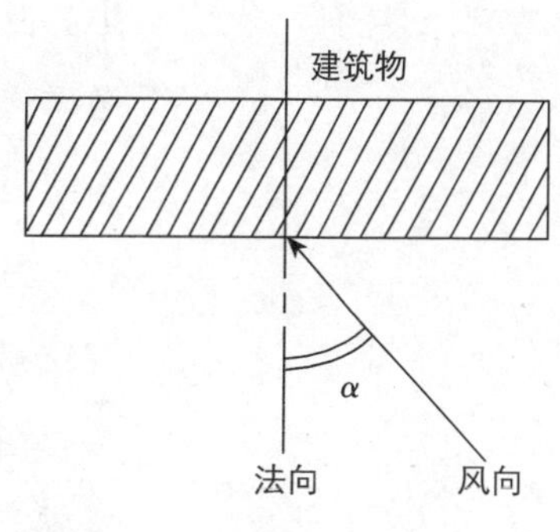

图 3-9　建筑的风向投射角

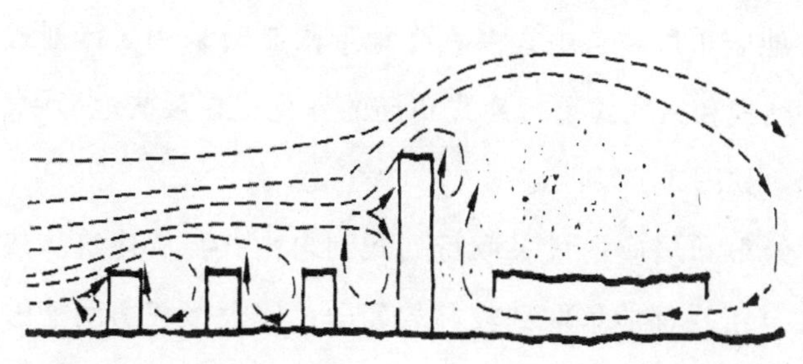

图 3-10　气流涡流区

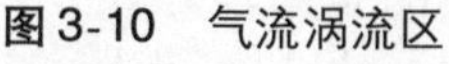

① 以上为少量建筑时的处理方法。当建筑较多时，不能简单地按照上面的方式处理。

不同风向投射角对自然通风的影响　　表 3-5

风向投射角	室内风速降低（%）	房屋背风面涡流区长度
0°	0	3.75H
30°	13	3H
45°	30	1.5H
60°	50	1.5H

注：H为房屋高度，其中建筑的尺寸（高×宽×深）为1:8:2。

可以看出，随着风向投射角的增大，房屋背风面涡流区的长度缩小，但也影响到室内风速的降低。涡流区长度的缩小，能够使后面的建筑避开涡流区，有利于组织风压通风，这样做有利于缩短建筑间距，节省建筑用地。但风向投射角太大，又会降低室内风速。所以，在建筑设计中要综合考虑这两方面的利弊，根据风向投射角对室内风速的影响来决定合理的建筑间距，同时也可以结合建筑群体布局方式的改变以达到缩小间距的目的。

另外还可以看出，对于高层建筑，如果也按照上面的方法进行设计，建筑间距需要非常大才能满足要求，这在实际工程中难以实现。因此，如果存在高层和低层建筑并存的情况时，需要在合理调整建筑群总体布局的基础上，采用风洞实验或计算机模拟预测的方法加以优化。

一般建筑群的平面布局有周边式、自由式和行列式三种。周边式太封闭，不利于风的导入，而且使较多的房间受到强烈的东、西晒阳光直射室内，故不宜在我国南方地区采用。自由式多在受地形限制时采用。行列式是最为常见的形式，并列式和错列式是行列式布局的变化；在某些地形中，还会出现斜列式的布局。如图 3-11 所示。

为了促进通风，建筑群布局应尽量采取行列式和自由式，从建筑防热的角度来看，行列式和自由式都能争取到较好的朝向，使大多数房间能够获得良好的自然通风和日照，其中又以错列式和斜列式的布局较为好。如图 3-12 所示。在立体布置方面，应采取“前低后高”和有规律地“高低错落”的处理方式。如图 3-13 所示的格式布局。当建筑呈一字平直排开而体

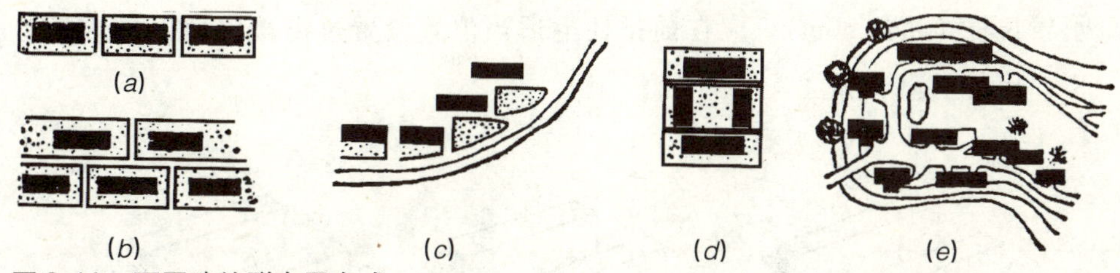

图3-11 不同建筑群布置方式
(a) 行列式；(b) 错列式；(c) 斜列式；(d) 周边式；(e) 自由式

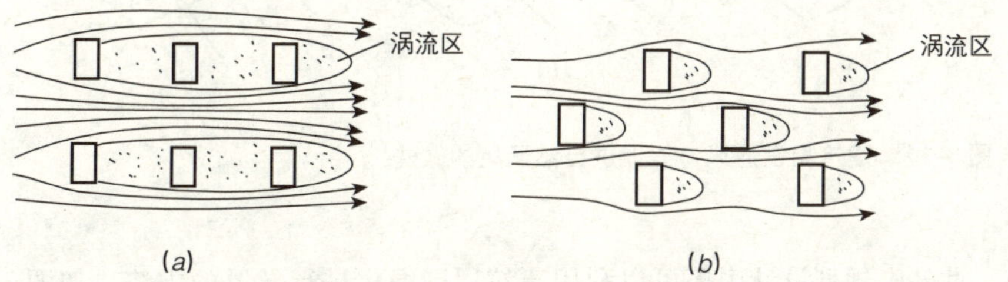

图3-12 不同建筑群布置方式对后面涡流区的影响
(a) 行列式布置；(b) 错列式布置

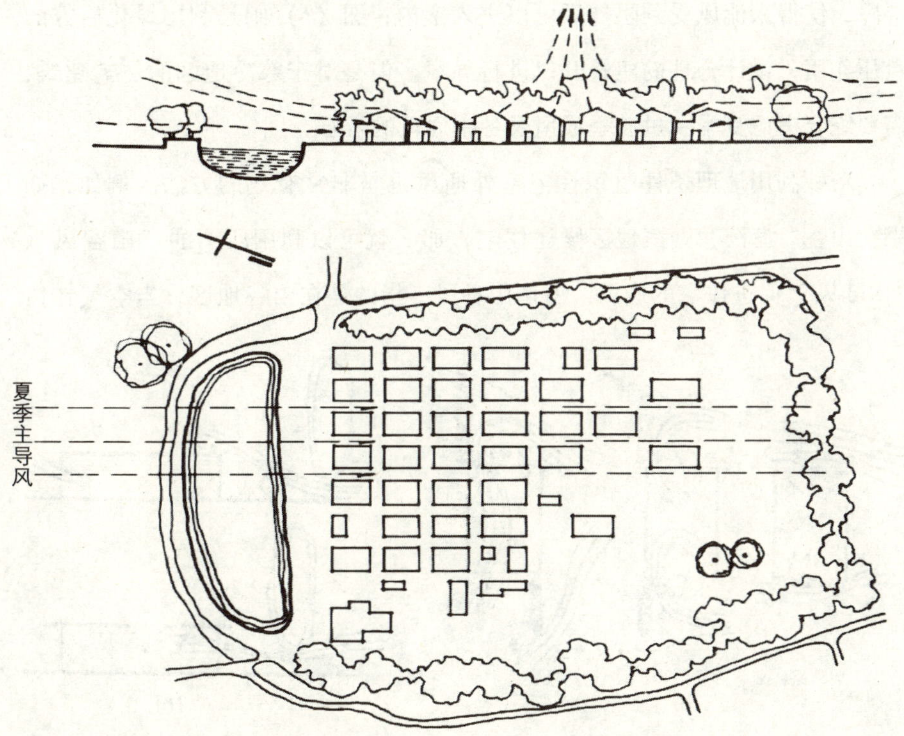

图3-13 梳式布局以促进自然通风

形较长时（超过 30m），应在前排住宅适当位置设置过街楼以加强自然通风，如图 3-14 所示。

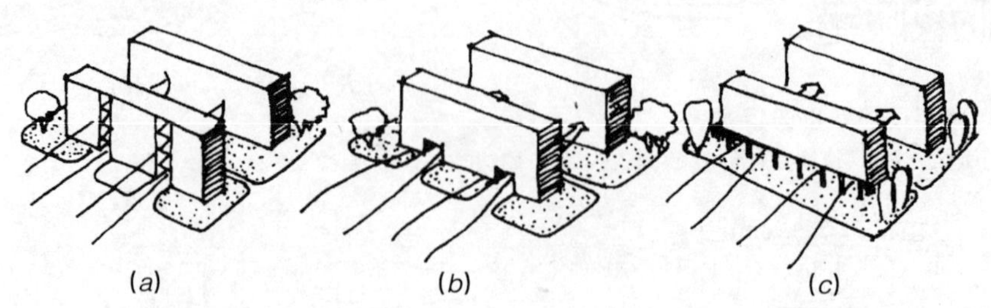

图 3-14　建筑物设通风口以促进自然通风的做法

此外，规划设计中还可以利用建筑周围绿化进行导风的方法，如图 3-15 所示。其中图（*a*）是沿来流风方向在单体建筑两侧的前、后方设置绿化屏障，使得来流风受到阻挡后可以进入室内；图（*b*）则是利用绿化后方的负压作用，设计合理的建筑开口进行导风。但是对于寒冷地区的住宅建筑，需要综合考虑夏季、过渡季通风及冬季通风的矛盾。

巧妙利用地理条件组织住宅室外通风也是非常有效的方法。例如，如果在山谷、海滨、湖滨地区修建住宅，那么就可以利用所谓的“山谷风”、“水陆风”促进住宅的通风。所谓山谷风，指的是在山谷地区，当空气在白

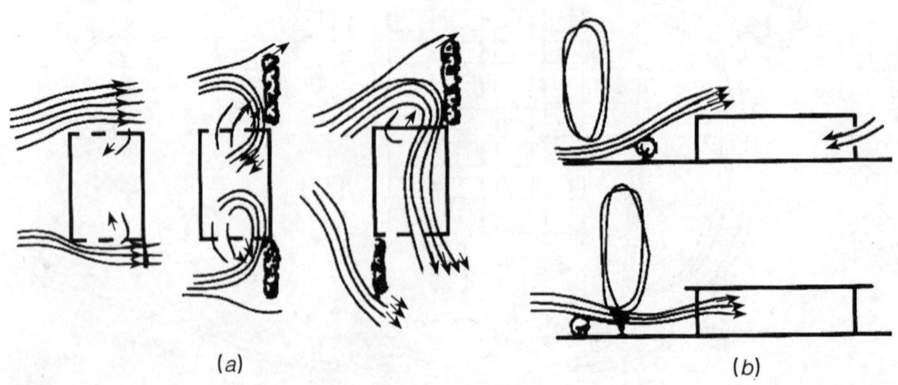

图 3-15　室外规划中的绿化导风

图3-16　水陆风

天变得温暖后，会沿着山坡往上流动；而在晚上，变凉了的空气又会顺着山坡往下吹，这就形成了山谷风。如图3-17所示。所谓水陆风，指的是在海滨、湖滨等具有大水体的地区，因为水体温度的升降要比陆地上气温的升降慢得多，白天陆上空气被加热后上升使海滨水面上的凉风吹向陆地，到晚上，陆地上的气温比海滨水面上的空气冷却得快，风又从陆地吹向海滨，因而形成水陆风。如图3-16所示。

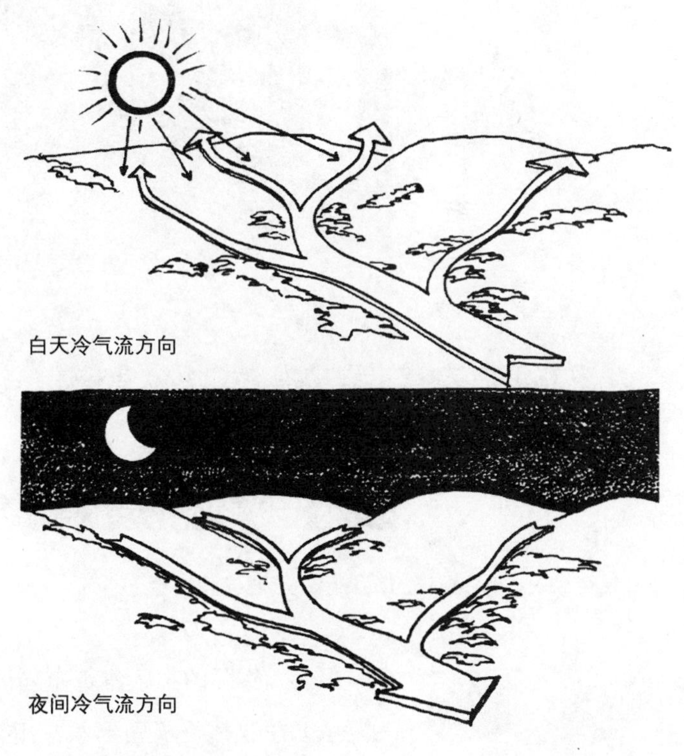

图3-17　山谷风

3.2.2　实验辅助优化建筑风环境设计

在实际的规划设计中，建筑布局往往比较复杂，特别如果需要兼顾冬夏通风的特点，以及考虑地形的不规整、植物绿化等存在的时候，简单利用传统经验做法，已经很难指导规划设计优化室外风环境。这时候需要采取风洞模型实验或者计算机数值模拟实验的方法进行预测。

风洞模型实验是一个值得信赖的方法（如图3-18所示）。研究风环境的风洞一般是境界层形风洞，它首先再现接近地面的境界层，然后将需要测定的建筑物和周围的环境模型化，模型比例大小取决于建筑物侧面积和风洞剖面面积的比例关系。近年来，一些研究者通过风洞实验，了解了建筑物周围风环境的一些基本规律，如单栋建筑物迎风面和背风面的气流规律、具有规则外形的建筑遵循一定规律的平面布置情况下的气流流动情况等。

图3-18　风洞模型实验

但是，实际的小区建筑布局形式是多种多样的，而且建筑物形状也较为复杂，并非都是规则形状，用风洞实验的方法难以一一对其进行研究。另外，风洞实验的成本非常高，周期也较长（通常为数月甚至一、二年），这给实际应用带来了较大的困难，难以直接应用于设计阶段的方案预测和分析。

计算机数值模拟是在计算机上对建筑物周围风流动所遵循的动力学方程进行数值求解（通常称为计算流体力学 CFD：Computational Fluid Dynamics），从而仿真实际的风环境。由于近年来计算机运算速度和存储能力的大大提高，对住区建筑风环境这样的大型、复杂问题可以在较短周期（20 ~ 50 天）内完成数值模拟，并且可借助计算机图形学技术将模拟结果形象地表示出来，使得模拟结果直观，易于理解。同时，由于计算机模拟不受实际条件的限制，因此不论实际小区布局形式如何、建筑物形状是否规则等，都可以对其周围风环境进行模拟，获得详尽的信息。并且，利用计算机数值模拟方法可以方便地仿真不同自然条件下的风环境，只需在计算机程序中改变相应的边界条件即可。

例如，对于北京地区，若要对某建筑小区的风环境进行预测，往往要考虑北风、西北风、南风等主导风向下的情况，用计算机数值模拟方法只需分别定义不同来流风向和风速就可以方便地对不同条件下室外的风环境进行仿真研究。近年来，各国学者不断利用计算机数值模拟对建筑周围的风环境进行仿真分析并与风洞实验结果对比，结果表明，数值计算能够较好地预测建筑物周围气流流动情况。

以下举例介绍利用数值模拟方法对北京某住宅小区的规划方案设计进行优化的过程，如图 3-19 所示。规划方案的调整充分体现了数值模拟指导住区风环境设计的重要性[7]。该实例主要是利用基于 RANS 模型的数值模拟方法，根据不同季节下的环境盛行风向、风速（如冬季该小区建筑的环境主导风为北风）对不同规划方案的住区周围风环境进行模拟，结果如图 3-20 所示。

方案Ⅰ中的 16 栋建筑高度为 33 ~ 90m 不等，错落排列；虽然规划中考虑到了以人为本，但是由于建筑布局不合理，在南北轴向上形成了一条让北风畅通的通道；因此如果按这种规划方案，冬季 1 - 1 区离地面 1.5m 高

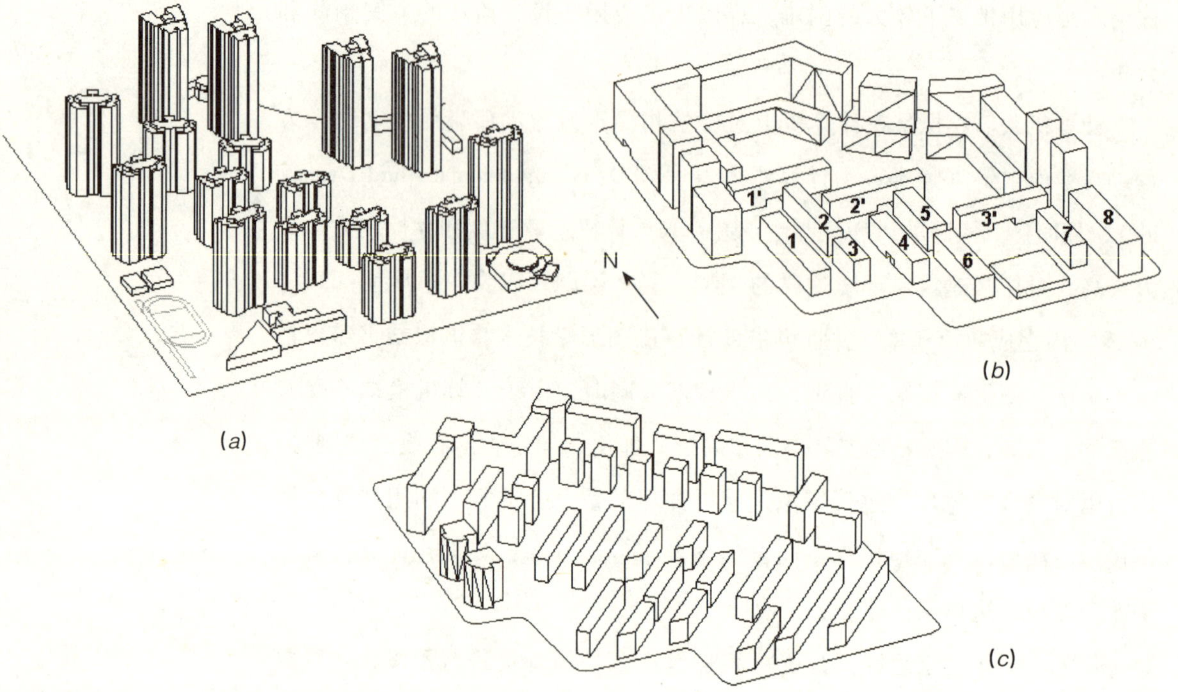

(*a*)

(*b*)

(*c*)

图 3-19 北京某住宅小区规划

(*a*) 最初方案（方案Ⅰ）；(*b*) 第一次改进后的方案（方案Ⅱ）；(*c*) 最终方案（方案Ⅲ）

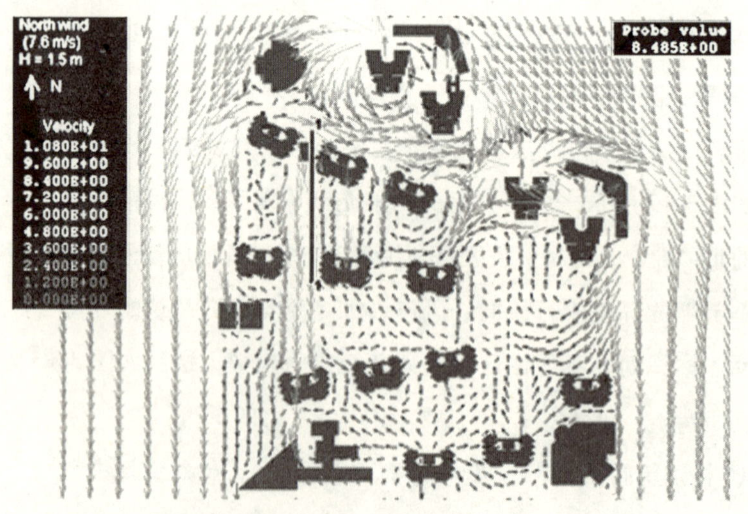

图 3-20 原方案（方案Ⅰ），北风

度的风速将高达8～9m/s（如图3-20所示）；在如此恶劣的风环境下，即便短暂的停留都是难以接收的。此外，数值模拟结果还显示在30m高度处，住区中多数地方的风速都将达到9～10m/s，使得冬季冷风渗漏变得非常容易，既恶化了室内的热环境，还给住户额外增加了采暖费用。

基于方案Ⅰ室外风环境模拟结果，方案Ⅱ采取了低多层建筑（建筑高度为20～60m）的规划方案，同时在建筑布局上充分考虑了对北风的遮挡，室外风环境得到了一定程度的改善。尽管如此，由于入口A、B、C处线性排列，在1.5m高度处局部依然出现了9m/s左右的风速，如图3-21所示。此外，超过一半的建筑采用了东西朝向，不但在夏季会大大增加太阳辐射得热，同时还无法有效地利用自然通风。

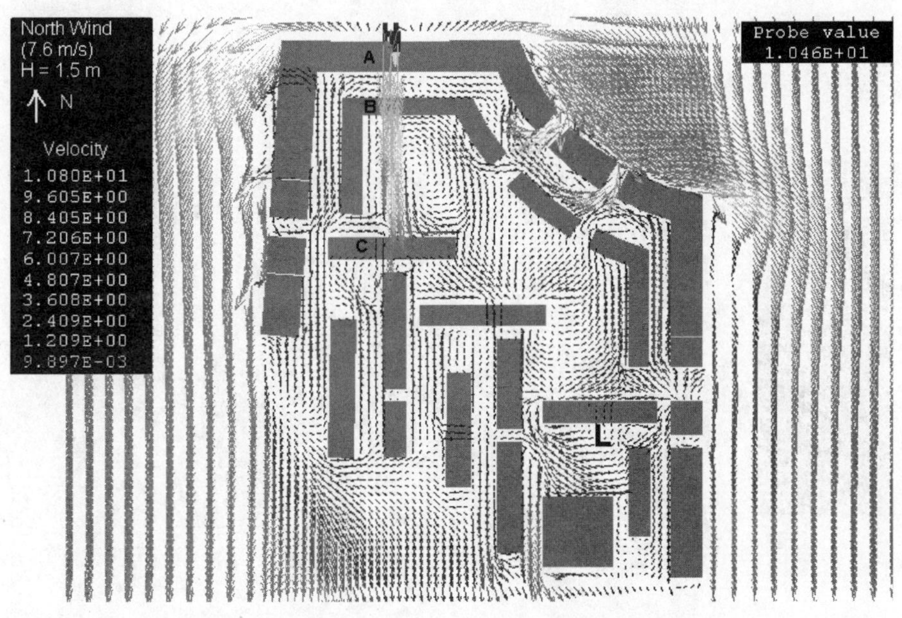

图3-21 方案Ⅱ，北风

调整得到的方案Ⅲ则完全避免了以上两种方案的缺点，模拟得到的室外风环境如图3-22、图3-23所示。在这一方案下，如何在冬季合理地防止北风和在夏季有效地利用自然通风都得到了充分的考虑。尽管在入口A、B

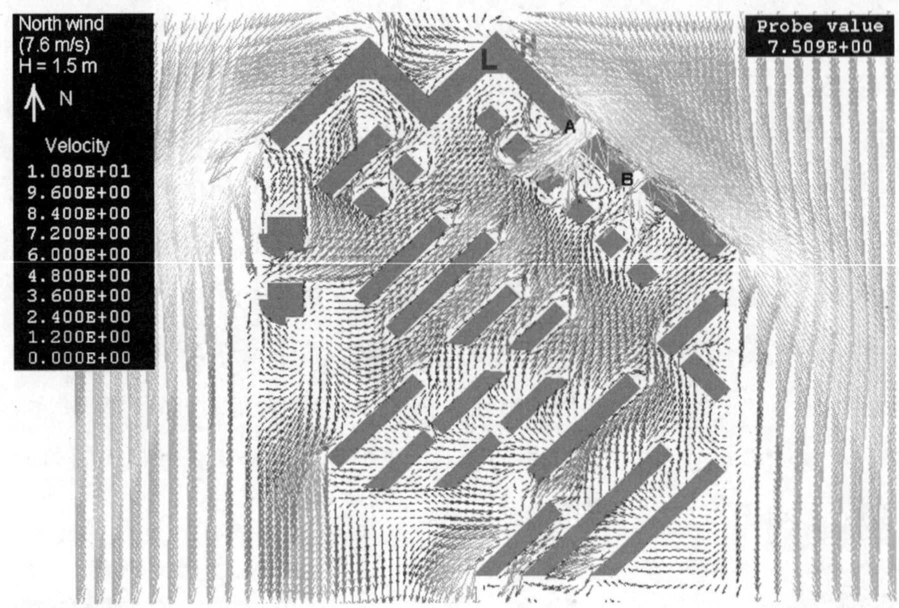

图 3-22 方案 Ⅲ，北风

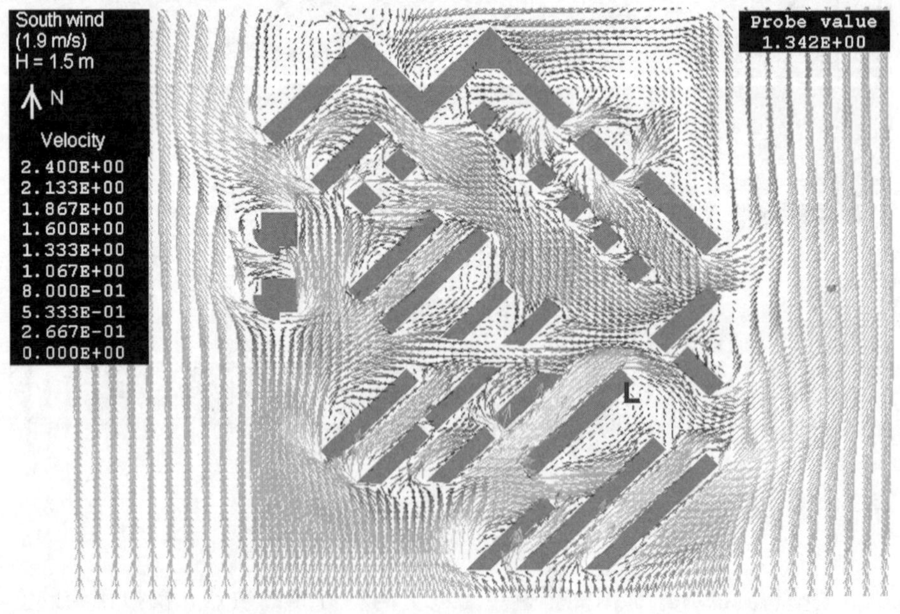

图 3-23 方案 Ⅲ，南风

处 1.5m 高度的风速仍显得稍大（为 6m/s 左右），但考虑到整个小区人车分流的设计原则，可让这两个地方处理为车行道，从而合理地解决了室外风环境设计的问题。

3.2.3　利用计算机数值模拟指导建筑小区规划设计的方法

由以上介绍可知，风洞模型实验的方法周期长，价格昂贵，不利于用于设计阶段的方案预测和分析；而数值计算相当于在计算机上做实验，相比模型实验方法周期较短，价格低廉，同时还能以形象、直观的方式展示结果，便于非专业人士通过形象的流场图和动画了解小区内气流流动情况，利于在设计初期指导和优化小区的规划设计[①]。

图 3-24 所示流程给出了利用计算机模拟技术不断修改、完善建筑小区的规划设计的方法。需要指出，尽管计算机数值模拟相比风洞模型实验周期较短，但建筑师和建筑环境设备工程师还是应该在初步规划初期就相互合作，以避免发生一些显而易见的错误，并加快规划设计的进度。

下面讨论利用 CFD 模拟软件来进行建筑群外风环境时可能会碰到的问题。

(1) 问题 1：模拟边界的选择

合理选择模拟建筑群的模拟边界很重要。一般说来，城市里的建筑群总是处于一个周边存在建筑、室外构筑物（如围墙、篱笆、室外平台等）以及绿化、地形等干扰的环境之中。这也就意味着在进行风环境模拟之中，从理论上说，应该尽可能地把上风向和周边的部分建筑考虑进去。但是综合考虑计算机的硬件处理能力以及建筑设计时间周期的要求，实际工程中必须进行一些简化处理，否则成为“不可计算问题”而难以进行。

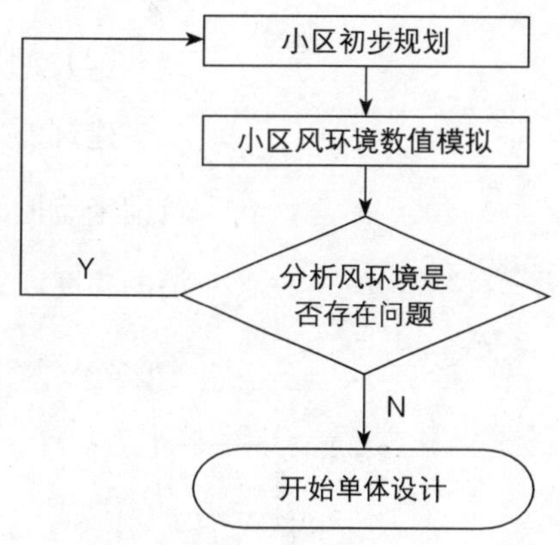

图 3-24　利用数值模拟优化建筑风环境设计的工作流程图

① 需要指出，由于所要预测风环境的小区建筑尚未建成，暂时无法实验验证模拟结果的可靠性。

进行简化时应考虑是否朝着有利方向和针对了问题的重点。举例而言，在进行住宅小区冬季防风模拟的时候（假定盛行风为北风），如果小区北向存在一些建筑群，那么当该建筑群最南面的建筑与小区红线的距离大于三倍建筑高度时，则可把住宅小区北向这些建筑视为安全的防风屏障，按照北面无建筑进行模拟。同理，如果住宅小区东西侧建筑群距离本小区红线较远，也可忽略其效果。另外，如果室外地坪不存在明显高度差（以行人高度以及最低层住宅为参照尺度），那么可以忽略微地形的影响。

在一些特殊情况下，如果时间允许，可利用高性能的计算机工作站，按照“先大再小、先粗后细”的原则进行模拟，也就是先进行大范围区域的“粗网格模拟”，然后以模拟得到的结果作为目标住宅小区的边界条件进行密网格的“精细模拟”。

此外，模拟中计算域的尺寸设计原则一般是，来流风入口应距离模拟的住宅小区总长度的 3 倍以上，在高度上应大于 5 倍建筑高度，原则是使得在该区域内，建筑对绕流产生的影响在边界上完全消除，并最后保证流入流出的控制体实现质量守恒。

（2）问题 2：模拟工况的选择

建筑外来流风并不总是均匀的，根据有关文献和资料的研究成果，建筑前来流风因为地面和低矮建筑的影响，应是按边界层规律分布的，即所谓的梯度风，如图 3-25 所示。

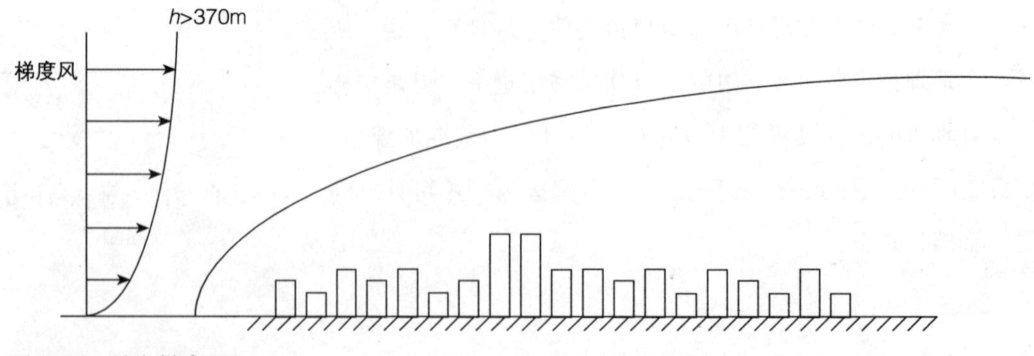

图 3-25　城市梯度风

计算域的边界风场应满足梯度风模型，即：

$$U_h = U_{met}\left(\frac{\delta_{met}}{H_{met}}\right)^{\alpha_{met}}\left(\frac{h}{\delta}\right)^{\alpha}$$

其中，U_h 为当地 h 高度处的风速；下标 met 代表气象站观测点数据；δ 代表不同地貌相应的边界层厚度；α 代表不同地貌相应的地面粗糙度指数。根据 ASHRAE FUNDMENTAL 2001 的资料，一般情况下设观测站处在第三类地貌中，$H_{met}=10m$，$U_{met}=5m/s$，则可得：

$$U_h = 5\times\left(\frac{270}{10}\right)^{0.14}\left(\frac{h}{370}\right)^{0.22} = 7.932\times\left(\frac{h}{370}\right)^{0.22}\quad (m/s)$$

图中的 $h>370m$ 后，风速可认为趋于均匀，大小等于 $h=370m$ 处的风速。

模拟过程中风向和风速的选择应该根据当地气象数据确定，即应根据几十年气象数据的分析（或参考当地风玫瑰图，如图 3-26 所示），考虑出现频率较高的风向、风速进行模拟。因此，对于季风地区，模拟工况一般至少应该考虑冬夏两种工况；而对于单盛行风向区，可以只考虑一种频率较高的风向、风速。

（3）问题 3：室外风环境和室内自然通风

室外风环境的模拟对于室内自然通风的影响主要是受建筑前后（或相邻的开口之间）的压力差决定的。因此利用室外风环境模拟判断室内自然通风的好坏可以通过模拟得到的建筑前后压力差分布来进行分析。这样，把模拟得到的风压结果作为边界条件，可以进行室内的自然通风模拟。

但是，即便是室外风环境的模拟结果说明建筑前后的压力分布不佳，也不能表明建筑房间的自然通风能力一定会差，原因是可以通过调整建筑立面开口的布置位置、大小的选择以及相互之间的关系来改善具体户型的自然通风。

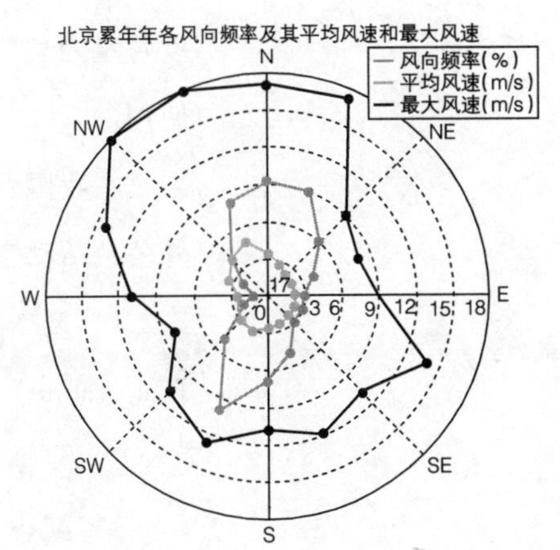

图 3-26　北京风玫瑰图

注：数据来自国家气象信息中心

当进行室内外通风的直接模拟时，要注意模型的选择，因为室内外模拟的定型尺寸不同，利用标准的 $k-\varepsilon$ 模型可能存在较大的误差，而大涡模拟则可以很好地解决这个问题。比如 Q. Chen 曾利用大涡模拟很好地实现了室内外通风的联合模拟。

3.3 改善室外热环境

受住宅设计中建筑密度、建筑材料、建筑布局、绿地率和水景设施等因素的影响，住区室外气温有可能出现“热岛”现象，即小区气温会高于其他地方，尤其是郊区的气温的现象。“热岛”现象在夏季的出现，不仅会使人们高温中暑的机率变大，同时还促使了光化学烟雾的形成、加重污染，并增加建筑的空调能耗，无疑会给人们的工作生活带来严重的负面影响。

通过合理地建筑设计和布局，选择高效美观的绿化形式及水景设置，可有效地降低热岛效应，获得清新宜人的室外空气温湿度和适当的辐射环境。在提供给居民一个美观、舒适、健康、便利的室外活动环境的同时，也通过传导、辐射、对流、自然通风等形式降低了住宅围护结构的外表温度及室内气温，有效地降低住宅的空调能耗，减少人类对于自然资源的使用。

在我国新推出的《绿色奥运建筑评估体系》中，已有对于建筑小区室外公共活动空间的热岛强度和室外热舒适设计的限制，包括：

1）夏季典型日的室外热舒适指标 WBGT（湿黑球温度 Wet-Bulb-Globe Temperature）满足舒适标准（WBGT < 32℃）。

2）夏季典型日的日平均热岛强度 < 1.5℃。

3）减少场地内地面铺装和建筑物的热容量，控制材料反射率。

3.3.1 住宅小区夏季室外热环境的特点

不同下垫面及绿化形式下小区热环境存在着较大的差别。例如，2001

年暑假对清华大学校内主楼、甲所、东楼区住宅群以及青年公寓住宅群不同下垫面及绿化情况的场所进行了测试，测试场所环境状况说明如表 3-6 所示，结果发现：

1）不同下垫面（水泥地、沙地、草地）形式下，在无树荫情况下其 1.5m 高处的空气温度差别不大，差别低于 1℃，如图 3-27 所示。但在树荫和绿地结合的场地的空气温度要明显低于其他场地的空气温度，尤其当太阳辐射较强的时候差别能达到 2℃左右。

测试场所环境状况说明　　表 3-6

场所名称	测点周围环境状况
主楼	向阳、开阔，大面积草坪，两旁铺砖路面
甲所	基本上被高大树荫遮蔽，下面为大面积草坪，周围地势稍高，整个形成了一个封闭的小环境
东楼区住宅群	楼高 6 层，整个为居民区，环境较为封闭；草坪绿化较好，周围有一些树木
青年公寓住宅群	楼高 6 层，南面是车棚，东部距离较远处有建筑，西边开阔。无草坪，基本是裸露沙地，少量小树

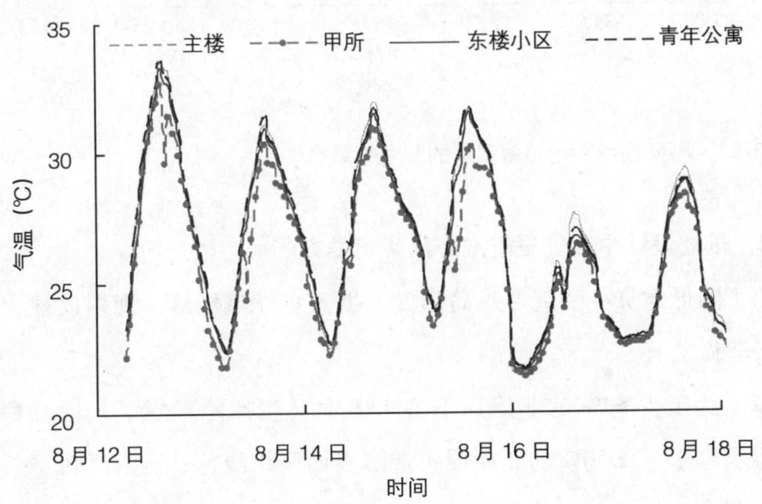

图 3-27　不同场所气温测试结果比较

2）不同下垫面和不同绿化形式下，小区 1.5m 高处的平均辐射温度存在较大的差别（最大差值在 20℃以上），如图 3-28 所示。对应的空气温度和黑球温度的差值也不同。在树荫和绿地结合的场地，空气温度和黑球温度差别最小，平均辐射温度最低；空旷草坪上方的气温和黑球温度的差值最大，平均辐射温度较高。

3）以上测试结果表明有树荫遮蔽的林地下的气温低于无树荫的草地、沙地等情况下的气温，树木遮挡降温的效果极为明显。

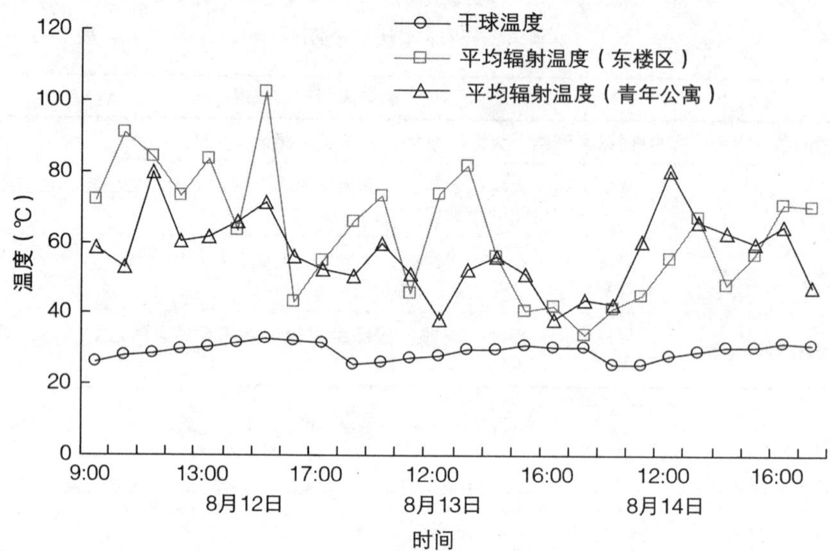

图 3-28 不同场所平均辐射温度的测试结果比较

3.3.2 规划设计中改善夏季室外热环境的方法

为了降低建筑小区室外热岛强度、提高室外热舒适，规划设计中常采用的经验做法有：

（1）为至少 50% 的非屋面不透水表面（包括停车场、人行道和广场等）提供遮阳；或 50% 的非屋面不透水表面采用浅色、适当反射率（反射率 α 控制在 0.3～0.5）的地面材料。

（2）屋面尽量采用适当反射率（$0.3 \leq \alpha < 0.6$）和低反射率的材料，建

筑物表面颜色尽量为浅色。适宜条件下推荐采用植被屋顶、蓄水屋顶。

（3）利用适应当地气候条件的树木、灌木和植被为非屋面不透水表面提供遮阳。

（4）室外绿化应注重树木、草地等多样化手段及与水景设计的有机结合。

（5）利用模拟预测分析夏季典型日的热岛强度和室外热舒适的手段比较、优化规划设计方案。

3.3.3 利用绿化改善室外热环境

室外绿化是住宅小区设计的重点之一。事实上，通过绿化不仅可以美化环境，净化空气，还对降低小区热岛强度、提高室外空间的热舒适有重要作用。

绿化对建筑环境的影响包括以下几个方面。

（1）节约建筑能耗

在建筑环境设计中，调节建筑对太阳辐射的吸收量是改善室内环境的有效手段。设计得当的绿化，可以通过植物遮阳和蒸发作用调节建筑吸收的太阳辐射量，改变环境的热湿平衡，从而降低建筑夏季的空调负荷。同时，可在冬季起到风屏作用，减小风压，减少冷空气的渗入量，降低建筑采暖负荷。

夏季绿化可通过四种途径减小建筑得热，即减小建筑透过窗户直接得热、减小建筑外围护结构的热传导、减小局部渗透和潜热交换。对于不同的绿化类型，这几种途径对建筑得热影响的重要程度是不同的。在夏季，树木遮挡太阳辐射，减少透过窗户的直接得热。有爬藤类植物覆盖的外墙，墙外表面温度显著降低，其向内传导的热量也大幅度减少。如果房屋四周是大面积的草坪，对局部渗透和潜热的影响就非常明显。庭院绿化除了遮阳外还可以挡风、产生微气流、改变围护结构外表面的对流换热量。例如，清华大学王丹妮曾于1996和1997年对垂直绿化对外墙得热的影响进行了实验和模拟研究，得出在晴朗无云的夏天，爬山虎可以使西侧墙降低热流量28%的结论①。

绿化影响建筑得热的特点还与季节有关。在夏季当太阳辐射、室外温湿度等外扰是建筑冷负荷的主要来源时，遮阳和风屏作用都可以降低室内得热，减少热湿负荷。在冬季，树干树枝等遮阳物削弱了太阳辐射带来的有利影响，但风屏作用减少室外冷空气渗透量，促进建筑保暖，弥补了遮阳带来的负影响。

绿化和建筑的相对位置也会影响建筑能耗的大小。这主要和建筑的地理位置、建筑的朝向、地区主导风向和季节有关。赤道地区的建筑、屋顶绿化对降低负荷有较大的好处。高纬度地区，日照时间长的一侧墙体的遮阳比较重要。对华中地区，冬季盛行西北风，选择适当的方位进行绿化，利用其风屏作用减少冷空气渗透量，同时也要不妨碍东南向的太阳辐射带来的有利因素。

（2）改善建筑热环境

人的热舒适感觉与人体活动强度、衣着量、空气温度、平均辐射温度、空气流速和空气相对湿度有关。绿化可以通过树叶遮阳减少太阳辐射被建筑吸收，降低建筑物表面温度，在减少热流向内传输的同时也减少了建筑表面向外的二次辐射和辐射反射，改善建筑周围环境舒适度。同时绿色植物附近空气气温相对建筑表面低，湿度也相对大，这样会形成自然对流，使绿地附近有微弱气流流动，增加人的舒适感。另外绿色植物对于放松神经、调节心理舒适也有积极的作用。

有关研究结果表明，小区绿化对于2m高度下人们休闲活动区域的温湿度、辐射强度、地面辐射、视觉舒适度都有比较明显的改善作用。

研究表明，树木改善夏季室外热环境的效果最好，其次是草坪，灌木

① 需要指出，一般的研究没有考虑外墙垂直绿化会在晚上限制外墙表面的长波辐射降温，从而略有夸大夏季绿化对建筑的降温节能效果。

略差。

树木改善夏季室外热环境及行人热舒适主要是通过遮阳（直接反射和多重叶片的连续反射）实现的，而树木对其周围空气的降温和增湿效果都是极为有限的，最高不超过0.2℃和5%。但是由于树木遮蔽了直射阳光，结果使得树荫下的地面温度没有升高，从而行人高度附近的空气也不会被加热。同时由于树木通过蒸腾作用消除吸收的太阳辐射能量，还会使其叶片温度低于空气温度。这样，当人在树荫下的时候，所感受的辐射温度（主要是地面温度辐射、树叶温度辐射及散射辐射导致）就远远低于无遮阳时的辐射温度。需要建议的是，树干高度应为2m以上，否则由于树木对风的阻挡效果，室外热环境及行人热舒适度会有所下降。

对于草坪而言，由于无法直接遮挡直射阳光，所以当人在草坪附近时，依然能被阳光辐射，所以热感觉要明显高于树荫之下。此外，尽管草坪通过相对较高的反射率以及草坪自身的蒸腾、蒸发降温作用，使得草坪平均温度低于普通混凝土地面温度及空气温度（一般能低2℃以上），但是草坪对其上方空气温度的影响一般在0.5m以下，所以通过空气温度来影响行人热舒适的作用不明显。这样，由于阳光直射的影响太大，所以对行人热舒适的贡献依然比不上树木。但一般说来，草坪对附近空气湿度的改善效果要好于树木，能增加10%~20%。需要注意，由于草坪一般较低，阳光反射之后相对容易被建筑外表面所吸收，所以有草坪的小区更应该减少建筑小区内各种表面的蓄热能力（例如采用浅色材料等）。同时草坪的规模不应太大，否则人们无法穿行其中，不能感受到草坪改善室外热环境的作用。

由于一般情况下灌木低于1.5m，无法直接遮挡直射阳光，因此对行人热舒适的影响方式与草坪相似。灌木与草坪相比，反射率略低，但透过率差别不大。原因是于灌木单片叶片的反射率比草叶片相比略低，但由于灌木丛相对较高，所以阳光进入灌木丛之后经过多次漫反射之后其透过率依然很低。这样，一般情况下灌木丛的平均表面温度与草坪差别不大。同时，由于灌木丛对风速的阻挡作用相对较大，会对行人的热舒适带来一些不利影响。灌木对周围空气湿度的影响是非常小的，最高不超过5%。因此，总体上说草坪改善热环境的效果略好于灌木。

如果绿化设计以改善夏季住宅小区的室外空间热环境质量及行人热舒适为主要目标，推荐的绿化方式是树木+草坪（灌木）的方式。建议树木的叶面积指数（LAI①）控制在3以上，同时应尽量控制树冠面积大小及树干的高度。草坪或灌木应布置在树木一定距离之外，同时其规模应控制在5m×5m以下。

3.3.4 室外热环境的模拟及预测

采用辐射、对流、导热、传质过程联合求解，即传热与空气流动联立计算的方法，把太阳辐射、风、建筑结构和类型、下垫面状况、人员情况和各种排热状况等因素综合考虑在内，并获得温度场（分布参数）或温度集总参数的输出结果。在此基础上，可对小区热岛效应和绿化、水景等园林设计结果进行定量的评价。

在现有的热岛模拟预测模型中，已能把太阳辐射、风、建筑结构和类型、下垫面状况、人员情况和各种排热状况等因素综合考虑在内，并获得温度场（分布参数）或温度集总参数的输出结果。目前，国内外的一些大专院校如美国Berkeley大学、日本东京大学等都分别利用自己开发的软件对城市、住区室外的热环境进行过预测和研究，并对住区的规划设计进行了优化。

清华大学近来开发了室外热环境模拟平台SPOTE（Simulation Platform for Outdoor Thermal Environment)，可以对存在绿化（植物）、水景时的室外热环境进行模拟。

SPOTE主要由空气模型、植物冠层模型、下垫面固体传热模型构成。

---

① 叶面积指数指单位土地面积上的总叶面积。

其联合求解的思路为：植物冠层以体源的形式耦合到空气的流动、动量及能量方程中，采用热平衡方法与流场模拟计算耦合迭代求解；利用有限差分法求解固体表面的热平衡方程组得到地表和建筑物各表面温度，计算结果作为空气流场模拟计算的边界条件，由空气流场计算程序模拟得到整个计算区域空气的速度场和温度场。其中以解决绿化小区植物冠层的长短波辐射计算为出发点，基于植物冠层长短波辐射透过的指数衰减规律和蒙特卡罗、杰勃哈特方法建立了针对非透明体、半透明体同时存在情况下的长短波辐射通用计算体系。这样只要知道植物冠层的叶面积指数（LAD）、形状、反射率、消散系数等参数，就可以准确模拟植物冠层对太阳短波辐射的反射、吸收、透过作用及其与周围环境的长波辐射换热。

具体迭代计算流程如图 3-29 所示。

为验证模拟体系的可靠性，采用此方法与草坪微热环境实验及绿化较多的深圳低层联排小区热环境测试结果进行了模拟对比，符合较好。结果表明，该模拟体系可准确反映室外下垫面温度、气温、相对湿度、辐射温度分布情况，同时也能预测绿化（植物）对周围热环境的影响以及自身冠层温度的变化情况。

下面给出一个应用案例。

如图 3-30 所示的住宅群为四栋南北朝向的建筑，通过 SPOTE 软件平台进行模拟计算，分析比较相同绿量率（总绿量为 $3600m^2 \cdot m^{-2}$）下不同植物绿化对室外热环境的影响。模拟地点为北京，时间是 7 月 21 日。风向南风，风速 1m/s。模拟气象参数见图 3-30（a）。太阳辐照度根据北京的经纬度计算，其中假设日间大气透明度为 0.62。地下 2m 为恒温层（25℃），建筑室内温度 25℃。不考虑交通、炊事排热。参数设置如表 3-7、3-8 所示。

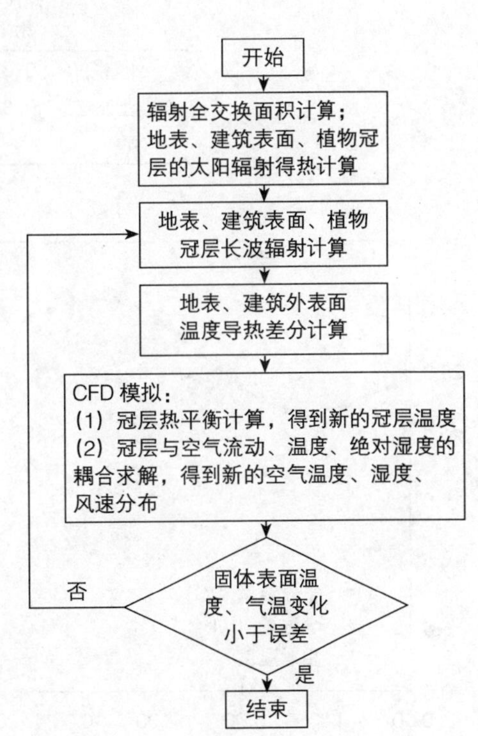

图 3-29　联合计算流程

植物参数设定　　表 3-7

	尺寸 (长×宽×高, m×m×m)	离地面 高度(m)	短波 反射率	长波 发射率	蒸发率	叶面积密度 ($m^2 \cdot m^{-3}$)
树	5×5×3	2.5	0.2	0.9	0.45	1
草	5×15×0.25	0	0.15	0.9	0.15	6
灌木	5×15×0.8	0	0.15	0.9	0.15	2.5
建筑	30×15×17	0	0.35	0.95	/	/
凉亭	5×15×0.5	2.5	0.5	0.95	0	不透明

模型示意图如图 3-30 (*b*)、(*c*)、(*d*) 所示。

下垫面物性设定　　表 3-8

	短波反 射率	长波 发射率	蒸发率	导热系数 [W/($m^2 \cdot K$)]	密度 (kg/m^3)	比热 [kJ/($m^3 \cdot K$)]
外墙	0.35	0.95	0	1.16	2150	1600
混凝土路面	0.35	0.95	0	1.16	2000	1000
凉亭			0	1.56	800	837

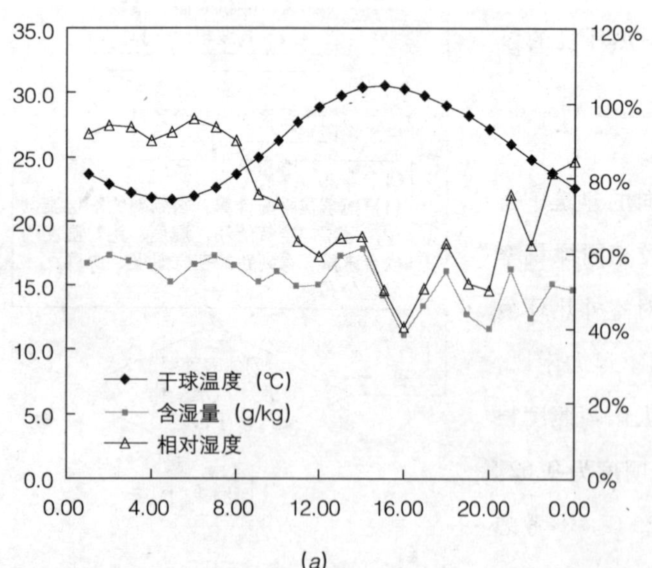

(*a*)

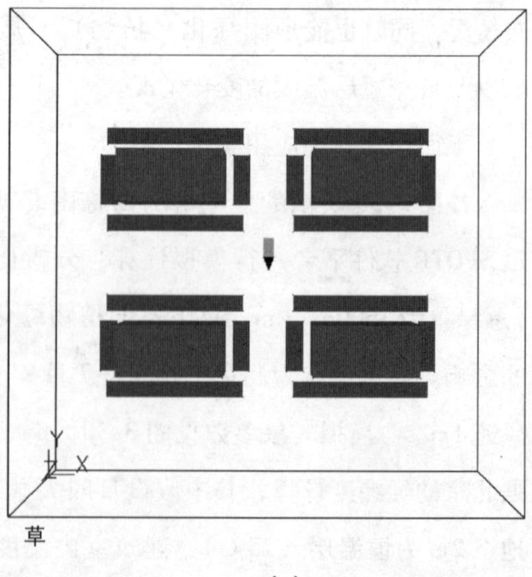

(*b*)

图 3-30　模拟说明

(*a*) 模拟气象数据（北京：7 月 21 日）；(*b*) 算例（草坪）

选择 15:00 的模拟结果进行比较。为了方便比较，给出前一栋建筑周围的 MRT（室外综合平均辐射温度）和 SET（标准有效温度）的模拟结果。从图 3-31 中可以看出，10:00、15:00 时建筑东、南、西面周围环境 1.5m 高处的 MRT 和 SET 值的高低顺序是：树木 < 草坪或灌木。树木对其周围热环境的改善效果最好，灌木和草坪则差别较小。建筑北面由于处于建筑阴影之下，同时风速基本无差别，因此无论树木、灌木还是草坪，对应的 SET 差别很小。

但在 12:00 建筑南面周围环境 1.5m 高处的 SET 值基本没有区别，甚至树木绿化对应的 SET 值略高。原因是此时树木投影在建筑的南墙上，1.5m 高度完全暴露在直射阳光下，地面没有被草坪、灌木遮挡，温度较高，长波辐射强；同时由于树木对风速的衰减作用，因此树木下方的 SET 值略高于草坪、灌木。因此，尽管多数情况下树木对改善热环境的效果最好，但在某些时刻，也存在树木对室外热环境的改善作用不如灌木和草坪的情况。这说明比较不同绿化对室外热环境的影响时，必须说明具体的时刻、实际

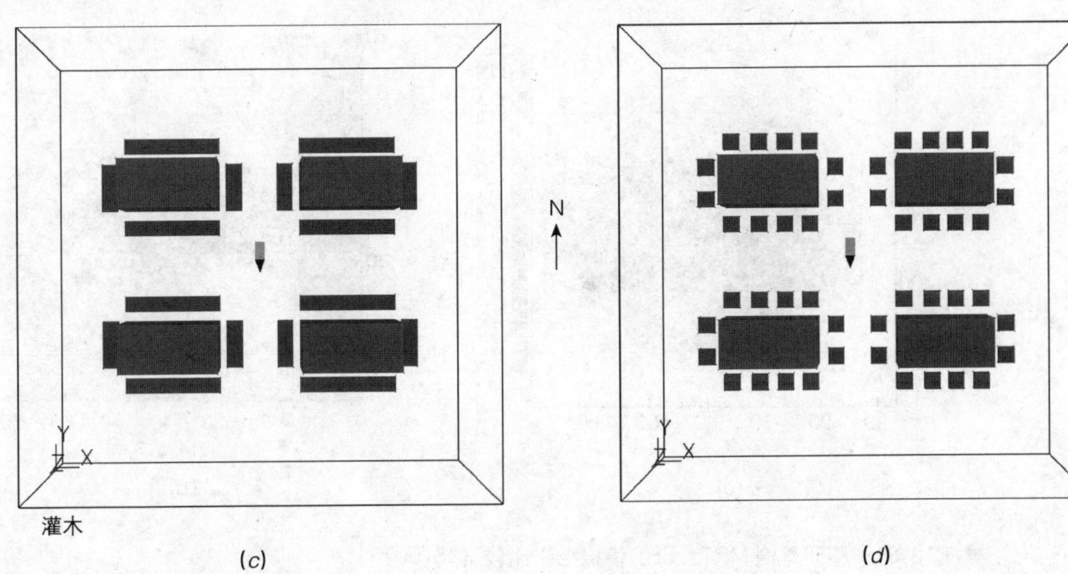

图 3-30 模拟说明（续）
(*c*) 算例（灌木）；(*d*) 算例（树木）

的建筑布局及朝向等条件。

上述研究是针对南北朝向建筑而言的，以下针对东西朝向的建筑进行对比研究。仍然考虑相同绿量（总绿量为7200$m^2 \cdot m^{-2}$）下不同植物绿化对室外热环境的影响，同时也比较了凉亭的情况。限于篇幅，模型示意省略；可视为图3-30中的建筑及植物模型顺时针旋转90°。

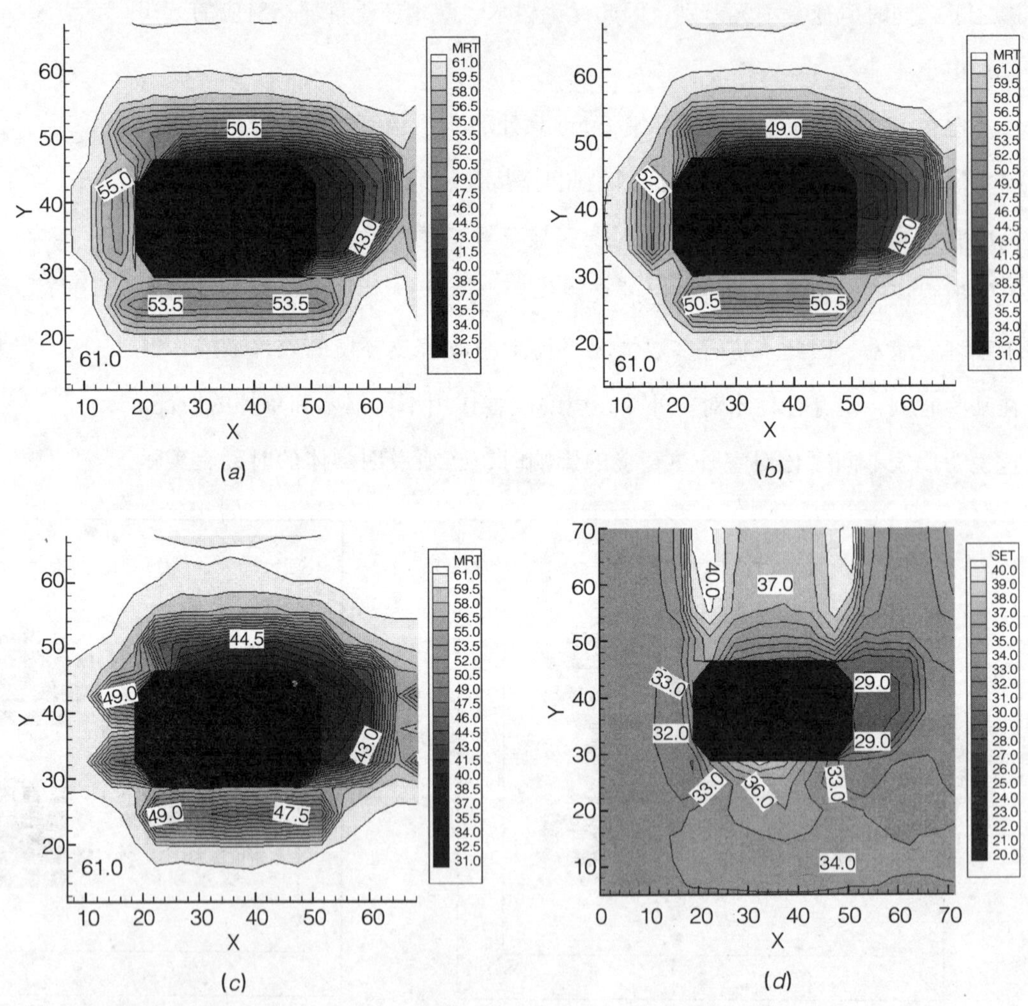

图3-31 不同算例MRT、SET模拟结果比较（15:00）
(*a*) MRT分布（草坪）；(*b*) MRT分布（灌木）；(*c*) MRT分布（树木）；(*d*) SET分布（草坪）

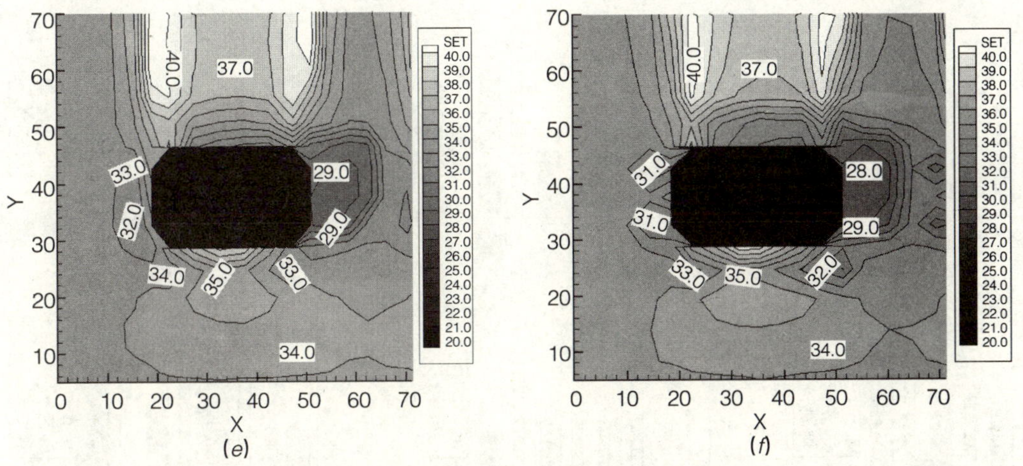

图 3-31　不同算例 MRT、SET 模拟结果比较（15:00）（续）
(*e*) SET 分布（灌木）；(*f*) SET 分布（树木）

以 15:00 为例，图 3-32 给出了 15:00 前后两排建筑周围绿化下各种参数的比较结果。从中可看出，对于东西朝向的建筑，树荫相比其他绿化形式而言，对热环境的改善效果明显。

首先，不同朝向下 MRT 值由低到高的顺序，树荫＜(凉亭或灌木)＜草坪。其中西向树荫下的 MRT 值比草坪低 9℃，比灌木低 7.3℃，比凉亭低 1.2℃。需要注意，在建筑东面的阴影区域范围，凉亭下 MRT 比树荫下和灌木都要高，其中的原因是由于凉亭的蓄热作用，导致下午其表面温度升高，长波辐射作用增强。

其次，比较 SET 值可知，不同朝向下 SET 值基本上是树荫下最低，其次是凉亭，然后是草坪或灌木。其中建筑西面树荫下的 SET 值比草坪低约 3℃，比凉亭低 1.5℃。树荫改善热环境的效果明显。同时可以看出，对于建筑东西面周围环境而言，后排建筑周围树荫下（或灌木上方）的 SET 值均要略高于前排建筑对应树荫下的 SET 值，原因是由于树木、灌木对风速的阻挡和削减作用一定程度上会略为降低人的热舒适感。而对于草坪和凉亭而言，前后排的 SET 值没有差别。比较 WBGT 的模拟结果可知，对于建

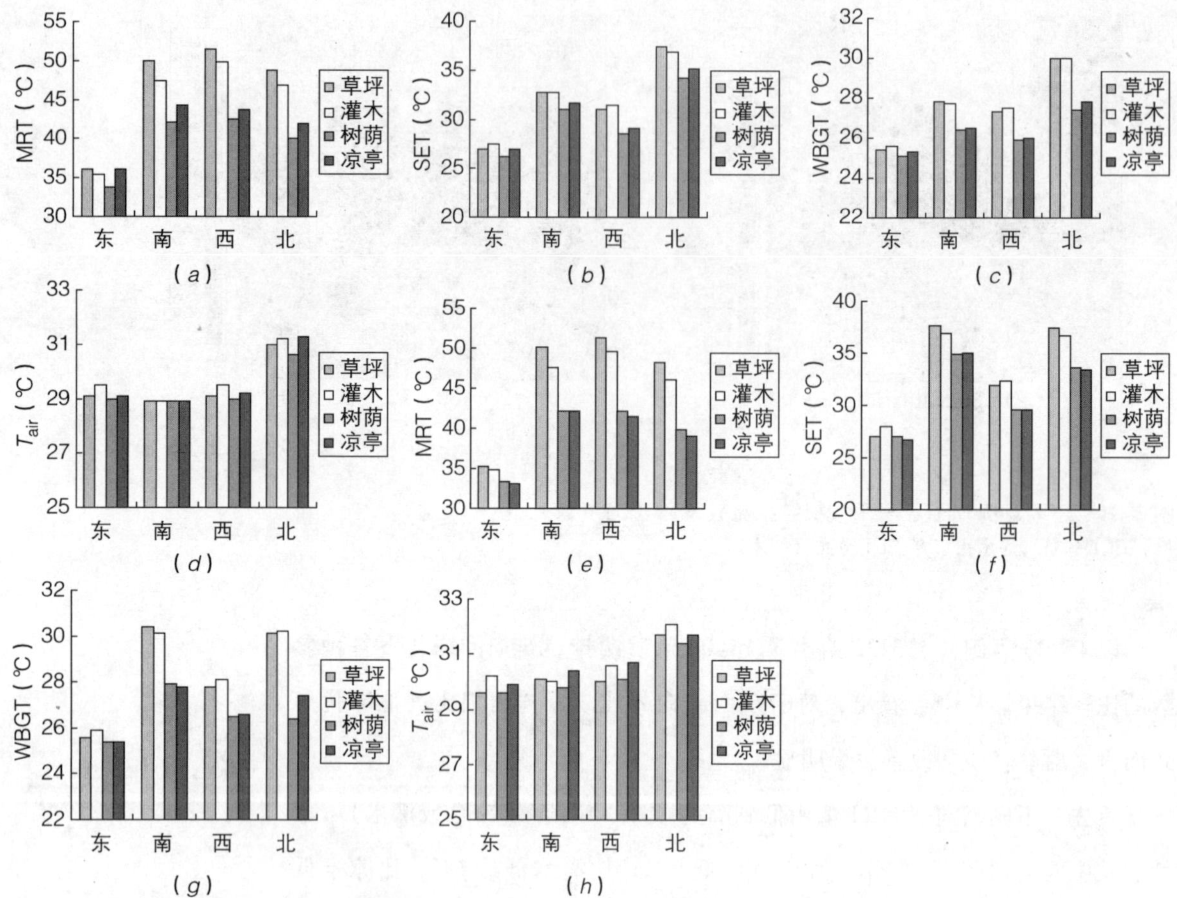

图 3-32 前后排建筑不同绿化的模拟结果比较

(*a*) 前排建筑 MRT 对比（15:00）；(*b*) 前排建筑 SET 对比（15:00）；(*c*) 前排建筑 WBGT 对比（15:00）；(*d*) 前排建筑气温对比（15:00）；(*e*) 后排建筑 MRT 对比（15:00）；(*f*) 后排建筑 SET 对比（15:00）；(*g*) 后排建筑 WBGT 对比（15:00）；(*h*) 后排建筑气温对比（15:00）；

筑的东、南、西面而言，排列顺序均是：树荫 = 凉亭 < 灌木 = 草坪，最大差值（树荫与草坪）约 1.9℃。对于北面而言，排列顺序则是：树荫 < 凉亭 < 草坪 < 灌木。气温模拟结果表明，在建筑的东西面，树荫下的气温最低，其次是草坪，第三是凉亭，最高的是灌木，不过总体差别较小，最大温差 <0.6℃。对于其他朝向，基本上是树荫下温度最低，但凉亭、灌木、草坪下则没有规律。

以上利用模拟软件及评价指标对常见的绿化形式在不同情况下对室外

热环境的影响作用进行了比较。可以发现，多数情况下（不同时间、建筑不同朝向周围环境）树木对夏季室外热环境的改善作用较好，而草坪则和灌木相差不大。但是在某些时刻（如中午12:00左右），对于南北朝向的建筑，分析其周围绿化改善热环境的效果，也存在树木的改善效果低于灌木和草坪的情况。

此外，即便是相同的绿量率以及相同的植物类型（如树木绿化），但是不同的配置方式依然会对室外热环境产生不同的影响。其中主要的差别在于树木、灌木和草坪在有效遮阳绿量（或绿量率）方面的差别。因此，笔者建议采用有效遮阳绿量ESVQ（Effective Shading Vegetation Quantity）来评价和指导小区绿化以改善室外热环境。所谓有效遮阳绿量，指夏季典型日（如7月21日）白天日照时段（建议为9:00~17:00）建筑小区行人高度之上（建议2.5m以上）的有效遮阳绿量（以此可以计算一天内树冠的平均太阳辐射透过率）。但是不同形状树冠以及垂直方向上不同叶面积密度分布会使得有效遮阳绿量有一定的差别。例如，在总绿量相等的情况下，一般说来长方体冠层和叶面积密度分布情况对于热环境的改善效果在太阳辐射较强的时间段内要好于金字塔状冠层的情况。同时，增加有效遮阳绿量不一定只局限于采取种植树木的方式，还可以通过设计绿化棚架、同时在上面种植爬藤植物实现。这事实上也解决了凉亭表面吸收太阳辐射温度升高、通过长波辐射降低行人热舒适的问题。

3.4 日照

太阳辐射直接影响居室热环境和建筑能耗，同时也是影响住户心理感受的重要因素。因此在节能住宅的设计中，日照分析是一个不可缺少的环节。

日照的程度是用日照时数和日照百分率来衡量的，所谓日照时数是指太阳实际照射到某表面的时数；而日照百分率是指一定时间内某地日照时数与该地的可照时数的百分比。同一纬度的可照时数是相同的，但因各地云量、大气透明度等的不同，实际的日照时数会不一样，因而各地的日照百分率也不相同。日照百分率越大，则到达地面上的太阳辐射能的总和就越多，反之就越少。我国主要城市的全年日照百分率，以地处我国东北、华北、西北的Ⅰ、Ⅱ、Ⅵ、Ⅶ区为最大，以地处四川盆地的ⅢB区为最小，而位于长江中下游、华南及云贵高原的Ⅲ、Ⅳ、Ⅴ区居中。

不同气候分区下的日照要求 **表 3-9**

建筑气候区划	Ⅰ、Ⅱ、Ⅲ、Ⅳ气候区		Ⅳ气候区		Ⅴ、Ⅵ气候区
	大城市	中小城市	大城市	中小城市	
日照标准日	大寒日			冬至日	
日照时数（h）	≥2	≥3		≥1	
有效日照时间带（h）	8~16			9~15	
计算起点	底层窗台面				

我国《城市居住区规划设计规范》规定，住宅间距应以满足日照要求为基础，综合考虑采光、通风、消防、防震、管线埋设、避免视线干扰等要求确定。同时，住宅日照标准应符合表3-9中的规定；旧区改造可酌情降低，但不宜低于大寒日日照1h的标准。例如，北京地区新建住宅要求日照时数大于2h。

决定居住区住宅建筑日照标准的主要因素，一是所处地理纬度及其气候特征，二是所处城市的规模大小。我国地域广大，南北方纬度差约50余度，同一日照标准的正午影长率相差3~4倍之多，所以在高纬度的北方地区，日照间距要比纬度低的南方地区大得多，达到日照标准的难度也就大得多。

根据《城市居住区规划设计规范》的规定，设计单位应在设计初期进行日照间距的计算。目前普遍的做法是沿用住宅间距系数的方法估算，即日照间距=建筑的高度×日照间距系数。例如，表3-10给出的不同城市住宅的日照间距，按照沿纬向平行布置的6层条式住宅（楼高18.18m，首层窗台距室外地面1.35m）计算而得。

不同城市的日照间距系数　　表 3-10

序号	城市名称	纬度（北纬）	日照间距系数
1	漠河	53°00′	—
2	齐齐哈尔	47°20′	1.8～2.0
3	哈尔滨	45°45′	1.5～1.8
4	长春	43°54′	1.7～1.8
5	乌鲁木齐	43°47′	—
6	多伦	42°12′	—
7	沈阳	41°46′	1.7
8	呼和浩特	40°49′	—
9	大同	40°00′	—
10	北京	39°57′	1.6～1.7
11	喀什	39°32′	—
12	天津	39°06′	1.2～1.5
13	保定	38°53′	—
14	银川	38°29′	1.7～1.8
15	石家庄	38°04′	1.5
16	太原	37°55′	1.5～1.7
17	济南	36°41′	1.3～1.5
18	西宁	36°35′	—
19	青岛	36°04′	—
20	兰州	36°03′	1.1～1.2；1.4
21	郑州	34°40′	—
22	徐州	34°19′	—
23	西安	34°18′	1.0～1.2
24	蚌埠	32°57′	—
25	南京	32°04′	1.0；1.1～1.8
26	合肥	31°51′	1.2
27	上海	31°12′	0.9～1.1
28	成都	30°40′	1.1
29	武汉	30°38′	0.7～0.9；1.0～1.1
30	杭州	30°19′	0.9～1.0；1.1～1.2
31	拉萨	29°42′	—

续表

序号	城市名称	纬度（北纬）	日照间距系数
32	重庆	29°34′	0.8～1.1
33	南昌	28°40′	—
34	长沙	28°12′	1.0～1.1
35	贵阳	26°35′	—
36	福州	26°05′	—
37	桂林	25°18′	0.7～0.8；1.0
38	昆明	25°02′	0.9～1.0
39	厦门	24°27′	—
40	广州	23°08′	0.5～0.7
41	南宁	22°49′	1
42	湛江	21°02′	—
43	海口	20°00′	—

然而，模拟计算发现，当建筑平面布置不规则、体形复杂、条式住宅长度超过50m、高层点式住宅布置过密时，日照间距系数难以作为标准，必须进行严格的模拟计算才能得出正确的结论。

例如，图3-33～图3-34是一个由于建筑自遮挡和互遮挡而导致住宅日照小时数不能满足《城市居住区规划设计规范》的例子。分析小区规划总图可知，这些建筑之间的间距是满足国家规定的日照间距的。然而，模拟结果却表明，在11:00之前，图中1#建筑的东立面一直被其他建筑的阴影遮挡。而11:00以后，1#建筑东立面又被自身阴影遮挡（图3-34中椭圆所包括的区域是由于建筑自遮挡导致的阴影）。结果导致该建筑东面5层以下的建筑冬至日日照小时数不满足国家要求。

此外，常规的日照分析方法还无法有效解决复杂建筑的自遮挡问题和互遮挡问题。自遮挡是指由于建筑物的外形设计，特别是凸凹变化的外形，而引起的建筑实际接受的日照减少的问题。相应地，互遮挡则是指由于建筑或建筑群布局过于复杂而导致建筑物间相互影响的日照效果。

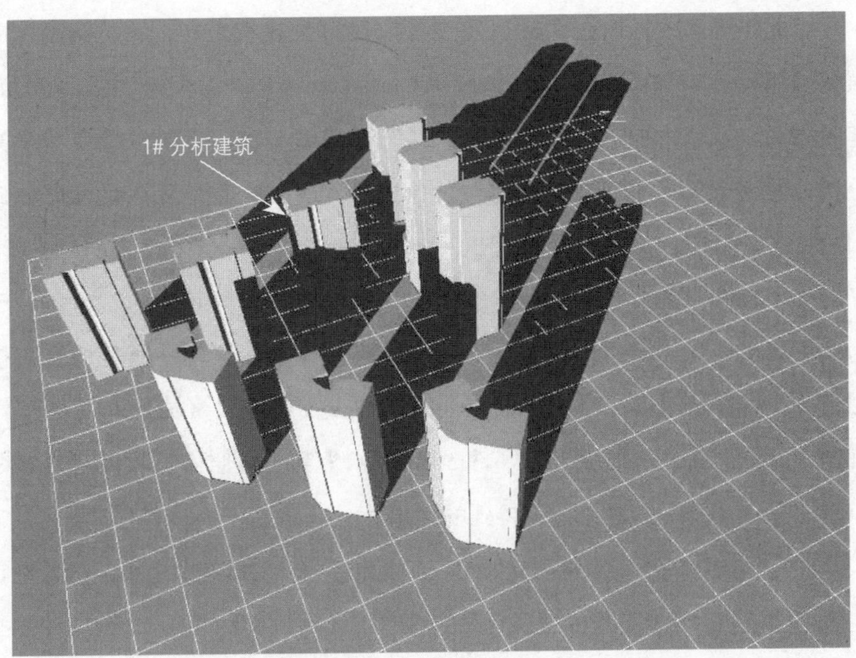

图 3-33　冬至日某小区日照模拟结果（9:00）

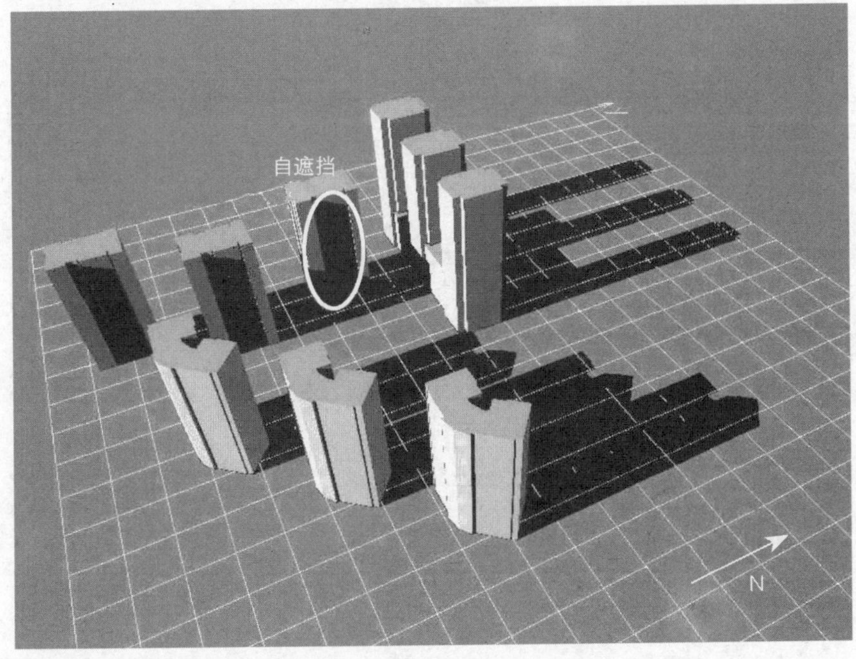

图 3-34　冬至日某小区日照模拟结果（12:00）

因此，要想较好地在住区规划设计阶段解决建筑采光、日照问题，应根据当地地理与气象条件，通过计算机模拟地球公转，根据太阳高度角、建筑布局以及单体构造的相对关系来进行建筑群日照、遮阳以及自然采光分析，考察全年不同时刻互遮挡与自遮挡的状况，检验是否满足日照和遮阳的要求。目前，国内已经涌现出一批技术成熟、专门针对建筑日照、采光的分析软件。例如，下图为清华大学建筑学院开发的日照模拟软件，已为北京城市规划部门作为指定的日照模拟使用工具。该软件通过计算机模拟计算，可以给出目标建筑群的不同平面、立面冬至日（或大寒日）累计日照小时分布情况。如图3-35、图3-36所示为利用日照模拟软件对建筑冬至日累计日照小时数进行模拟得到的结果。

此外，该软件还利用逆阳光原理，开发出专门针对既有住宅小区内开发新建筑群的极限容积法，即根据既有周围住宅对日照小时数的要求，分别计算出不同日照小时数下对应的建筑可能的最大容积来（如图3-37所示，不同颜色即代表周围最低层住宅要求不同日照小时情况下建筑可能的极限容积）。

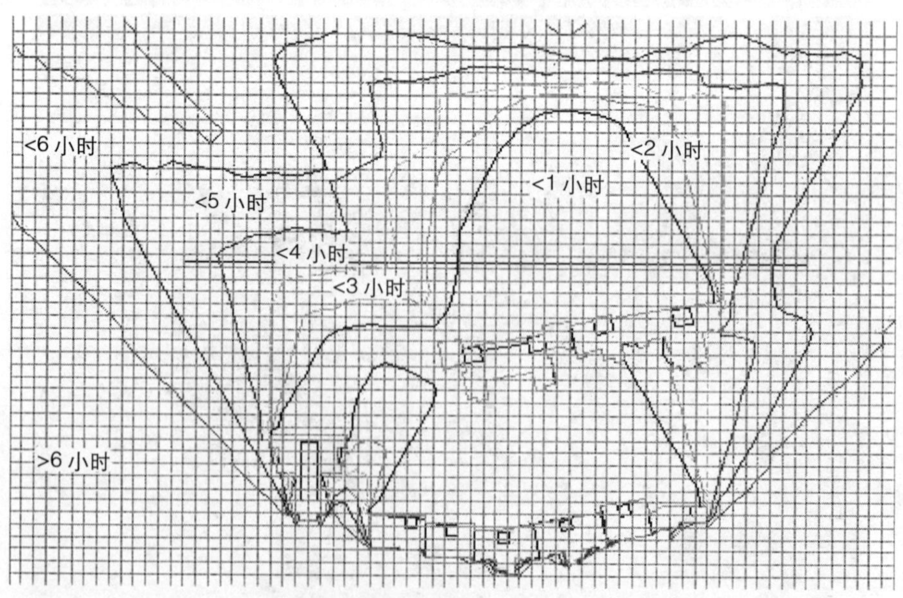

图3-35　建筑群累计日照小时零平面俯视图

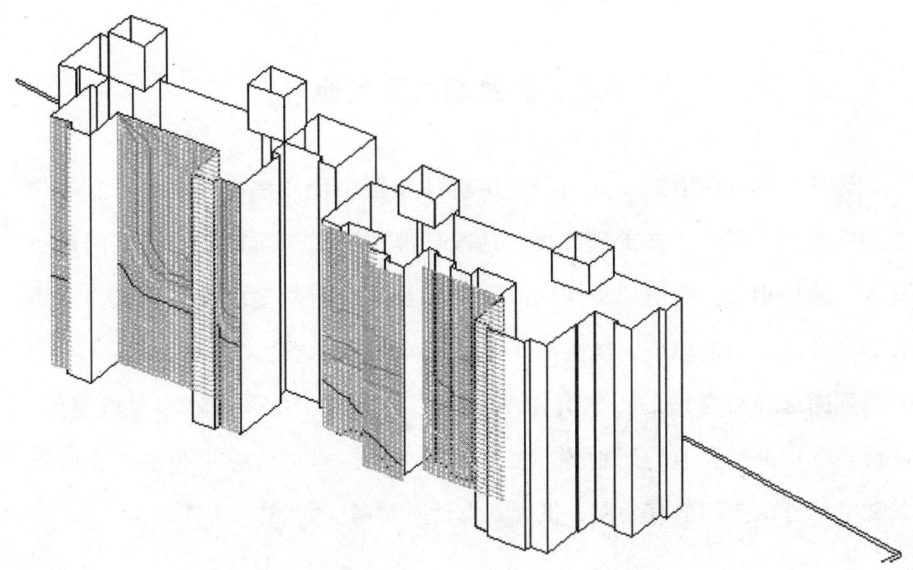

图3-36 建筑群累计日照小时立面展开图（三维）

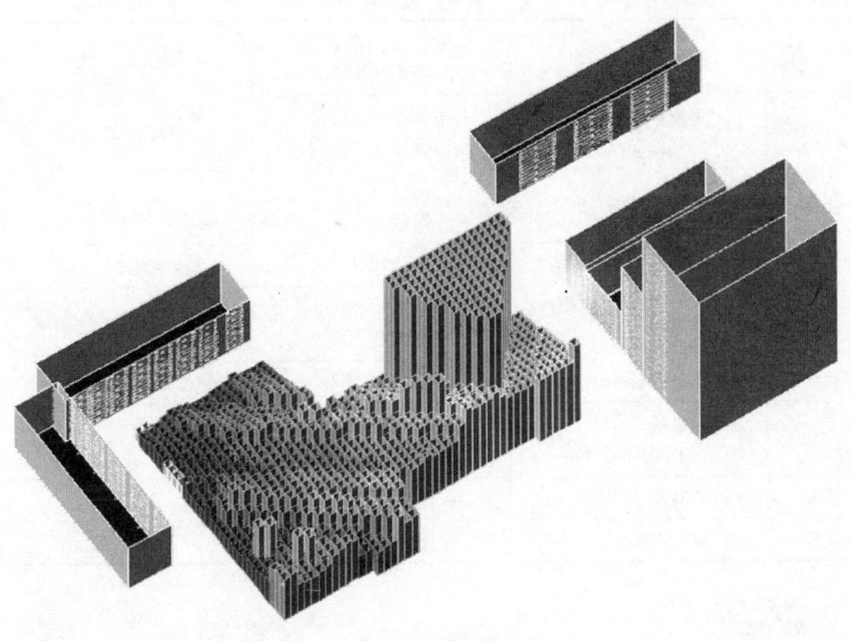

图3-37 利用日照软件求解建筑极限容积的方法

3.5 建筑朝向及其他

选择合理的住宅建筑朝向是住宅群体布置中优先考虑的问题。影响住宅朝向的因素很多，如地理纬度、地段环境、局部气候特征及建筑用地条件等。值得指出，所谓“最佳朝向”的提法蕴含着明显的地域特征，它是在综合考虑了当地地理、气候条件下对朝向的研究结论。

朝向选择需考虑的因素有：冬季日照和防风、夏季防晒和自然通风、降雨、利用地形和节约用地等。根据以上考虑，本书总结了我国主要城市的住宅最佳朝向和适宜朝向，供规划设计时参考。如表3-11所示。

我国主要城市的住宅最佳朝向和适宜朝向 表3-11

地区	最佳朝向	适宜朝向	不宜朝向
哈尔滨	南偏东15°~20°	南至南偏东20° 南至南偏西15°	西北、北
北京	南偏东30°以内 南偏西30°以内	南偏东45°以内 南偏西45°以内	北偏西30°以内
上海	南至南偏东15°	南偏东30° 南偏西15°	北、西北
济南	南、南偏东10°~15°	南偏东30°	西偏北5°~10°
南京	南偏东15°	南偏东25° 南偏西10°	西、西北
武汉	南偏西15°	南偏东15°	西、西北
广州	南偏东15° 南偏西5°	南偏东22°30′ 南偏西5°至西	
西安	南偏东10°	南、南偏西	西、西北
南宁	南、南偏东15°	南、南偏西	东、西

参考文献

1 涂逢祥等编著. 建筑节能技术. 北京：中国计划出版社，1996

2　林波荣．生态住宅的技术策略．住宅产业．2001.14（2），14～17

3　关滨蓉，马国馨．建筑设计和风环境．建筑学报，1995年第11期，44～48

4　赵彬，林波荣，李先庭，江亿．建筑风环境的数值模拟仿真优化设计．城市规划汇刊，2002第2期：59～61

5　林波荣，朱颖心，江亿．生态建筑室外环境设计中的技术问题．21世纪绿色城市论坛论文集，2001

6　林波荣，李莹，赵彬，朱颖心．居住区室外热环境的预测、评价与城市环境建设．城市生态与城市环境．2002Vol.15（1）：41～43

7　Edward Arens，Peter Bosselmann．Wind，Sun and Temperature—Predicting the Thermal Comfort of People in outdoor Space [J]．Building & Environment，1989，24（4）：315～320

8　林波荣，朱颖心．不同绿化对室外热环境影响的数值模拟研究．绿色建筑与建筑物理，第九届建筑物理年会学术会议论文集．北京：中国建筑工业出版社，2004

9　卜毅．建筑日照设计（第二版）．北京：中国建筑工业出版社，1988

10　王诂，张笑．建筑日照计算的新概念．建筑学报，2001年第2期，48～50

11　顾道金，朱颖心．建筑日照软件介绍及其在能耗计算中的应用．全国暖通空调年会论文集，2002

12　西安冶金建筑学院等．建筑物理．北京：中国建筑工业出版社，1987

13　叶歆．建筑热环境．北京：清华大学出版社，1996

14　北京生态住区设计技术研究（内部报告）．清华大学建筑学院，2002

15　清华大学—MIT生态住宅交流内部报告，2001

16　刘加平．城市物理环境．西安：西安交通大学出版社，1993

17　城市居住区规划设计规范（GB50180—93）（2002版）．北京：中国建筑工业出版社，2002

第 4 章　住宅建筑能耗分析

小区规划的节能设计可以改善建筑物周边的微气候条件，为了给减少建筑物的能耗提供一个良好的外在环境。而住宅是否节能、节多少能，主要还是由住宅单体本身的属性，包括建筑外形、建筑朝向、建筑围护结构设置，如窗墙比、围护结构热惯性等因素所决定的。

住宅的能耗分析就是通过模拟计算的手段分析上述建筑单体本身属性的改变对建筑全年能耗的影响，进而为建筑师改进建筑单体方案设计提供科学依据。此外，住宅能耗很大程度上还受不同地域的气候差异以及室内热环境设定的影响，不同室外气候条件下的建筑单体能耗分析得到的结论可能是完全相反的，为此，建筑物的能耗分析必须注明适用地区及室内热环境的设定条件。

4.1　建筑体形对能耗的影响

对于寒冷地区，节能建筑的形态不仅要求体形系数小，而且需要冬季太阳辐射得热多，还需要对避免寒风有利。但满足这三个要求所需要的体形系数常不一致。而后者又受到地区、朝向和风环境的极大影响。因此具体选择节能体形会受到多种因素的制约，包括当地冬季气温和太阳辐射强度、建筑朝向、各面围护结构的保温状况和局部风环境状态等，需要具体权衡得热和失热的情况，优化组合各种因素才能确定。

体形系数的定义为单位体积的建筑外表面积，它直观反映了建筑单体外形的复杂程度。体形系数越大，相同建筑体积的建筑物外表面积越大，也即在相同条件，如室外气象条件、室温设定、围护结构设置条件下，建筑物向室外散失的热量也就越多。相关研究表明，体形系数是影响住宅能耗指标的主要因素之一。

图4-1是北京地区几种常见的住宅建筑单体形状，图4-2中的柱状条表示建筑单体整个冬季的累计采暖能耗值，曲线点则代表各自的体形系数（均以6层楼计算）。由图4-2可以看出，随着建筑体形系数的增加，建筑物的累计耗热量也相应增加，一般来说，建筑物体形系数每增加0.1，建筑物的累计耗热量增加10%~20%。

同时，建筑物耗热量随体形系数的增长关系并不严格成立。如上述例子中的凹形住宅由于其体量较大，体形系数并不大，只有0.24，比板式住宅还小0.03，但从冬季累计耗热量的比较可以看出，板式住宅的耗热量反而小于凹形住宅。这是因为板式住宅南向立面比例较大，在冬季可获得更

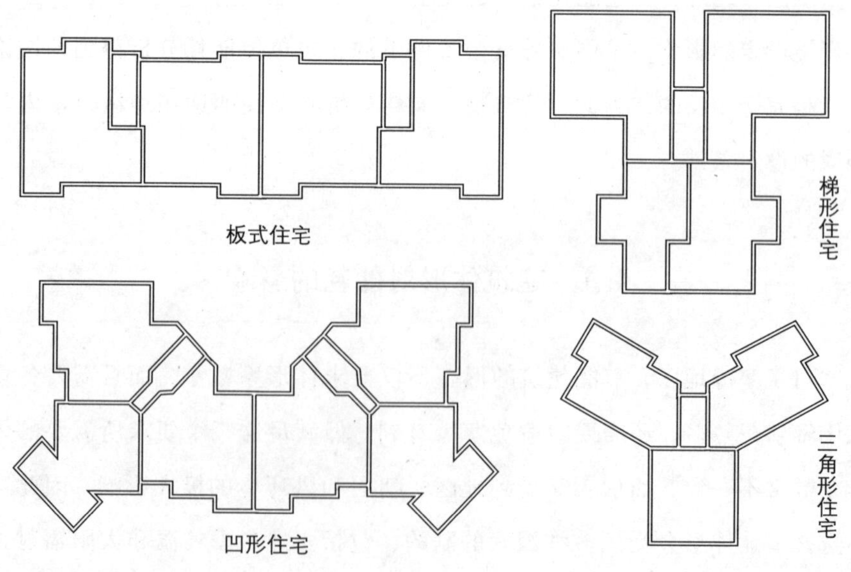

图4-1　常见住宅单体外形

多的太阳辐射热量，从而降低了采暖耗热量。

因此，寒冷地区的节能住宅单体外形应追求平整、简洁，如直线形、折线形和曲线形。在小区的规划设计中，对住宅形式的选择不宜大规模采用单元式住宅错位拼接，不宜采用点式住宅拼接。因为错位拼接和点式住宅都形成较长的外墙临空长度，增加住宅单体的体形系数，不利于节能。

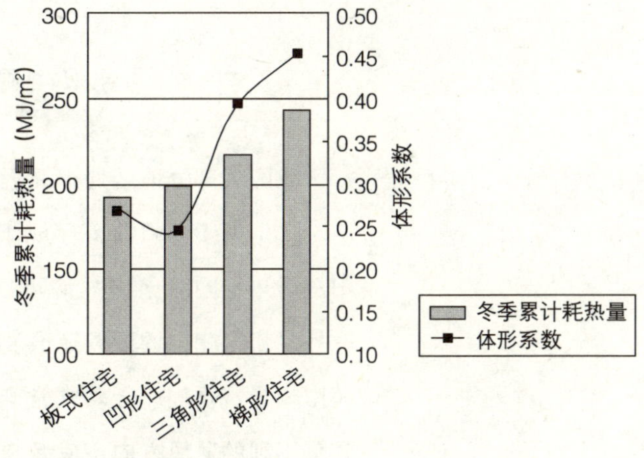

图 4-2　建筑能耗比较

对于非寒冷地区，如夏热冬冷地区、夏热冬暖地区，建筑物全年的能耗有部分或者大部分是来自夏季的空调电耗。因此，在建筑单体方案设计时，不仅要求建筑物单体形状利于防晒、遮阳，减少太阳辐射得热，还需考虑在室外气温低于室温时，如夏季夜间，如何利用自然通风或者是围护结构本身的散热来延长非空调时间，减少空调能耗。在南方地区，适当减少楼间距，可以形成建筑群间的相互遮挡，起到一定的遮阳效果；采用首层架空的单体建筑设计，单体建筑周边易形成较好的通风条件；此外，选择合适的建筑进深，有利于室内穿堂风的形成，在夏季，人们更乐意生活在有着较好自然通风的环境里，而不是密闭的空调环境里。

值得指出，冬季保暖与夏季遮阳、通风对建筑外形的要求在某些地方是存在矛盾的，如冬季的保温节能设计要求建筑外形尽可能的简单、紧凑，而夏季的节能设计则力求通过一些复杂的立面设计、结构设计来满足建筑物遮阳、自然通风的需求。因此，在建筑单体方案设计时，应该通过详细的建筑能耗模拟分析权衡两种设计所产生的节能效果，并确定最终的建筑单体方案。

4.2 建筑朝向对能耗的影响

我国大部分地区处于北温带，房屋“坐北朝南”是尽人皆知的良好朝向。这是由于太阳的运行规律使得这种朝向的房屋冬季最大限度的获得太阳辐射热，同时南向外墙可以得到最佳的受热条件，而夏季则正好相反。此外，建筑朝向的设置还会直接改变建筑物周边及其本身的通风状况，进而影响建筑物的能耗。常常会出现这样的情况：理想的日照方向也许恰恰是最不利的通风方向，或者在局部建筑地段（如道路、特殊地形）不可能成立。即给定地区与建筑单体形状后，由于建筑物朝向的不同，不仅建筑物本身获得的太阳辐射总得热会有差别，而且建筑物周边的通风条件也会大相径庭。

太阳辐射包括直射辐射和散射辐射，地球表面物体所接受的太阳辐射强度除了受物体所在地的纬度影响外，还与物体表面的朝向有关。图4-3给出了北纬40°全年各月水平表面、东、西、南、北向垂直表面所接受的平均太阳总辐射强度，由图中可以看出，冬季各朝向墙面上接受的平均太阳总辐射强度以南向为最大，平均可在200W/m^{2}以上，东西向立面则很小，约为南立面的1/3，而北立面只能获得很少的太阳辐射——比例很小的散射辐射。图4-4是北京地区一典型板式住宅单体平面图，图4-5是保持该单体外形不变，仅改变建筑朝向，从南北朝向（即南向角度270°）变化到东西朝向（即南向角度180°）时，建筑物采暖季的耗热量指标与热负荷指标的变化曲线。

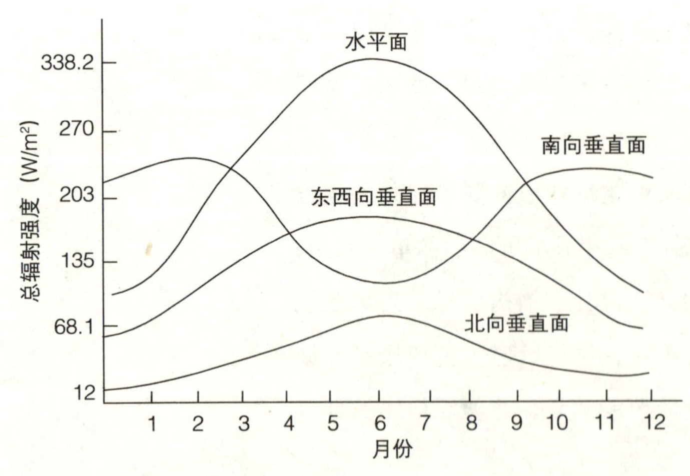

图4-3 北纬40°的太阳总辐射

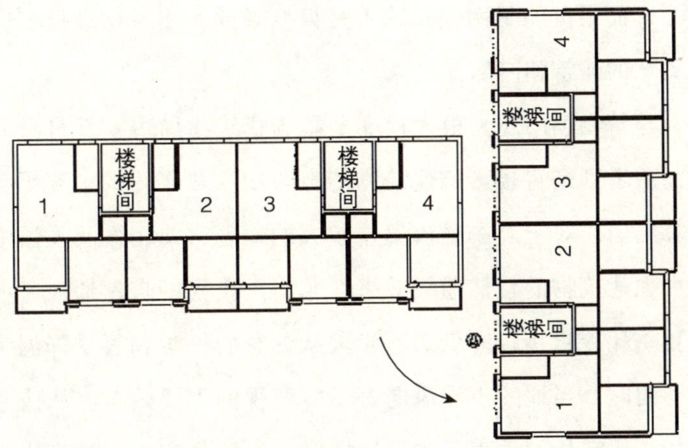

图4-4 板式住宅单体平面图

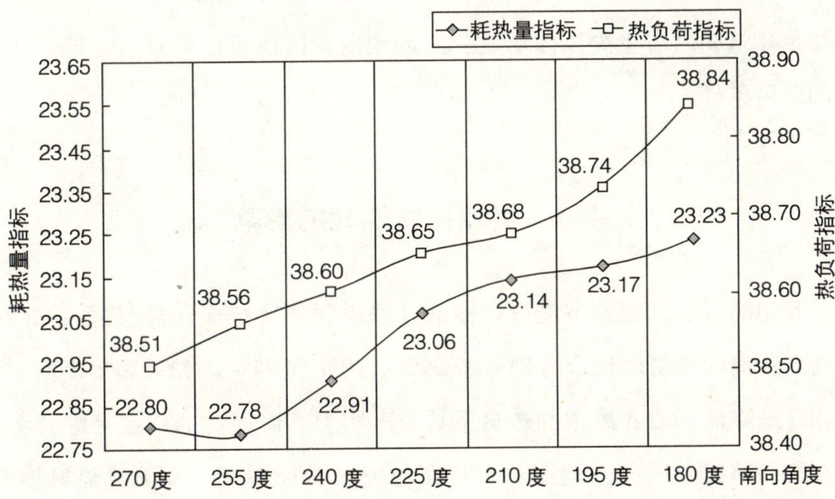

图4-5 板式住宅冬季采暖指标（W/m^2）

由图4-5可以看出，随着建筑单体朝向由南北朝向变化到东西朝向，建筑物冬季能耗指标是逐渐增加的。这里需要指出的是，图4-5所示的这种关系曲线并不具备普遍性质，也就是说当围护结构的设置如窗墙比变化的时候，特别是北立面的窗墙比增加后，这种建筑朝向与采暖能耗的关系曲线也会相应改变，此时，建筑物的最小采暖能耗所对应的朝向就不严格是正南北朝向了，而很可能是南偏东或者是偏西朝向，建筑物最佳朝向的选择请参考第3章的建筑朝向部分内容。

此外，建筑物朝向还会很大程度上影响建筑物周边及其自身的自然通风状况，而后者则是直接影响建筑物能耗与室内热环境的重要因素。相关的模拟计算给出，对于夏季昼夜温差较大的地区，如北方及长江中下游地区，通过加强建筑物的自然通风效果，尤其是夜间的自然通风，可以使得建筑物的夏季耗冷量指标降低近一半。从冬季的保暖和夏季降温考虑，在选择住宅朝向时，当地的主导风向是不容忽视的主要因素。从住宅群的气流流场可知，住宅长轴垂直于主导风向时，各幢住宅之间易产生涡流，影响自然通风的效果。从单幢住宅的通风条件来看，建筑物房间与主导风向垂直时效果最好，但是，从整个住宅群来看，这种情况并不完全有利，而往往是建筑朝向与主导风向形成一定的角度，以便后排的建筑也能获得较好的通风条件。

4.3 窗墙比对能耗的影响

我国的《民用建筑节能设计标准（采暖居住建筑部分)》规定：北向、东西向和南向的窗墙比应分别低于25%、30%和35%。如果超出上限，则应相应地降低外墙和屋顶的传热系数。事实上，窗墙比的确定是综合考虑了在某一地区不同朝向墙面冬夏日照情况（日照时间、太阳总辐射强度、阳光入射角)、冬夏季风影响、室外空气温度、室内采光设计标准以及开窗面积、建筑能耗完成的。由于窗户的保温隔热性能相对较差，冬季散热厉害；同时如果没有辅助的遮阳设施（尤其是外遮阳)，夏季白天太阳辐射将通过窗户直接进入室内，结果导致建筑的空调、采暖能耗急剧增加。

需要注意，近年来住宅建筑的窗墙比有越来越大的趋势，这是因为商品住宅的购买者大都希望自己的住宅更加通透明亮。考虑到临街建筑立面美观的需要，窗墙比适当大些是可以的。但当窗墙面积比超过规定数值时，应首先考虑减小窗户（含阳台透明部分）的传热系数，如采用单框双玻或中空玻璃窗（不同地区的要求不一样），并采取夏季活动遮阳；其次可考虑减小外墙的传热系数。大量的调查和测试表明，太阳辐射通过窗户直接进入室内的热量是造成夏季室内过热的主要原因。日本、美国、欧洲以及香港等国家和地区都把提高窗的热工性能和遮阳控制作为夏季防热，降低住宅空调负荷的重点，住宅建筑普遍在窗外安装有遮阳设施。因此，应该把窗的遮阳作为夏季节能措施的一个重点来考虑。

对于寒冷地区，尽管保温隔热性能较好的双玻、中空窗（传热系数约 3.0W/(m^2·K) 左右）得到了普遍的应用，但与保温外墙相比，外窗仍是外围护结构保温措施中的薄弱环节。图 4-6 给出了北京地区不同朝向普通中空窗整个冬季的累计得热量情况，由图中可以看出，南向窗户的冬季累计得热量最大，往东西朝向逐渐递减，越过南偏东 45°或者南偏西 45°后，累计得热量将小于零，也即在南偏东 45°至南偏西 45°以外的普通中空外窗为失热构件。因此，在这些朝向范围内外立面设计中，应在满足采光要求的前提下尽量减少窗墙比。而对于南偏东 45°至南偏西 45°朝向范围内，增加窗墙比，将有利于减少累计的采暖能耗，但同时也应注意到，在加大窗墙比的同时，建筑物的最大采暖负荷也随之迅速增加（如图 4-7）。这是因为建筑物最大采暖负荷往往出现在夜间，而此时通过窗户散失的热量要远大于外墙。也就是说，增加窗墙比有利于节能，同时也要求更大的设备容量投入，以满足最大采暖负荷增加的需要，因此，窗墙比的设计还应在权衡设备初投资与因节约能耗而减少的设备运行费用的大小后给出。例如，根据美国麻省理工学院（MIT）和清华大学针对北京某小区节能住宅设计的研究成果，在现有

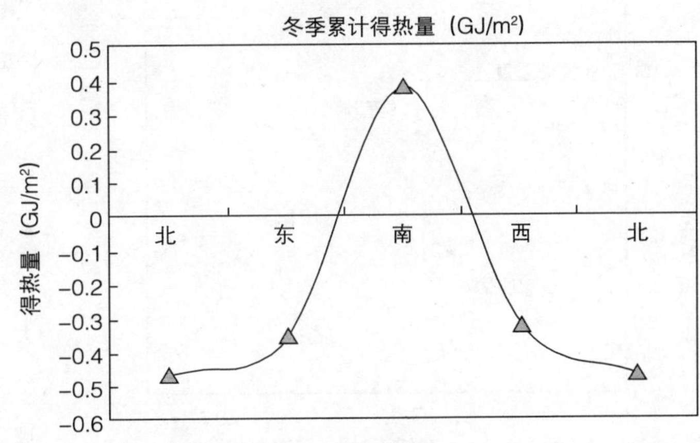

图 4-6　普通中空外窗冬季累计得热量

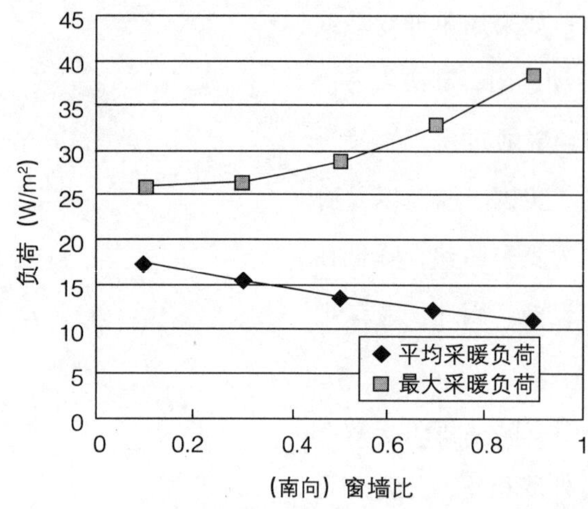

图 4-7　（南向）窗墙比与能耗关系

节能设计的基础上，将南向窗的传热系数提高至 1.5～1.8W/(m^2·K)，并设计室外水平遮阳，则南向的窗墙比可放宽到45%～60%，同时可降低建筑的全年空调、采暖能耗30%左右。

对于夏季炎热地区，窗户也是围护结构得热的主要构件，除了控制窗墙比大小外还必须注意遮阳系统（尤其是外遮阳）的设计——对于某些炎热地区这甚至比提高窗户的保温隔热性能更重要。例如，《夏热冬冷地区居住建筑节能设计标准》（GBJ134—2001）中特别指出了东、西向窗墙比超过25%时，必须设计外遮阳系统。

4.4　热惯性对能耗的影响

由于围护结构存在热惯性，通过围护结构的传热量和温度波动与外扰波动幅度之间会存在一定的衰减关系，见图4-8。衰减的程度取决于围护结构的蓄热能力。围护结构的热容量愈大，蓄热能力就愈大，衰减和滞后就愈明显。图4-8给出的是两种传热系数相同但蓄热能力不同的墙体的传热量变化与室外温度之间的关系。由于重型墙体的蓄热能力比轻型墙体的蓄热能力大得多，因此其得热量的峰值就比较小。一般来说，厚重的材料其蓄热能力就大，由该材料组成的围护结构热稳定性就好，房间温度相应抵抗外扰波动的能力就越强，这对减少建筑能耗有着重要的意义。尤其是对于昼夜室外温差变化较大的地区，在

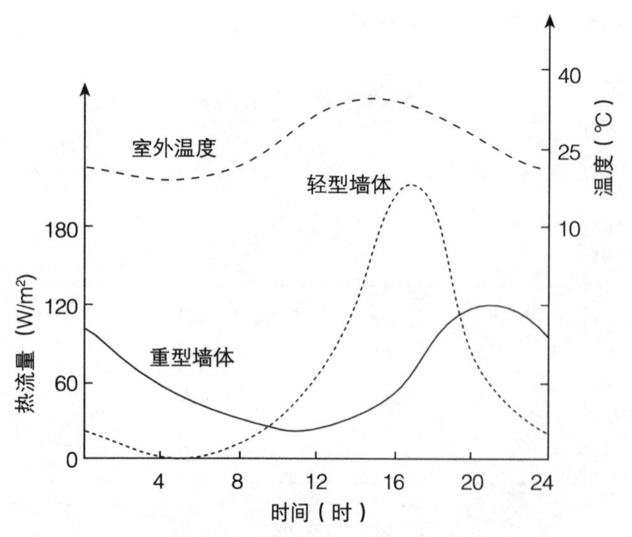

图 4-8　墙体得热与外温的关系

夏季的夜间，利用自然通风将冷量蓄存在室内的围护结构里，白天可以降低房间的自然室温约 2～3℃，大大的延长了非空调时间，同时也降低了白天的空调峰值负荷，节能效果非常明显。

此外，即使是相同材料组成的围护结构，不同的采暖空调运行模式对围护结构材料顺序的设置要求也是不同的。对连续运行模式，我们希望房间的温度波动尽可能的小，因此在围护结构里侧应选用蓄热能力大的厚重材料，如采用外墙外保温方式，将厚重的主墙体置于内侧，增加房间的热稳定性，同时轻质保温材料保证一定的传热热阻，减少采暖能耗，如图 4-9（*a*）。

而对间歇运行的采暖、空调模式，则要求房间的热反应要快，也即当需要采暖或者空调时，在给定热量或者冷量的情况下，室温能够在较短的时间内达到设定值，而不是消耗过多的能量用于加热或冷却内侧的围护结构材料。由图 4-9（*b*）可以看到，当内侧材料的表面蓄热系数很小的时候，平均采暖负荷也相应增加。这是因为，当房间内侧材料的表面蓄热能力很小时，对于室内、外热扰的蓄存能力大大减小了，尤其是对进入室内的太阳辐射热蓄存的减少，导致了建筑物平均采暖负荷的迅速增加。因此，在对间歇的采暖、空调运行模式的围护结构节能方案设计时，应该根据设备

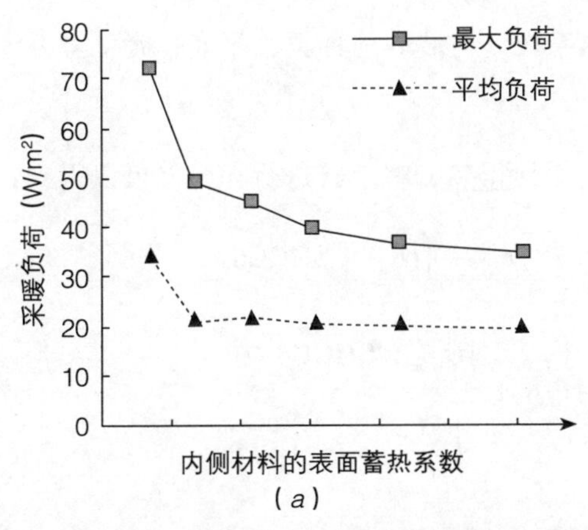

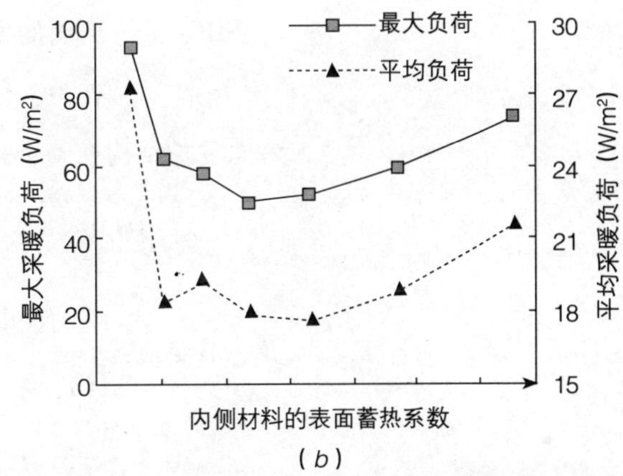

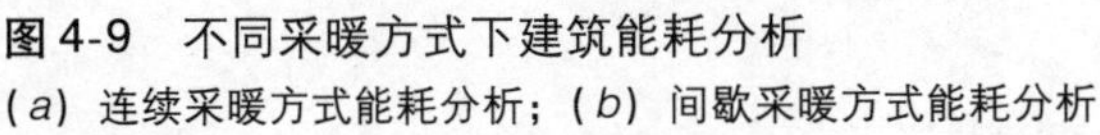
图 4-9　不同采暖方式下建筑能耗分析

（*a*）连续采暖方式能耗分析；（*b*）间歇采暖方式能耗分析

的实际运行模式及基于相应的建筑能耗模拟计算分析给出最节能的围护结构配置方案。

玻璃窗在建筑设计中是一个独特的构件。在寒冷地区的冬季，一方面，窗要阻挡室内的热量向室外散失，另一方面，又想让太阳辐射更多的透过窗户玻璃进入室内，减少或者替代采暖系统向室内补充的热量。与之相对应的窗户热工性能参数有综合传热系数 K 值、太阳能得热系数 SHGC① （Solar Heat Gain Coefficient），前者反映的是窗户本身的隔热保温特性，K 值越小，窗户的保温性能越好，即相同条件下向室外的散热就越少；后者表征的是透过窗户进入室内的太阳能总量与投射在窗户外表面的太阳能总量的比值，主要与玻璃种类、玻璃层总厚度、玻璃表面镀膜与否有关，SHGC 值越大，表明窗户的太阳能透过特性越好。

分析透明围护构件传热方程得到：

$$Q_z = K \cdot (T_w - T_n) + Q_{solar} \cdot \mathrm{SHGC} \tag{4-1}$$

式中 Q_z——围护结构总得热，W/m^2；

K——围护结构总传热系数，$W/(m^2 \cdot K)$；

$K \times (T_w - T_n)$——围护结构由于室内外温差而导致的热量散失，W/m^2；

Q_{solar}——落在立面上的太阳辐射热量，W/m^2；

SHGC——玻璃的太阳得热系数，与玻璃的种类、厚度、镀膜与否等有关。

考虑围护结构在整个采暖季的累计得热，将上式进行积分，可以得到：

$$\int Q_z \mathrm{d}\tau = -K\int (T_n - T_w)\mathrm{d}\tau + \int Q_{solar} \cdot \mathrm{SHGCd}\tau$$

做一下变换：$$\frac{\int Q_z \mathrm{d}\tau}{\int (T_n - T_w)\mathrm{d}\tau} = -K + \frac{\int Q_{solar} \cdot \mathrm{SHGCd}\tau}{\int (T_n - T_w)\mathrm{d}\tau}$$

① 太阳能得热系数 SHGC 与遮阳系数 SC 的换算公式：SHGC = SC × 0.87。

$$\frac{\int Q_z \mathrm{d}\tau}{\int (T_n - T_w)\mathrm{d}\tau} = -K + \frac{\int Q_{solar} \cdot \mathrm{SHGC}\mathrm{d}\tau}{\int Q_{solar}\mathrm{d}\tau} \cdot \frac{\int Q_{solar}\mathrm{d}\tau}{\int (T_n - T_w)\mathrm{d}\tau} \tag{4-2}$$

定义如下两个参数：

（1）采暖季太阳能平均得热系数：$\overline{\mathrm{SHGC}} \equiv \dfrac{\int Q_{solar} \cdot \mathrm{SHGC}\mathrm{d}\tau}{\int Q_{solar}\mathrm{d}\tau}$，不仅与玻璃种类、总厚度有关，还与太阳光入射角（朝向、季节）等有关；

（2）采暖季累计太阳辐射与累计室内外温差之比：$q_t = \dfrac{\int Q_{solar}\mathrm{d}\tau}{\int (T_n - T_w)\mathrm{d}\tau}$ [W/(m² · K)]

q_t 参数单位同传热系数 K 值，其表征了立面上采暖季累计接收的太阳辐射热量与累计室内外温差的相对大小关系。

因此，式（4-2）可变为：

$$\frac{\int Q_z \mathrm{d}\tau}{\int (T_n - T_w)\mathrm{d}\tau} = -K + \overline{\mathrm{SHGC}} \times q_t \tag{4-3}$$

对于某一地区来说，上式左边的分母部分为采暖季累计的室内外温差，对采暖地区来说该数值会大于零，因此，围护结构的采暖季累计得热量（上述左边的分子部分）的正负及大小则由右边部分决定。如果式（4-3）右边小于零，即 $K > \overline{\mathrm{SHGC}} \times q_t$，则围护结构采暖季累计得热量为负，说明该透明围护结构在采暖季为失热构件，反之则为得热构件，因而面积越大则越利于减少建筑物采暖能耗。

式（4-3）右边的三个参数中，除了 q_t 为环境参数外，其他两个参数，围护结构传热系数 K 值以及太阳平均得热系数 $\overline{\mathrm{SHGC}}$ 主要由透明围护结构本身决定，属围护结构的特性参数。所以，当外界环境条件（包括建筑地点、季节、朝向等）一定的前提下，即环境参数 q_t 一定时，围护结构的传热系数K值越大，太阳得热系数SHGC越小，则累计总得热量越小，反之亦然。因此，对于透明的围护结构来说，我们希望它既具有良好的透过特性，即高的太阳得热系数SHGC，又具备优良的保温性能，即低的传热系数K值。然而矛盾也随之而来了，对于透明围护结构，如玻璃窗来说，透过太阳辐射性能好可能会导致保温性能差，或者说当采用措施增加玻璃保温性能，即减少透明围护结构传热系数K值的同时，势必也会减少其太阳得热系数SHGC。例如增加玻璃层数，可以增加空气的层数，降低围护结构K值；在玻璃表面镀Low-e膜也可增加玻璃热阻，降低围护结构K值，但是，由于这些措施增加了玻璃总厚度，或者镀膜都会降低太阳辐射的透过特性而使得太阳辐射得热系数SHGC也随之减少了。因此，如何在获得更低传热系数的同时保持高的太阳辐射透过特性，也是目前透明围护结构所需解决的重要矛盾之一。

由式（4-3）还可以知道，对围护结构传热系数K值和太阳得热系数SHGC两者的要求还与环境性质相关，这就是表征立面上累计接收的太阳辐射热量与累计室内外温差的相对大小的q_t值。为了使得围护结构累计总得热量尽可能大，对于q_t值大即立面上太阳辐射强度大而外温并不低的地区，则着重提高围护结构的透过特性，即提高太阳得热系数SHGC值；而对于立面太阳辐射小、外温低的地区，则着重提高围护结构的保温性能，即降低传热系数K值。此外，q_t值不仅与室外气象参数（太阳辐射、外温）、室内设计温度等有关，还与建筑立面的朝向有关。对我国大部分地区的冬季来说，该数值在南向达到最大值，向两边逐渐减少，北立面无太阳辐射直射，因此最小。图4-10为北京地区不同朝向的q_t分布值。

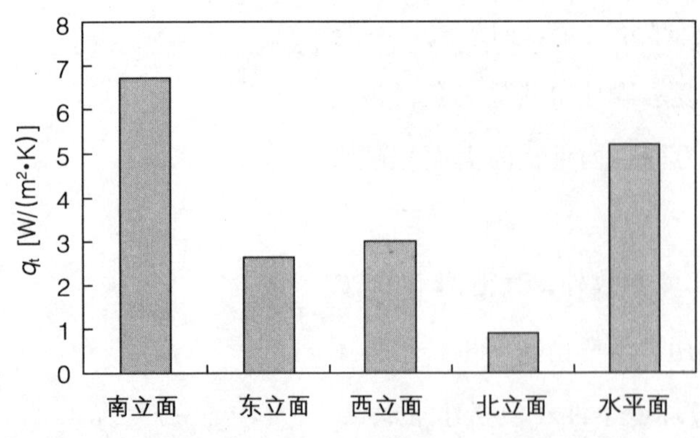

图4-10 北京地区不同朝向q_t值（冬季）

因此，对各个朝向窗户的性能要求也应该有所侧重，例如对于北向窗户，提高窗户的保温性能，减少传热系数 K 值比提高窗户的太阳能透过特性更加有效；而对南向窗户，则应该选用太阳能透过系数大的玻璃窗。

在该节最后我们给出各种不同类型玻璃的热工参数如表 4-1 所示。

不同类型玻璃热工参数　　表 4-1

玻璃类型	可见光透过率	太阳能透过率	传热系数 K 值	太阳能得热系数 SHGC	遮阳系数 SC
单层标准玻璃	90%	90%	6.0	0.84	1.0
普通中空玻璃	63%	51%	3.1	0.58	0.67
标准真空玻璃	74%	62%	1.4	0.66	0.76
镀 Low-e 膜中空[1]（低透型）	51%	33%	2.1	0.43	0.49
镀 Low-e 膜中空[1]（高透型）	58%	38%	2.4	0.49	0.56
PET Low-e 膜中空[2]	59%	40%	1.8	0.52	0.60
三层 Low-e 膜双中空[3]	60%	35%	0.7	0.40	0.46

注：1. 玻璃组成：6mm 玻璃（Low-e 膜）+9mm 空气 +6mm 玻璃；

2. PET Low-e 膜玻璃组成：6mm 玻璃 +6mm 空气 + PET 薄膜 +6mm 空气 +6mm 玻璃；

3. 目前保温性能最高、传热系数 K 值最小的玻璃之一。

4.5　用于建筑能耗分析的软件工具

4.5.1　能耗模拟软件简介

大多数的建筑能耗模拟计算程序均是基于动态的计算方法，模拟在变化的室外参数的作用下建筑物空间的负荷情况。各国根据自己的特点及要求编制了计算机建筑能耗模拟的程序，其中应用较多的有美国的 DOE-2、日本的 HASP、英国的 Energy2、瑞典的 DEROB、法国的 CLIM2000 及我国的 DeST 等。

其中，DOE-2（Department Of Energy，Version2）程序是由美国国家能源部提出的标准程序，程序规模很大，是比较有代表性的动态冷热负荷的模拟计算程序。该程序由美国政府出资，由若干美国著名的实验室及数十名各种专业人员协同开发两年完成的大型软件，该程序使用反应系数法计算全年逐时的建筑物负荷。在已知模拟地区的全年逐时气象参数的输入情况下，该软件可以输出数百个的逐时能耗指数，以及数十个的月累计、年累计能耗参指标。

DeST 是建筑热环境设计模拟工具包（Desinger's Simulation Toolkit）的简称，它的前一版本为 BTP。该程序采用状态空间法的建筑物模型计算房间的自然室温及建筑物冷热负荷。同时它也是清华大学热能系空调教研组（现建筑学院建筑技术科学系建筑环境与设备研究所）在十余年对建筑和空调系统模拟的基础上，针对建筑采暖空调设计的实际情况出发，开发出的一套面向设计人员的设计用模拟工具。目的是把模拟分析技术有效地引入设计中，为设计人员提供全面有力的帮助。该模拟软件已于 2000 年 6 月份通过了国家教育部鉴定，被评定为“具有世界先进水平”，也是国内惟一能够动态模拟建筑采暖、空调负荷的分析软件。该程序能在建筑描述、室外气象数据和室内扰量以及室内要求温湿度给定的情况下，动态模拟出该建筑的全年逐时自然室温和采暖、空调系统负荷等的变化情况。

2002 年 DeST 推出了更适合于住宅建筑节能分析与设计的住宅版本（DeST Ⅱ Housing），该版本应用于住宅建筑具有以下主要功能：

（1）计算建筑中每个房间的全年逐时自然室温；

（2）计算住宅中各户的全年逐时空调采暖能耗，这其中包括新风负荷、围护结构负荷、室内产热等各项负荷的分项统计以及各个房间的总负荷；

（3）比较不同热工性能的围护结构对采暖负荷和空调负荷的影响；

（4）用户可根据自己的需要对构件进行自定义和扩充，例如定义 Low-e 窗等新型构件；

（5）统计住宅中各围护构件及各朝向窗墙比等信息；

（6）比较住宅中不同的空调供暖系统方案的初投资及运行费用。

4.5.2 实例分析

以北京某节能住宅的能耗分析为例，模拟计算软件为 DeST Ⅱ Housing。

该住宅总建筑面积为 $20000m^2$，楼层为 25 层，住宅平面图与轴测图如图 4-11 所示（为简化计算将热工状况相似的标准层共 23 层合并为 2 层），围护结构设定参看表 4-2。

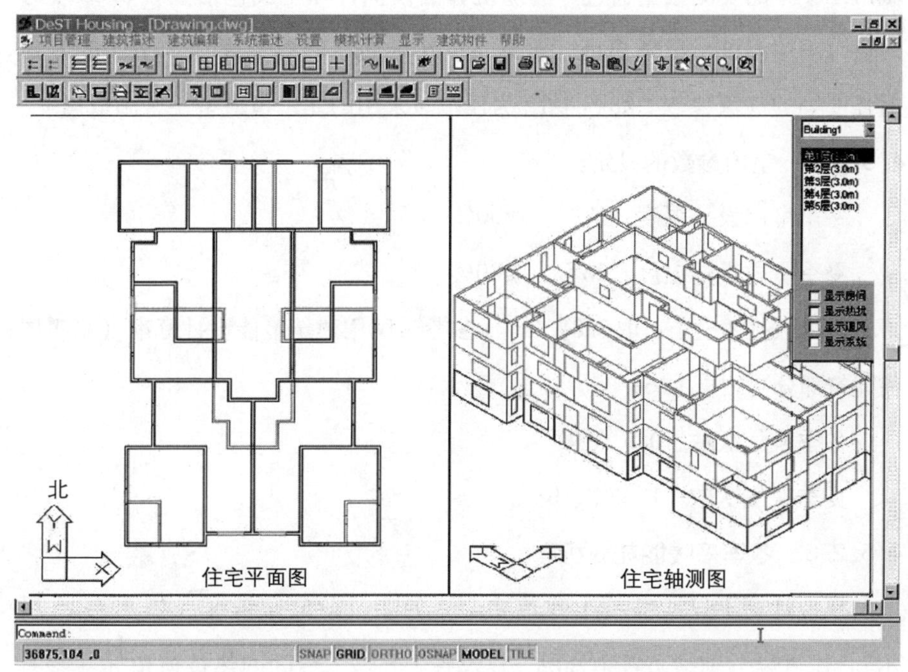

图 4-11　住宅建筑模型

住宅围护结构的设定　　表 4-2

类别	构件名称	传热系数 K 值 [W/(m²·K)]	传热系数限值 [W/(m²·K)]
外墙	200 混凝土墙 +100 空气层 +50 聚苯乙烯外保温	0.81	0.82 ~1.16
内墙	200 加气混凝土空心砌块	1.40	1.83
屋顶	100 混凝土 +100 憎水珍珠岩	0.67	0.6 ~0.8
楼地	240mm 砖楼地	0.29	0.52
楼板 80mm	钢筋混凝土楼板	1.78	\
外门	双层实体木制外门	2.33	\
外窗	塑钢中空窗	2.68	4.00

注：表中传热系数限值为国家住宅建筑节能标准中所规定的围护结构传热系数的上限值。

4.5.2.1 室外气象数据的选取

气象数据采用的是由清华大学热能系开发的逐时气象数据生成软件 Medpha 产生的全年逐时气象数据。其原理是基于中国国家气象局对 193 个城市二十年的实测数据通过一套随机算法模拟计算生成包括全年 8760 小时的逐时干球温度、湿球温度、含湿量、水平面总辐射强度和水平面散射辐射强度等的气象参数。如图 4-12 为模拟时采用的北京市典型年气温数据。

4.5.2.2 室内参数的设定

冬季室内设计温度：18℃，≥30%

夏季室内设计温度：26℃，≤80%

室内热扰的设定：取 3.8W/m^2（参考《民用建筑节能设计标准（采暖居住建筑部分）》（JGJ 26—95）给出）

冬季换气次数：0.5 次/h

夏季换气次数：1 ~ 5 次/h

4.5.2.3 冬季采暖能耗分析

模拟计算不仅能够给出建筑物全年的热负荷分布情况（如图 4-13 所示），还可以分别给出各个楼层，以及各个户型、房间的热负荷指标（参看图 4-14、图 4-15）。

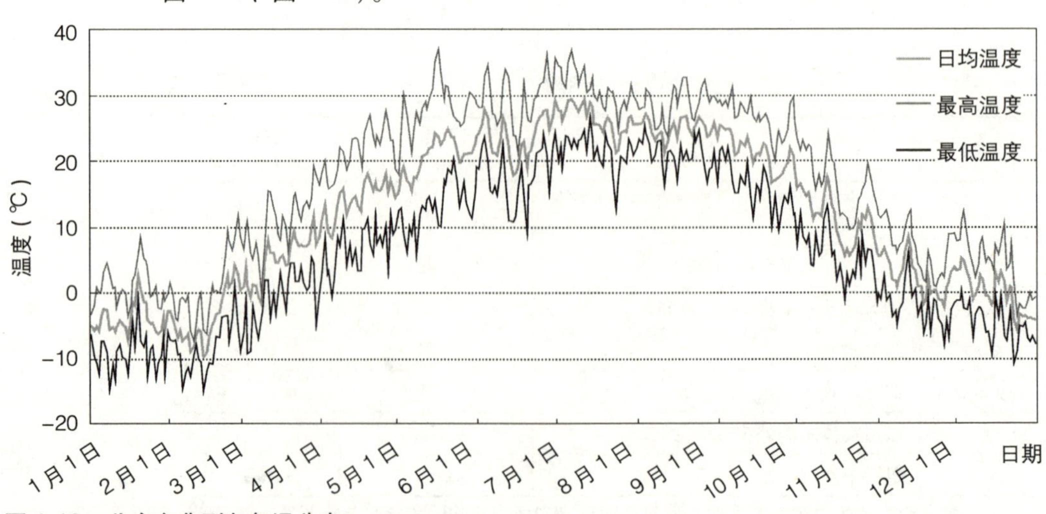

图 4-12 北京市典型年气温分布

由上述模拟计算结果可以看出，整个建筑的采暖负荷指标仅为14.9W/m^2，低于采暖地区居住建筑的节能设计标准20.6W/m^{2}的指标。这是由于建筑物有着保温性能很好的围护结构设置，还有建筑层数较多、体形系数小也是总能耗指标小的原因之一。同时我们也看到，尽管整个建筑的能耗指标低于节能标准，但是个别楼层如顶层的热负荷指标仍大于

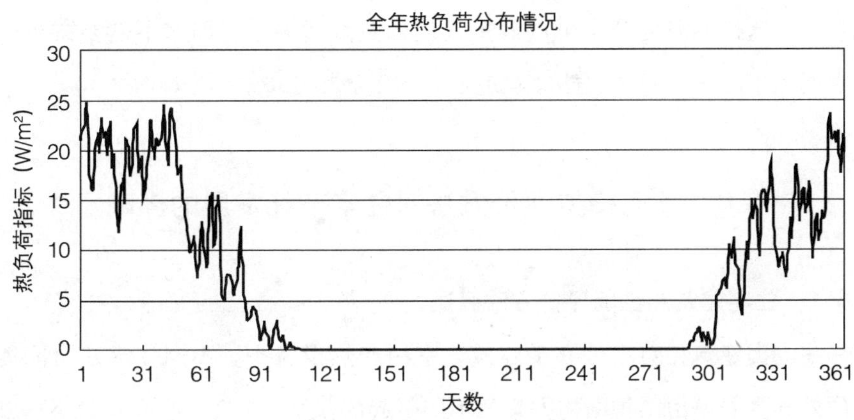

图4-13 建筑物全年热负荷变化曲线

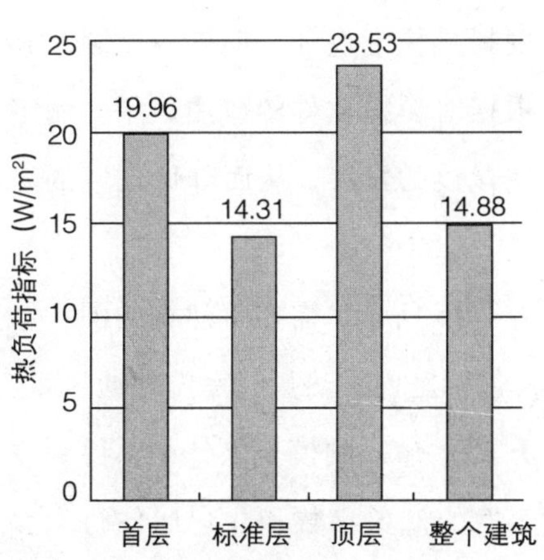

图4-14 各楼层负荷指标

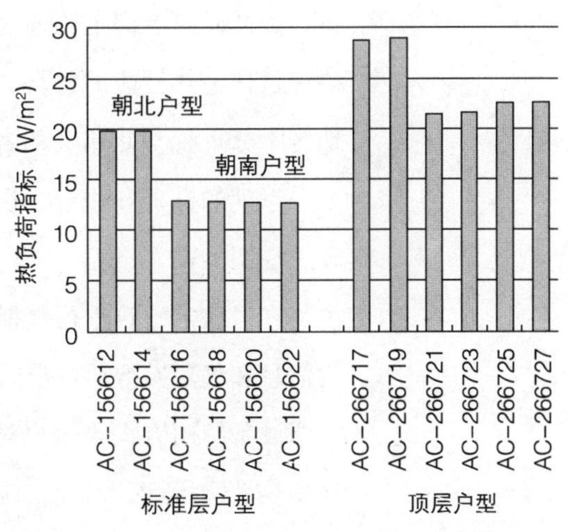

图4-15 各户型负荷指标

节能标准。此外，即使是在同一楼层，各户型因为朝向、位置的不同，每户的能耗指标仍有较大的差异，如朝北户型的热负荷一般要比朝南户型的大 20%~30%。

4.5.2.4 夏季自然室温分析

模拟计算还可以给出各个房间全年的自然室温分布情况。对于北京地区来说，底层住户的自然室温一般都小于 29℃，如果室内有良好的自然通风效果，这样的温度分布可以满足人们的热舒适要求，即在不需要或少需要空调的情况下，室内也能够实现令人满意的热环境。

4.6 不同模拟评价方法对住宅节能发展的影响

4.6.1 住宅建筑热性能评价方法概述

住宅类建筑相对于公共类建筑，室内产热设备少，不同住宅建筑间能耗的差异主要是由围护结构方案的不同引起的。

在进行住宅建筑节能设计或对其进行节能评估时，对于建筑的热性能，既无法进行现场测试，简单的理论计算也无法对复杂的建筑进行有效的分析，因此研究者都主张通过模拟分析的方法研究住宅热性能，根据计算结果评价住宅热性能的好坏，从定量的角度指导住宅设计。世界各个国家和地区十分重视与此相关的各项研究，并根据对模拟软件的应用成果，制定了一系列的标准和法规，以推动节能住宅建设的发展，从而降低住宅的采暖、空调能耗。

在对住宅建筑进行模拟计算时，如图 4-16 所示，需要将建筑的围护结构信息和气象参数、住户居住行为参数（包括室内发热量、室内外通风量、空调设备使用方式等用户对建筑的使用方式）输入到模拟软件中，得到建筑的热性能指标。因此，统一的、有代表性的气象参数和住户居住行为参数（本文统称为计算输入参数）是对住宅的热性能进行评价时所必需的计算平台。

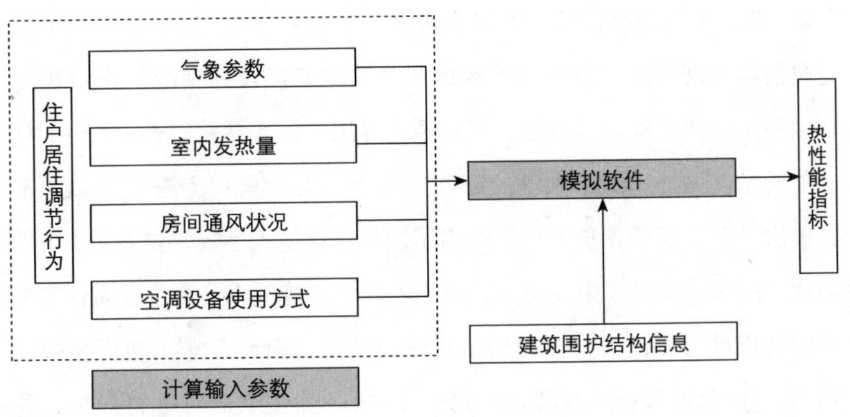

图4-16 住宅建筑能耗模拟方法

在计算输入参数中，气象参数一般采用典型气象年的数据，即根据多年的实测数据通过数学方法处理得到具有代表性的一年的逐时数据，这也是目前国际上通行的做法。2005年4月由中国建筑工业出版社出版的《中国建筑热环境分析专用气象数据集》就是采用了这种方法，根据中国气象局提供的实测数据，整理得到了可用于建筑能耗模拟的全年逐时数据，其数据可以满足住宅建筑能耗模拟的需要。

住户居住调节行为对住宅的能耗指标会有很大的影响。住户居住行为对住宅室内热环境的直接影响是产生室内发热量；同时，住户开窗、关窗的调节行为会改变房间的自然通风状况，相应导致房间室温的变化；此外，采暖空调设备的开启运行同样影响住宅室内热环境。这些参数都在很大程度上影响着住宅的能耗，但不同住户的居住调节方式是不同的，在设计阶段进行模拟计算时，只能设定一个具有代表性的居住调节方式，作为计算用的标准工况，得到该建筑的能耗情况。

因此，对住户居住调节行为变化规律的了解和认识也是住宅热性能评价方法研究的重要内容，而不同的热性能评价方法之间的主要差别也体现在这方面。

4.6.2 两种不同的热性能评价方法简介

目前国内现行的《夏热冬冷地区居住建筑节能设计标准》中提出了一套住宅建筑的热性能评价方法，其模拟计算用的输入参数如表4-3中的计算模式1所示。另外，清华大学的简毅文博士在对大量住宅进行实测的基础上，提出了一套新的评价方法，给出了一套计算输入参数，如表4-3中的计算模式2所示。文献3中还提出，采用不同的计算输入参数，在对住宅建筑的节能效果进行评价时，会得到不一致的结论，因此，本文利用模拟软件DeST-h，分别采用两种计算输入参数，对同一栋住宅建筑进行模拟，并对其结果作了分析。

两种不同的计算输入参数　　表4-3

项目		计算模式1	计算模式2
气象参数		典型气象年	典型气象年
室内发热量		室内照明：0.0141kWh/(m²·d) 室内人员、设备：4.3W/m²	按不同房间类型给出动态变化数据
室内外通风模式		1次/h	根据室内外热状况变通风量
空调设备使用方式	空调控制温度	18~26℃	18~26℃
	空调容忍温度	18~26℃	15~29℃
	空调运行模式	连续运行	间歇运行
其他		空调能效比：2.3； 采暖能效比：1.9； 厨卫不控制温度	空调能效比：2.3； 采暖能效比：1.9； 厨卫不控制温度

计算模式2中室内发热量的数据参见文献[3]。

在研究及测试中发现，以夏季为例，一般用户会在室温较高（称为“容忍温度”）时开启空调，而当空调开启后，房间温度会保持在一个较低的温度水平（称为“设定温度”）。换句话说，用户并非在室内温度超出设定温度时就会开启空调，而是会有一定的忍受范围，超出该容忍范围才会开启空调，而当开启空调后，房间温度就会保持在设定温度的范围内。以夏季为例，设定温度为26℃，容忍温度为29℃，即当房间温度低于29℃

时，空调不开启，当高于29℃时，空调开启，并将房间温度控制在26℃以下。根据调研及测试的结果，在模式2中，将房间的设定温度定为18～26℃，容忍温度定为15～29℃。

调研中发现，在过渡季和夏季，住户往往倾向于首先通过开门、开窗等调节行为实现房间的自然通风、尤其是夜间通风以改善住宅室内热环境；只有在外温较高的情况下，住户才关闭门窗、运行空调设备以降低室温、满足自身的热舒适要求。为了反映住户开关窗的行为，模式2设定了如下的通风换气模式：在夏季夜间及过渡季，设定一个风量的变化范围（关窗风量（渗透风量）～开窗风量），当外温低于室内温度适于开窗通风时，认为用户开窗，室内外通风换气量为开窗风量；当外温高于室内温度不适合开窗时，认为用户关窗，风量为关窗风量；在用户肯定不开窗的其他时间段内，风量为关窗风量。这种根据室内外温度来确定通风量的方法，在一定程度上反映了用户通过开门窗来调节室内热环境的行为。

关窗风量和开窗风量的大小与当地的气象条件、建筑周围的地形及建筑本身的结构密切相关，难以给出确定的数值。文献［3］［4］中通过测试和调研得出，住宅的关窗风量可取为0.5次/h，开窗风量可取为10次/h。文献［5］中也指出，上海市一般气密性为3级的住宅平均换气次数为0.35次/h，而上海市有62%的住宅的气密性比3级的差，所以在模式2中，关窗风量取为0.5次/h，开窗风量取为10次/h。

另外，一般住户都不会一直保持空调开启，在模式2中，空调开启的时间段如表4-4所示：

各房间空调的开启时段 **表4-4**

房间类型	开启时间段（工作日）	开启时间段（周末）
客厅、书房	18:00～24:00	8:00～24:00
卧室	22:00～次日7:00	全开
厨卫	无	无

4.6.3 计算模型

以上海地区某住宅楼为计算对象，该住宅楼共8层，一层为商场，二层及以上为住宅，每层4户，一层空房间层高3.6m，住宅层高2.8m。该住宅有两种户型：三室一厅一厨一卫，建筑面积89.99m^2；二室一厅一厨一卫，建筑面积69.86m^2，住宅层平面图如图4-17所示，其建筑围护结构参数如表4-5所示。

模拟建筑围护结构参数　　表4-5

围护结构名称	围护结构材料	传热系数［W/(m²·K)］
外墙	混凝土墙＋聚苯板外保温	1.4
屋面	加气混凝土保温屋面	0.8
分户墙	混凝土空心砌块	2.7
楼板	钢筋混凝土	3.0
外窗	断热中空玻璃窗	3.1

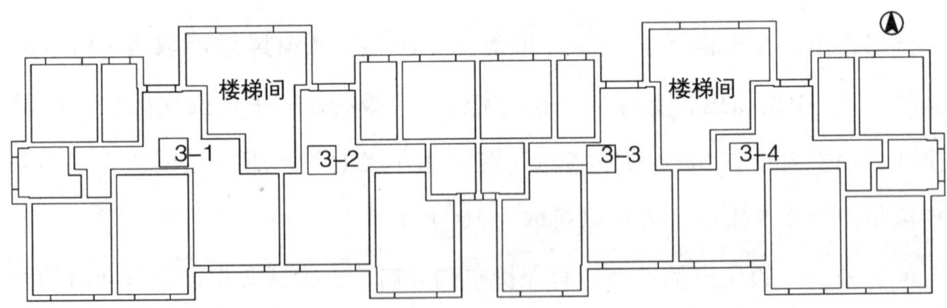

图4-17　模拟住宅建筑平面图

4.6.4 计算结果分析

4.6.4.1 计算结果比较

针对此建筑，分别采用表4-3给出的两种计算模式，采用DeST-h进行模拟计算，其计算结果如下。

图 4-18 中给出了计算模式 1、2 的计算结果和实际调研数据的比较。结果给出的是该建筑平均每平米的年采暖耗热量和空调耗冷量，其中面积按空调面积计算，不计入厨房、卫生间和楼梯间等非空调区域，调研结果是根据实测的上海地区 200 户住宅的逐月耗电量整理出来的（制冷能效比取 2.3，供热能效比取 1.9）。

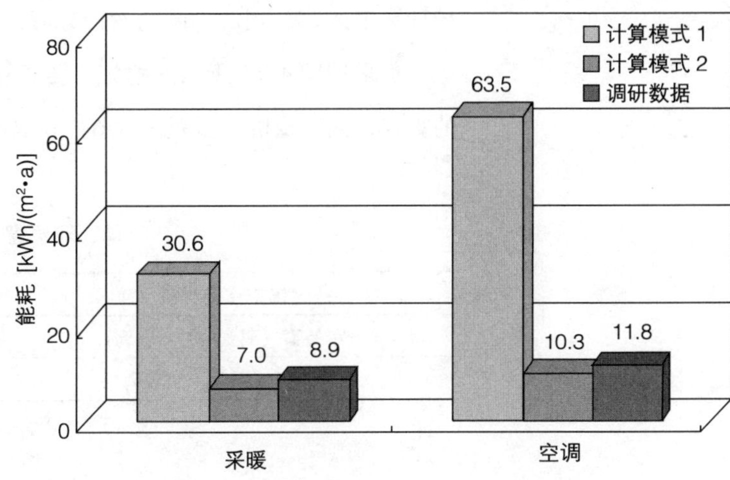

图 4-18　模拟结果与调研数据的比较

从图中可以看出，根据模式 1 计算得到的结果是调研数据的 4～6 倍，造成这种差异的原因有以下几个：

（1）在模式 1 的设定中，室内外换气为 1 次/h，仅相当于从门窗缝隙中渗透进来的风量，没有考虑人通过开窗换气调节室内热环境的行为，增加了空调的运行能耗；

（2）空调设备为 24 小时连续运行，房间温度始终控制在 18～26℃的范围内，而在实际住宅中，一方面空调都是间歇运行的，人不在房间内时不开空调，另一方面，根据测试的结果来看，房间内的温度控制范围比上述范围要大的多，夏天在 29℃左右，甚至更高，模拟 1 中的设定会大大增加空调运行能耗。

从计算模式 1 的实际设定参数和计算结果来看，与实际住宅的情况相差较大，不具有代表性，而模式 2 从实测数据中提取设定参数，计算结果与实际数据较为接近，更能够代表实际住宅的使用状况，更适用于住宅能耗的模拟。

4.6.4.2　住宅建筑评价结果比较

两种模式的计算结果大小差距很大，但在优化设计的模拟过程中，设计人员更关心对不同方案的评价比较结果是否可信。接下来本文就采用两种计算模式，分别对不同的设计方案进行比较。

仍采用图4-17所示的建筑，要求比较单、双层窗对建筑夏季空调能耗的影响，两种窗的参数见表4-6，其他参数均相同。

单、双层窗传热系数 **表4-6**

围护结构材料	传热系数［W/(m²·K)］
单层窗（普通6mm玻璃）	5.7
双层窗（断热中空玻璃）	3.1

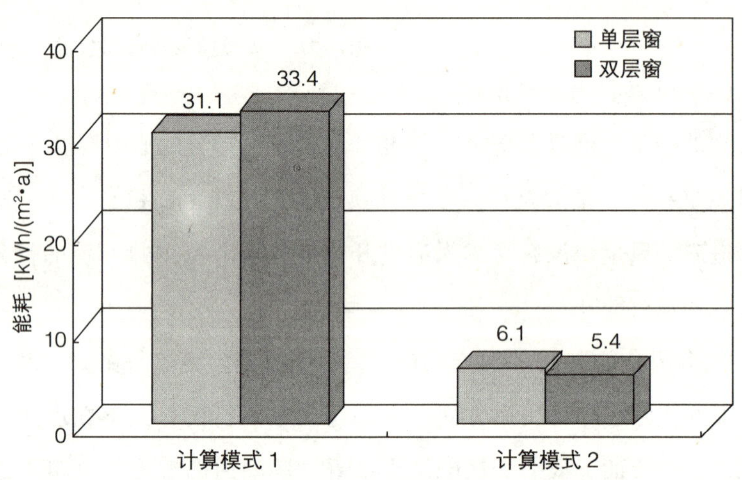

图4-19 两种计算模式下单、双层窗对夏季空调能耗的影响

图4-19给出了两种计算模式下，分别采用单、双层窗后，建筑夏季空调能耗的结果。从图中可以看出，两种计算模式给出了不同的评价结果。在模式1中，采用双层窗后，空调能耗提高了8%，而在模式2中，采用双层窗会使能耗降低10%左右。根据模式1的计算结果，采用双层窗并不是一种节能的措施，模式2则正相反，究竟哪一个结论更可信，需要对计算结果进行深入的分析。

从传热过程来看，相对于单层窗，双层窗的传热系数要小，因此在夏季外温较高时，有利于隔绝室外的热量向室内传递，起到隔热的作用，但在夏季夜间或过渡季，外温相对室温较低时，双层窗反而不利于室内向室外传热。

图4-20中给出了计算模式1中，9月4日单、双层窗的逐时负荷差和逐时外温曲线，其中：

逐时冷负荷差 = 单层窗建筑逐时冷负荷 - 双层窗建筑逐时冷负荷（W）

从图中可以看出，在12：00～18：00之间，外温高于26℃（房间温度），负荷差为正数，双层窗建筑负荷较小，说明双层窗起到了隔热效果，降低了负荷；在其余时刻，外温低于26℃（房间温度）时，负荷差为负数，双层窗建筑的逐时负荷较大，说明双层窗阻碍了房间向室外散热，反而增加了空调负荷，这说明双层窗是否有利于降低空调负荷取决于外温状况。

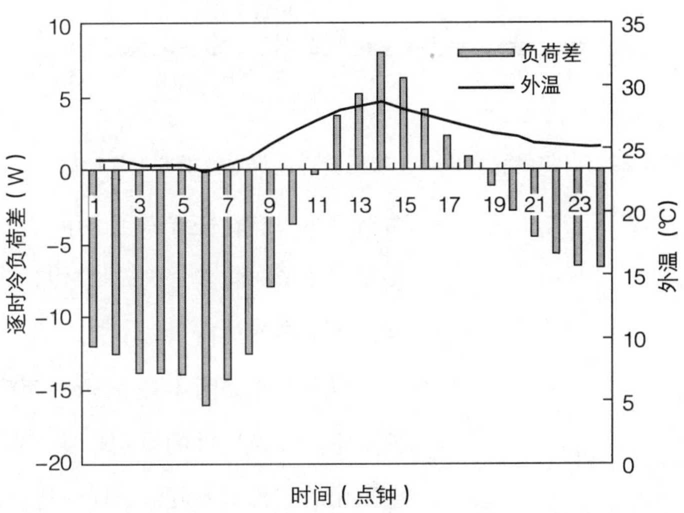

图4-20 计算模式1中，单、双层窗建筑的逐时冷负荷之差（单层窗—双层窗）及逐时外温

从图4-21中也可以看出，在7、8月份外温较高时，双层窗建筑的累计空调能耗较低，说明双层窗起到了较好的隔热作用；而在5、6、9、10月份，平均外温较低，双层窗建筑能耗则较高，而从累计能耗来看，就造成了双层窗建筑的能耗较高。

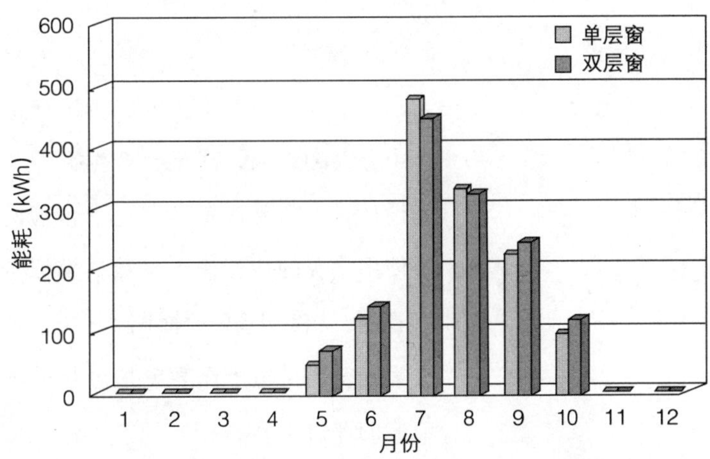

图4-21 计算模式1中单、双层窗对逐月累计制冷能耗比较

而在计算模式2中，双层窗建筑的能耗却要小一些，这主要是因

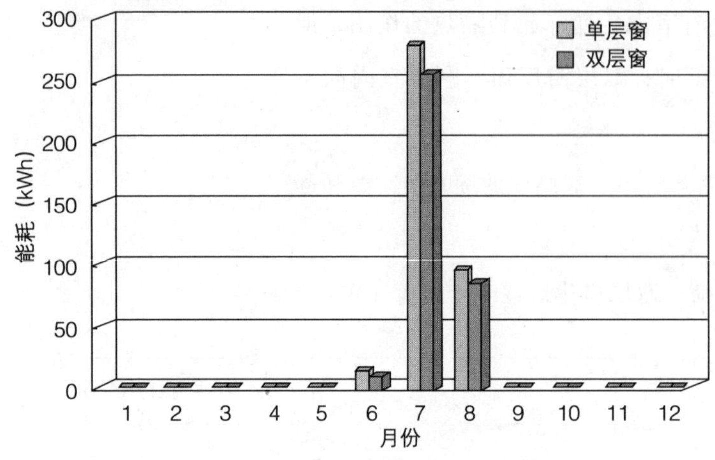

图 4-22 计算模式 2 中单、双层窗对逐月累计供冷能耗比较

为采用了可变通风的设定，在外温高时它又能起到隔热作用，当外温较低时，可以通过增加通风量来降低室内温度，相对于通过窗的传导热量，直接的通风换气所带来的换热效果显然要强很多，双层窗在外温低时对负荷的不利影响也就可以忽略了，所以双层窗有利于降低空调能耗。从图 4-22 中可以看出来，低温时通过开窗换气使得室内空调负荷很小。而在计算模式 1 中，由于采用全年固定 1 次换气/h 的设定（相当于门窗关闭时的室内外换气量），导致在外温较低时，无法通过开窗增加通风量来降低负荷。

以上就是如图 4-19 所示的两种不同评价结论产生的原因，其关键因素就是室内外换气量的设定。从实际情况来看，夜间开窗通风是大多数人都会采用的一种室温调节手段，所以模式 2 中可变通风的设定更能够反映实际住宅的使用状况，其评价结果也更为可信。

4.6.5 总结

从上面这个例子中可以看出，不同的计算输入参数对设计方案的评价有十分大的影响，甚至会产生截然相反的结论，所以在利用模拟手段来辅助设计时，需要首先确定一个合理的评价方法，即需要有能够反映实际建筑使用状况的计算输入参数，模拟分析的结果才可信。根据前面的分析可以看到，相对于第一种评价方法，第二种评价方法的相关参数与实际情况更为相符，更适于作为模拟分析的输入参数，作为住宅热性能和围护结构节能的评价工具。

参 考 文 献

1　中华人民共和国建设部．夏热冬冷地区居住建筑节能设计标准（JGJ 134—2001）．北京：中国建筑工业出版社，2001

2　简毅文．住宅热性能评价方法的研究：［博士学位论文］．北京：清华大学，2003

3　李晓锋，朱颖心．示踪气体浓度衰减法在民用建筑自然通风研究中的应用．暖通空调，1997，No4：7～10

4　张才才，李振海．上海市集合住宅气密性能实测及换气性能分析．节能，2005，2：35～37

5　燕达．利用模拟工具分析住宅通风的影响．全国暖通空调制冷 2002 年学术年会论文集

6　曾剑龙．窗户传热计算模拟分析．全国暖通空调制冷 2002 年学术年会论文集

7　金招芬，朱颖心等编著．建筑环境学．北京：中国建筑工业出版社，2001

8　彦启森，赵庆珠等编著．建筑热过程．北京：中国建筑工业出版社，1986

9　简毅文，江亿．住宅建筑围护结构保温性能的确定分析．住宅科技．2001.7，4～8

10　樊洪明，曾剑龙，简毅文，江亿．围护结构三维导热数值仿真研究．建筑技术

11　简毅文，王苏颖，江亿．水平和垂直遮阳方式对北京地区西窗和南窗遮阳效果的分析．西安建筑科技大学学报．2001.9，第 33 卷．第 3 期，212～217

12　中国气象局气象信息中心气象资料室，清华大学建筑技术科学系．中国建筑热环境分析专用气象数据集．北京：中国建筑工业出版社，2005

第 5 章　围护结构的节能技术

5.1　外墙外保温技术

对外墙进行保温，无论是外保温、内保温还是夹心保温，都能够提高冷天外墙内表面温度，使室内气候环境有所改善。然而，采用外保温方式的效果更加良好，这是因为：

（1）外保温可以有效避免产生热桥。图 5-1 清楚地表示出了单外墙内、外保温两种情况下围护结构内部的温度分布情况。从图中可看出，外保温方式下（图 *a*）的外墙内表面保持着较高的温度，而内保温（图 *b*）由于没

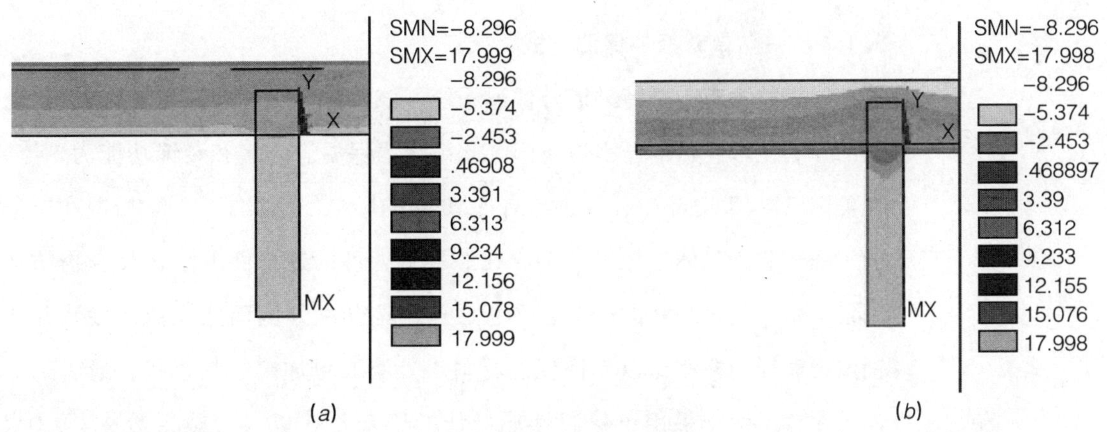

图 5-1　墙体传热模拟分析

（*a*）单外墙外保温；（*b*）单外墙内保温

能阻断内墙与外墙交接处的热桥，使得内墙表面温度较前一种情况低3~5℃，较低温度的内墙表面不仅会增大结露的可能性，而且还会造成过多热量的散失，在采用同样厚度的保温材料条件下（例如在北京使用50mm厚的膨胀聚苯乙烯板保温），外保温要比内保温的热损失减少约1/5，从而节约采暖能耗。

（2）外保温有利于改善室内热环境。在进行外保温后，由于内部实体墙热容量大，室内能蓄存更多的热量，使诸如太阳辐射或间歇采暖造成的室内温度变化减缓，室温较为稳定。而且由于外保温提高了外墙的内表面温度，即使室内的空气温度有所降低，也能得到舒适的室内热环境。

（3）从住户方面考虑，外保温不仅增加了住宅的使用面积近2%，而且还没有对内保温住宅进行室内装修的限制。

（4）此外，外墙外保温还可以保护主体结构，延长建筑物寿命。

正是由于存在上述一系列优越性，加上外保温方式施工工艺的不断完善、成熟，我国外墙外保温技术近几年得到了迅速的发展。适合我国住宅建筑结构体系的外墙外保温方式主要有以下几种形式：粘贴聚苯板外保温方式、现抹聚苯颗粒外保温方式、大模内置聚苯板外保温方式、预制外挂保温板方式。

5.1.1 粘贴聚苯板外保温方式

代表技术有专威特外墙外保温系统，该技术是美国专威特（Dryvit）公司的专利技术，目前已引进我国。此系统集保温、防水和装饰功能为一体，在美国已沿用30年，在我国也有近10年的历史，积累了大量的资料和丰富的工程经验。具体施工做法为，在经平整处理的外墙面上涂抹聚合物粘结胶浆，贴上预分割好的聚苯乙烯板，然后在苯板外侧面涂抹抹面砂浆并压铺增强玻纤网格布，以保证保温材料与外墙面更加牢固的连接，最后抹上面层涂料。由于采用了保温性能极佳的聚苯乙烯板（导热系数 $\lambda=0.047$ W/(m·K)），与其他保温方式相比，在相同的保温层厚度情况下，该方式具有更好的隔热性能。并且采用的粘贴方式，也有效的减少了墙体与保温材料固接而产生的热桥。此外，该技术还具有粘接强度高、防裂、水蒸气渗透性能好等优点。

节点构造如图5-2所示。

保温层厚度为40~50mm，即可满足民用建筑节能标准和民用建筑热工设计规范中对寒冷地区的外墙热工设计要求。

适用于寒冷地区和夏热冬冷地区的新建和改造住宅的外墙保温。

5.1.2 现抹聚苯颗粒外保温方式

代表技术为北京振利高新技术公司自行开发研制ZL涂抹胶粉聚苯颗粒外保温方式，该技术具有材料配套、施工方便，保温层连续，整体性好，施工适应性强，工程造价较低等优点。而且保温层主体材料采用的是废弃的聚苯颗粒，符合绿色环保理念。但由于该保温材料是混合砂浆聚苯颗粒，其保温性能略有下降，约为0.59W/(m·K)。要到达与粘贴聚苯板相当的保温隔热效果，其保温层厚度应有所增加。

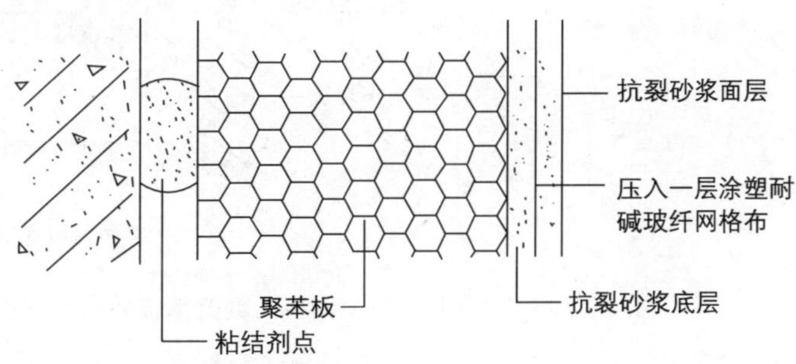

图5-2 粘贴聚苯板外保温节点图

节点构造如图5-3所示。

保温层厚度为50~70mm，即可满足民用建筑节能标准和民用建筑热工设计规范中对寒冷地区的外墙热工设计要求。

适用于寒冷地区和夏热冬冷地区的新建和改造住宅的外墙保温。

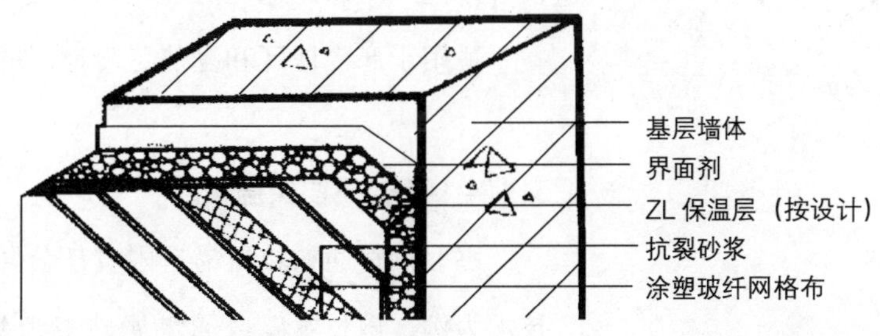

图5-3 现抹聚苯颗粒外保温节点图

5.1.3 大模内置聚苯板外保温方式

该技术适用于现浇混凝土高层建筑外墙的保温，其具体做法是，将钢丝网架聚苯板放置于将要浇筑墙体的外模内侧，当墙体混凝土浇灌完毕后，外保温板和墙体一次成活，可节约大量人力、时间以及安装机械费和零配件。但不足之处在于，混凝土在浇筑过程中引起的侧压力有可能引起对保温板的压缩而影响墙体的保温效果，此外，在凝结的过程中下面的混凝土由于重力作用，会向外测的保温板挤压，待拆模后，具有一定弹性的保温板向外鼓出，会对墙体外立面的平整度有所破坏。

节点构造如图5-4所示。

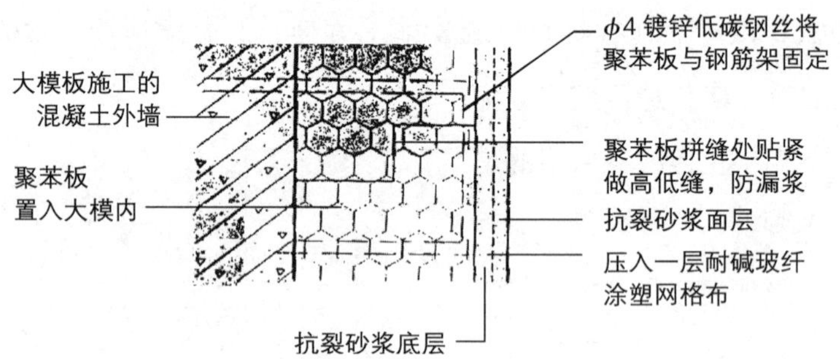

图5-4 大模内置聚苯板外保温节点图

保温层厚度为40～50mm，即可满足民用建筑节能标准和民用建筑热工设计规范中对寒冷地区的外墙热工设计要求。

适用于寒冷地区和夏热冬冷地区的新建和改造住宅的外墙保温。

5.1.4 预制外挂保温板

以北京百通科技贸易有限责任公司研制开发的BT型预制板外墙外保温技术为例，该技术以普通水泥砂浆为基材预制盒形刚性骨架结构，然后将保温层（聚苯板）复合于其内，可预先批量制好，待施工时，可一次性运到施工现场，通过建筑外立面的预埋件与外墙固结。该技术具有安装方便、省时省工、可灵活处理外立面装饰效果等优点。但由于预制板块大小有限制，使其对围护结构细部节点的处理较为困难，较重的预制板在高层建筑的施工中会增加其施工难度。

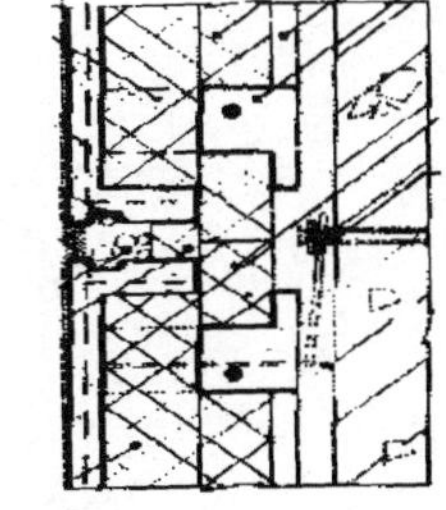

图5-5　预制外挂保温节点图

节点构造如图5-5所示。

保温层厚度为50～60mm，即可满足民用建筑节能标准和民用建筑热工设计规范中对寒冷地区的外墙热工设计要求。

适用于寒冷地区和夏热冬冷地区的新建和改造住宅的外墙保温。

5.1.5　新型外墙外保温方式

图5-6是近年来某些节能小区中采用的一种新型外墙外保温方式，该保温方式是在常规粘贴聚苯外保温的基础上，在保温层与外挂石材间增加一个约100mm的空气夹层，该空气夹层在整个外立面上下联通，并在顶部设有通风口，冬季将该通风口关闭，阻止空气夹层内空气流动，增加了外墙的传热热阻，采用100mm厚的聚苯保温＋100mm厚空气层的结构，其冬季传热系数可降到0.4W/(m²·K)以下，远低于节能规范标准中的传热系数限值；夏季将上部的通风口打开，夹层空气上下流通，可将外挂石材吸收的太阳辐射热及时带走，降低了保温材料外层的温度，也大大减少了向室内传递的热量，隔热效果非常明显。此外，流通的空气夹层还能够将保温材料的湿气及时带走，防止保温材料受潮。该种外保温方式不仅适合于寒冷地区的保温外墙设计，还可用于南方炎热地区的墙体隔热设计。

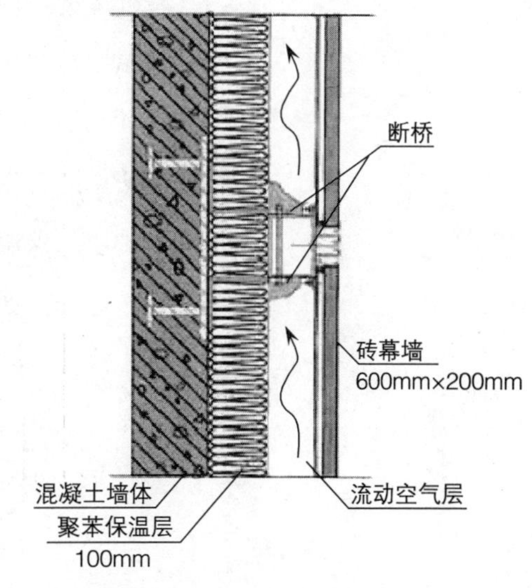

图5-6　新型外保温构造

5.2 屋顶保温与隔热技术

屋顶保温是为了降低寒冷地区和夏热冬冷地区住宅顶层房屋的采暖耗热量和改善顶层房屋冬季的热环境质量；屋顶隔热是为了降低夏热冬暖和夏热冬冷地区住宅顶层房屋的自然室温从而减少其空调能耗。由于两者针对的围护对象不同，所采取的构造形式应有区别，屋顶保温和隔热设计时应依据《民用建筑热工设计规范》（GB 50176—93）、《民用建筑节能设计标准（采暖居住建筑部分）》（JGJ 26—95）、《夏热冬冷地区居住建筑节能设计标准》（JGJ 134—2001）、《夏热冬暖地区居住建筑节能设计标准》进行。以下将介绍几种适合我国住宅建筑结构体系的屋顶保温和屋顶隔热措施。

5.2.1 外保温屋顶

这种屋面保温形式是把保温材料做在屋顶楼板的外侧，让屋顶的楼板受到保温层的保护而不致受到过大的温度应力，整个屋顶的热工性能能够得到保证，能够有效避免屋顶构造层内部的冷凝和结冻。屋顶可上人使用。构造做法：通常做法是在楼板上设置绝热材料，在绝热材料外侧设置防水层和保护层。保温材料的厚度通过热工计算后应符合所在建筑热工分区的节能设计标准。如图 5-7 所示。

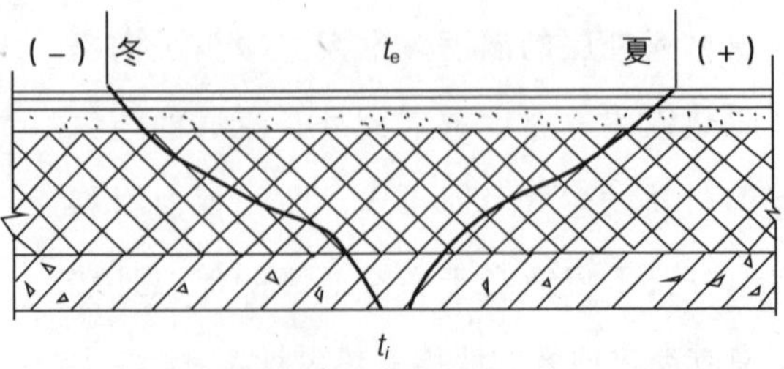

图 5-7　外保温屋顶

适用于寒冷地区和夏热冬冷地区的新建和改造住宅的屋顶保温。

按照民用建筑节能设计标准和民用建筑热工设计规范的要求确定的屋顶隔热层，能够保证冬季屋顶内表面温度和室内采暖环境温度的差值小于4℃。

5.2.2　倒置式屋面

这种屋面保温形式是外保温屋面形式的一个倒置形式，它是把保温层作在防水层的上部，防水层作在保温层和楼板的界面上，保温层上部的保护层有良好的透水和透汽性能。这种屋面构造仍属于屋面外保温和屋面外隔热形式，能有效地避免内部结露，也使防水层得到很好的保护，屋面构造的耐久性也得到提高，但对保温材料的拒水性能有较高的要求，保温材料选择时应以保温材料本身绝热性能受雨水浸泡影响最小为原则。国内可供用于倒置屋面做法的保温材料主要有泡沫玻璃、挤塑型聚苯乙烯泡沫板、聚乙烯泡沫板等。如图 5-8 所示。

适用于寒冷地区和夏热冬冷地区的新建和改造住宅的屋顶保温。

按照民用建筑节能标准和民用建筑热工设计规范的要求确定的屋顶隔热层，能够保证冬季屋顶内表面温度和室内采暖环境温度的差值小于4℃，可使防水层的使用寿命延长 2 ~4 倍。

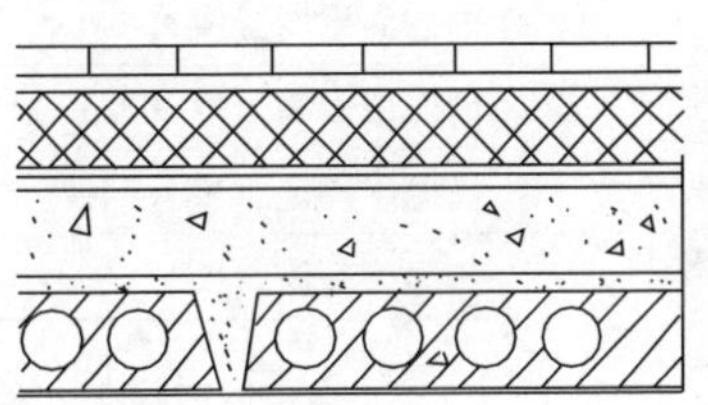

图 5-8　倒置式屋面

5.2.3　通风屋面

该屋面属于双层屋面的构造形式。通过两层屋面之间的空气流动带走太阳的辐射热和室内对楼板的传热，从而降低屋顶内表面的温度减低房屋空调能耗。其构造做法是在楼板上铺设架空的大阶砖或水泥板，架空净高度一般为 200mm 左右，为了保证间层内良好的通风效果，通常要求每段风道长度不宜超过 15m，风道出入口正对的女儿墙上应开设足够大的可通风面积。但对于空调房间的通风屋顶，屋顶间层的通风则主要是为了带

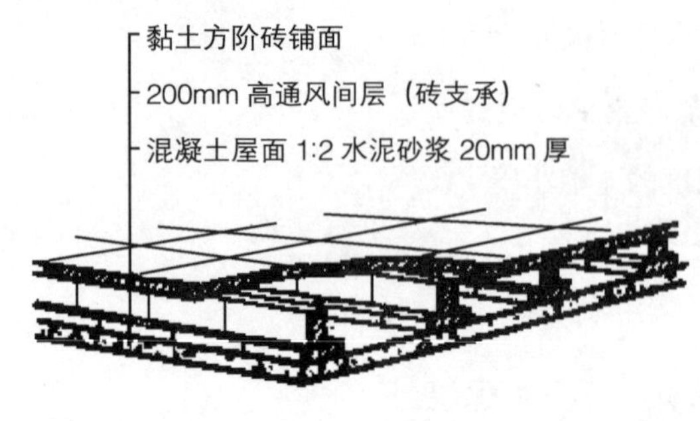

图 5-9 通风屋面

走太阳辐射热，并应有效控制房间冷量通过楼板和间层内部热量中和，故应对楼板做有效的隔热处理。通常在间层内铺设一层聚苯乙烯泡沫板、聚乙烯板等绝热材料增加楼板的热阻，或在间层上部的阶砖面贴敷铝箔限制阶砖向楼板的高温辐射。如图 5-9 所示。

适用于夏热冬冷和夏热冬暖地区的住宅屋顶隔热。

通风屋面的降温效果明显，在自然通风条件下，实砌屋面和通风屋面隔热效果如表 5-1 所示。

通风屋面和实砌屋面隔热效果比较 表 5-1

	通风屋面	实砌屋面	差值
内表面平均温度（℃）	29.9	34.9	5
内表面最高温度（℃）	31.1	39.4	8.3
室温平均值（℃）	29.7	31.3	1.6
室温最高值（℃）	30.2	32.7	2.5

注：实砌屋面构造：RC 板 120，防水砂浆 20，大阶砖 40。
通风屋面构造：RC 板 120，防水砂浆 20，通风间层 250，大阶砖 40。

5.2.4 阁楼屋面

阁楼屋顶也是属于通风屋顶的一种形式，所不同的是阁楼的空间高大，通风的效果会明显优于架空阶砖的通风屋顶。阁楼空间可作为住宅公共附属用房，且阁楼有良好的防雨和防晒功能，能有效地改善住宅顶部的热工质量。寒冷地区阁楼屋顶的楼板应做保温处理，夏热冬冷和夏热冬暖地区空调住宅的阁楼楼板也应做适当的隔热处理。如图 5-10 所示。适用于各类气候区的新建和节能改造住宅。

通风的阁楼屋面有良好的隔热效果，如表 5-2 所示。

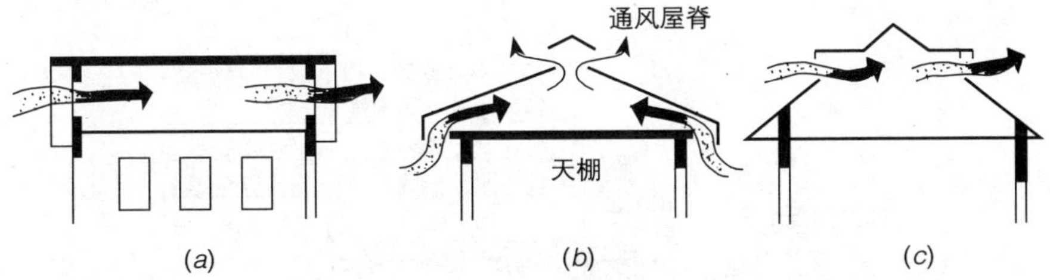

图 5-10　阁楼屋面
(a) 山墙通风；(b) 檐下与屋脊通风；(c) 老虎窗通风

阁楼屋面隔热效果　　表 5-2

	阁楼屋顶外表面温度（℃）		阁楼下房间天棚内表面温度（℃）	
	最高	平均	最高	平均
无通风阁楼	65. 3	39. 2	35. 7	31. 8
通风阁楼	65. 6	39. 2	34. 4	31. 2

阁楼可通风将有利于阁楼屋顶隔热性能的提高，但冬季应使阁楼保持良好的气密性以提高阁楼的保温功效，故阁楼的通风口应设计成可开启、关闭的形式。

5. 2. 5　种植屋面

种植屋面是利用屋面上种植的植物阻隔太阳能防止房间过热的一项隔热措施。其隔热原理有三个方面：一是植被茎叶的遮阳作用，可以有效地降低屋面的室外综合温度，减少屋面的温差传热量；二是植物的光合作用消耗太阳能用于自身的蒸腾；三是植被基层的土壤或水体的蒸发消耗太阳能。因此，种植屋面是一种十分有效的隔热节能屋面，如果植被种类属于灌木科则还可以有利于固化 CO_2 释放氧气，净化空气，能够发挥出良好的生态功效。其构造如图 5-11 所示。也可以参考《中南地区通用建筑标准设计建筑配件图集》（98ZJ201—1999）的相关做法。

该项技术适用于夏热冬冷和夏热冬暖地区的住宅屋顶防热。

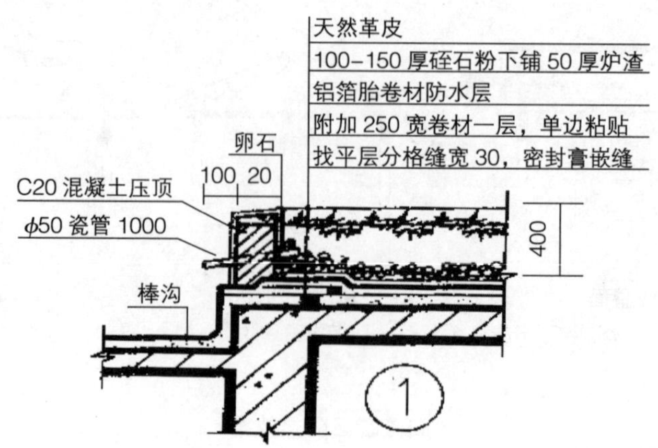

图 5-11　种植屋面

种植屋面的热工效果如表 5-3 所示。

种植屋面的热工效果　　表 5-3

	种植屋面	无种植屋面	差值
外表面最高温度（℃）	29	61.6	32.6
外表面温度波动（℃）	1.6	24	22.4
内表面最高温度（℃）	30.2	32.2	2
内表面温度波动（℃）	1.2	1.3	0.1
内表面最大热流（W/m^2）	2.2	15.3	13.1
内表面平均热流（W/m^2）	−5.27	9.1	14.37
室外最高温度（℃）	36.4	36.4	
室外平均温度（℃）	29.1	29.1	
最大太阳辐射照度（W/m^2）	862	862	
平均太阳辐射照度（W/m^2）	215.2	215.2	

此外，适合于夏热冬冷和夏热冬暖地区使用的还有蓄水屋面、遮阳屋面、浅色屋面等隔热保温屋面。限于篇幅，在此不一一详述。

5.3 节能外窗技术

外窗设计是住宅建筑围护结构节能设计中的重要环节，同时由于窗户本身具有多重特性，使得其节能设计也成为最复杂的设计环节。从大的方面来说，不同季节对外窗的性能要求就很不一样，冬季我们要求窗户保温隔热性能好的同时，还希望其有更高的太阳能透过率，最大限度地利用太阳能，减少采暖负荷；而夏季我们则希望阻挡太阳辐射进入室内，因为即使是部分的太阳辐射透过窗户进入室内，也会造成很大的室内空调负荷，尤其是太阳辐射强度大的水平面和东西立面。这时，窗户遮阳的设计就显得尤为重要了，如夏热冬暖地区的住宅建筑节能设计标准中都对各个朝向的窗口遮阳系数有严格的限制。有关研究还表明，不仅是夏热冬暖地区需要解决窗户遮阳问题，其他夏季炎热地区如夏热冬冷地区，甚至寒冷地区，如北京等地区都应该对外窗设置有效的遮阳措施，以防止过高强度的太阳辐射直接进入室内，减少室内空调冷负荷。此外，遮阳的设计还需解决室内采光与室外遮阳的矛盾，以及夏季有效遮挡、冬季避免遮挡的矛盾。发达国家通常是把窗户中窗的设计和窗外遮阳设计分开处理，这样便于区分两者的节能功效。

另外，就窗户本身来说，窗户性能上也存在矛盾。如窗户的隔热保温性能与太阳能透过特性的矛盾。我们知道，窗户的保温性能主要取决于窗户玻璃的传递热阻，窗户热阻的大小一般随着玻璃层数的增加而增加，给玻璃表面镀低辐射膜（Low-e 膜）的节能措施也可以增加窗户热阻，但同时随着玻璃层数的增加，窗户的玻璃总厚度也增加了，窗户的太阳能透过也相应减少了，即使是采用镀 Low-e 膜的措施，也会对窗户的太阳能透过特性有所减弱。因此，外窗的节能设计应该处理好这两个方面的矛盾，如选用透过性能高的玻璃，减少玻璃厚度，采用高透性 Low-e 膜等节能措施。需要注意的是，上述窗户的节能措施是在窗户有良好遮阳措施的前提下提出的，如果外窗不具备有效的遮阳措施，那么高透过性的外窗会造成夏季室内的严重过热，夏季炎热地区尤甚。此外，外窗还需解决采光、通风等问题。

在进行住宅外窗节能设计时，主要依据以下几个指标：窗的传热系数 K、窗的遮阳系数 Sc、窗口的遮阳系数 Sw、外遮阳构件的遮阳系数 M 以及窗墙面积比 Cz。而外窗节能与否的关键是看透明部分也就是玻璃的热工性能如何，其次是窗框型材的类型（影响窗的传热系数和遮阳系数）和窗的制作质量（影响窗的气密性）。按我国建筑热工分区，各地的上述几个指标的限值和典型外窗的热工参数分别如表 5-4 ~ 表 5-8 所示。

寒冷地区住宅外窗传热系数 K　　　表 5-4

采暖期室外平均温度（℃）	代表性城市	传热系数 K [W/(m²·K)]	
		窗户（含阳台门上部）	阳台门下部
2.0 ~1.0	郑州、洛阳、宝鸡、徐州	4.0 ~4.7	1.7
0.9 ~0.0	西安、拉萨、济南、青岛、安阳	4.0 ~4.7	1.7
-0.1 ~ -1.0	石家庄、德州、晋城、天水	4.0 ~4.7	1.7
-1.1 ~ -2.0	北京、天津、大连、阳泉、平凉	4.0 ~4.7	1.7
-2.1 ~ -3.0	兰州、太原、唐山、阿坝、喀什	4.0 ~4.7	1.7
-3.1 ~ -4.0	西宁、银川、丹东	4.0	1.7
-4.1 ~ -5.0	张家口、鞍山、九泉、伊宁、吐鲁番	3.00	1.35
-5.1 ~ -6.0	沈阳、大同、本溪、阜新、哈密	3.00	1.35
-6.1 ~ -7.0	呼和浩特、抚顺、大柴旦	3.00	1.35
-7.1 ~ -8.0	延吉、通辽、通化、四平	2.50	1.35
-8.1 ~ -9.0	长春、乌鲁木齐	2.50	1.35
-9.1 ~ -10.0	哈尔滨、牡丹江、克拉玛依	2.50	1.35
-10.1 ~11.0	佳木斯、安达、齐齐哈尔、富锦	2.50	1.35
-11.1 ~12.0	海伦、博克图	2.00	1.35
-12.1 ~ -14.5	伊春、呼玛、海拉尔、满洲里	2.00	1.35

夏热冬冷地区住宅外窗传热系数 K　　表 5-5

朝向	窗外环境条件	外窗传热系数 K [W/(m²·K)]				
		窗墙面积比 Cz				
		$Cz \leqslant 0.25$	$0.25 < Cz \leqslant 0.30$	$0.30 < Cz \leqslant 0.35$	$0.35 < Cz \leqslant 0.45$	$0.45 < Cz \leqslant 0.50$
北（偏东60°～偏西60°范围）	冬季最冷月室外平均气温 >5℃	4.7	4.7	3.2	2.5	—
	冬季最冷月室外平均气温 ≤5℃	4.7	3.2	3.2	2.5	—
东、西（东或西偏北30°～偏南60°范围）	无外遮阳措施	4.7	3.2	—	—	—
	有外遮阳（其太阳辐射透过率 ≤20%）	4.7	3.2	3.2	2.5	2.5
南（偏东30°～偏西30°范围）		4.7	4.7	3.2	2.5	2.5

夏热冬暖地区北区住宅外窗传热系数 K 和窗口遮阳系数 Sw　表 5-6

外墙	窗口遮阳系数 Sw	外窗的传热系数 K [W/(m²·K)]				
		窗墙面积比 Cz				
		$Cz \leqslant 0.25$	$0.25 < Cz \leqslant 0.3$	$0.3 < Cz \leqslant 0.35$	$0.35 < Cz \leqslant 0.4$	$0.4 < Cz \leqslant 0.45$
重质墙体 $K \leqslant 1.5$ $D \geqslant 3.0$	0.8	≤4.7	—	—	—	—
	0.7	≤4.7	≤3.0	≤3.0	—	—
	0.6	≤4.7	≤3.5	≤3.5	≤3.0	—
	0.5	≤4.7	≤4.0	≤4.0	≤3.5	≤3.0
	0.4	≤4.7	≤4.0	≤4.0	≤3.5	≤3.5
	0.3	≤4.7	≤4.7	≤4.0	≤4.0	≤3.5
重质墙体 $K \leqslant 1.0$ $D \geqslant 2.5$ 或轻质墙体 $K \leqslant 0.9$	0.8	≤6.0	≤4.7	≤3.5	—	—
	0.7	≤6.0	≤4.7	≤4.0	≤3.5	—
	0.6	≤6.0	≤6.0	≤4.7	≤4.0	≤3.5
	0.5	≤6.0	≤6.0	≤4.7	≤4.7	≤4.0
	0.4	≤6.0	≤6.0	≤4.7	≤4.7	≤4.0
	0.3	≤6.0	≤6.0	≤4.7	≤4.7	≤4.0

注：表中窗口的遮阳系数 Sw 为窗本身的遮阳系数 Sc 和窗口建筑外遮阳系数 M 的乘积。

夏热冬暖地区南区住宅窗口遮阳系数 Sw　　　表 5-7

外墙	窗口的遮阳系数 Sw				
	窗墙面积比 Cz				
	$Cz \leqslant 0.25$	$0.25 < Cz \leqslant 0.3$	$0.3 < Cz \leqslant 0.35$	$0.35 < Cz \leqslant 0.4$	$0.4 < Cz \leqslant 0.45$
重质墙体：$K \leqslant 1.5$ $D \geqslant 3.0$	≤0.7	≤0.6	≤0.55	≤0.5	≤0.4
重质墙体 $K \leqslant 1.0$ $D \geqslant 2.5$ 或轻质墙体 $K \leqslant 0.65$	≤0.8	≤0.7	≤0.6	≤0.5	≤0.5

注：表中窗口的遮阳系数 Sw 为窗本身的遮阳系数 Sc 和窗口建筑外遮阳系数 M 的乘积。

各种外窗的热工指标　　　表 5-8

	简易双玻	中空	真空	中空镀膜	真空镀膜
可见光透过率（%）	85	81	81	73	73
遮阳系数 Sc	0.87	0.87	0.85	0.61	0.61
K 值 [W/(m^2·K)]	4	3.5	2.92	2.1	1.65
每平米价格（元）	55	100	250	290	440

5.3.1 节能玻璃种类与特点

透过大气层到达地平面的太阳辐射热按光谱区的能量分配大致如下：波长 0.3～0.38μm 的紫外光，其辐射能约占太阳总辐射能的 13%；波长 0.38～0.78μm 的可见光区，其辐射能约占太阳辐射能的 43%；波长 0.78～2.5μm 的红外光，其辐射能约占太阳辐射能的 41%；其余的约占 3%，即太阳辐射能量的 97% 集中在波长低于 2.5μm 的中短波。而 100℃ 以下物体的辐射能量集中在高于 2.5μm 的中长波范围内，如室内家具、电器及人体等发出的辐射能。

玻璃对不同波长的太阳辐射有选择性，图 5-12 反映了普通玻璃的透过率与入射波长的关系。即普通玻璃对于可见光和波长为 3μm 以下的短波红外线来说几乎是透明的，但却能够有效地阻隔长波红外线辐射。因此，当太阳直射在普通玻璃窗上时，绝大部分的可见光和短波红外线将会透过玻璃，只有长波红外线（也称长波辐射）会被玻璃反射和吸收，但是这部分能量在太阳辐射中所占的比例很少。

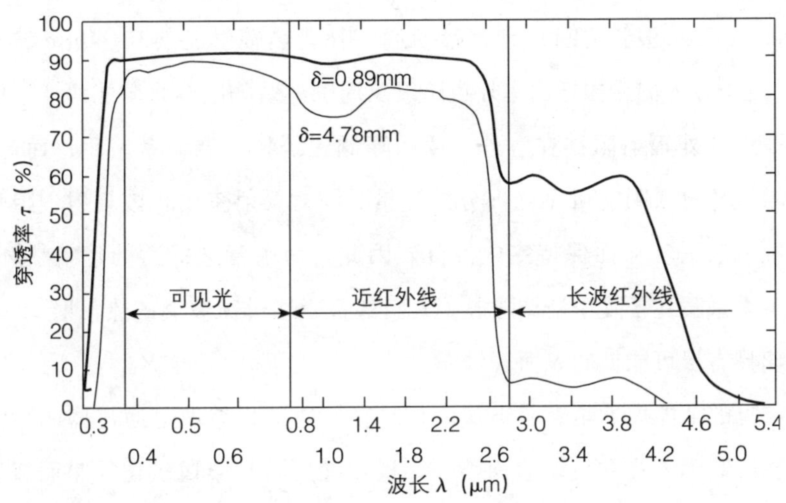

图5-12 普通玻璃的透过特性

如图5-13所示，通常情况下（入射角<60°），太阳光照射到普通窗玻璃表面后，7.3%的能量被反射，不会成为房间的得热；79%直接透过玻璃进入室内，全部成为房间的热量，还有13.7%则被玻璃吸收，而使玻璃温度提高。被吸收的这部分能量中，4.7%又将以长波热辐射和对流方式传至室内，而余下的8.8%同样以长波热辐射和对流方式散至室外，不会成为房间的得热。因此玻璃的反射率越高，透过率和吸收率越低，则太阳辐射得热量就越少。

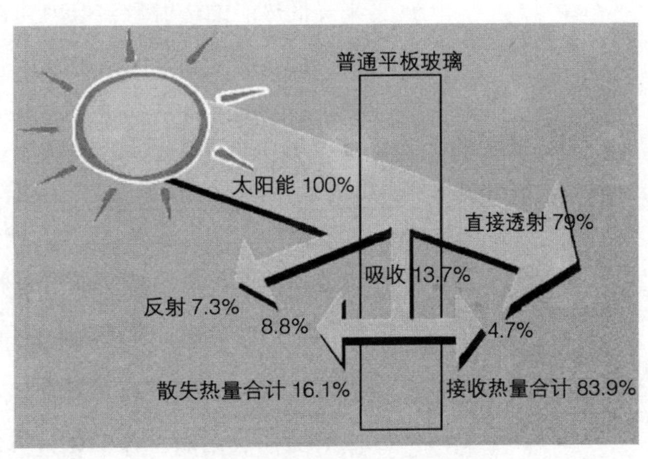

图5-13 太阳辐射热在玻璃界面上的传递

随着世界范围内建筑节能的充分发

展，玻璃外窗作为建筑围护结构耗能的主要构件，具有巨大的节能潜力，各种高性能节能玻璃应运而生。下面主要介绍四种应用最广的节能玻璃：热反射玻璃、Low-e 玻璃、张膜玻璃和真空玻璃。

5.3.1.1 热反射玻璃

前面已经提到，通过玻璃窗传入室内的辐射能量主要是太阳短波辐射能（0.3～3μm 波长之间）和大量的远红外线热辐射能（3～40μm 波长之间）。夏季，人们希望把由室外道路以及周围建筑物吸收太阳能而产生的强烈不可见红外辐射阻挡在室外，从而降低建筑物空调设备费用；而冬季，则又希望透过太阳能可见光部分的热量，同时反射室内长波辐射，阻止其向外辐射散失，从而保持室内温度。因此，为了营造舒适的建筑热环境，无论冬季采暖还是夏季空调降温，人们都希望通过窗玻璃的热辐射少一些，使玻璃具有尽可能低的表面发射率。

常见的节能玻璃是镀膜玻璃。它是在普通平板玻璃上通过离线镀膜方式或在线镀膜方式在玻璃表面喷涂一层或几层特种金属氧化物膜而成。由于镀膜后玻璃对于热辐射光谱的选择性吸收、透射和反射作用发生了根本性的改变，因而玻璃的热工性能也随之发生了变化。

20 世纪 60 年代在欧美比较流行的着色吸热玻璃，以吸收红外光的方式来降低热能的透射量，但因为被吸收的能量有相当一部分会以对流与热辐射的形式散发到室内，所以并不能十分有效地降低太阳辐射得热率。

另一种常见的镀膜玻璃是热反射玻璃，热反射玻璃只能透过可见光和部分 0.8～2.5μm 的近红外光，对 0.35μm 以下的紫外光和 0.35μm 以上的中、远红外光不能透过，即可以将大部分的太阳光吸收和反射掉。图 5-14 为镀膜玻璃和普通玻璃的透过特性曲线。可以看到，热反射玻璃的透过率要小于普通玻璃，厚度为 6mm 的热反射玻璃和无色浮法玻璃相比较，热反射玻璃能挡住 67% 的太阳能，只有 33% 进入室内，而无色浮法玻璃只能挡住 16% 的太阳能，有 84% 进入室内。但热反射玻璃对太阳光谱段透过率的衰减曲线与普通玻璃基本上是一样的，同样，即其在反射红外光的同时对可见光的透射也有很大衰减。

此外，镀膜热反射玻璃表面金属层极薄，使其在迎光面具有镜子的特性，而在背光面又如玻璃窗般透明，对建筑物内部起到了遮蔽及帷幕作用。

5. 3. 1. 2　Low-e 玻璃

由于热反射玻璃在反射红外光的同时对可见光的透射也有很大衰减，对可见光的高反射率也会导致对环境的光污染，并且反射膜对近红外辐射普遍具有较高的透射率，这种特性显然不是夏季所需要的。因此，目前使用更为广泛的是低辐射镀膜（Low-e）玻璃。Low-e 玻璃，是利用真空沉积技术，在玻璃表面沉积一层低辐射涂层，一般由若干金属或金属氧化物薄层和衬底层组成。如图 5-15 所示，普通玻璃的红外发射率约为 0. 8 左右，对太阳辐射能的透射比高达 84%，而 Low-e 玻璃的红外发射率最低可达到 0. 03，能反射 80% 以上的红外能量。

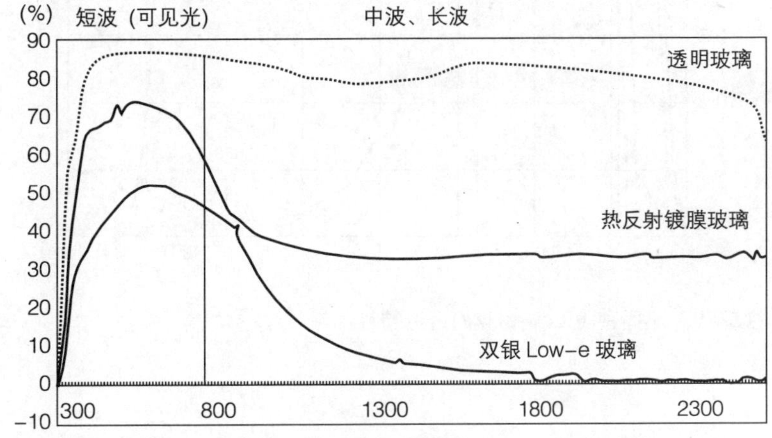

图 5-14　镀膜玻璃的太阳光透过特性曲线

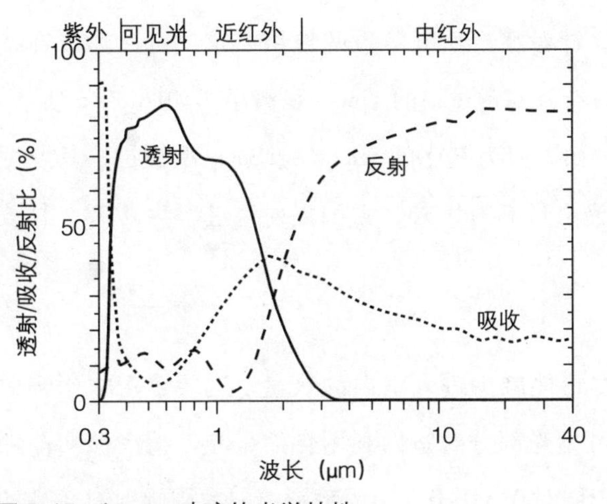

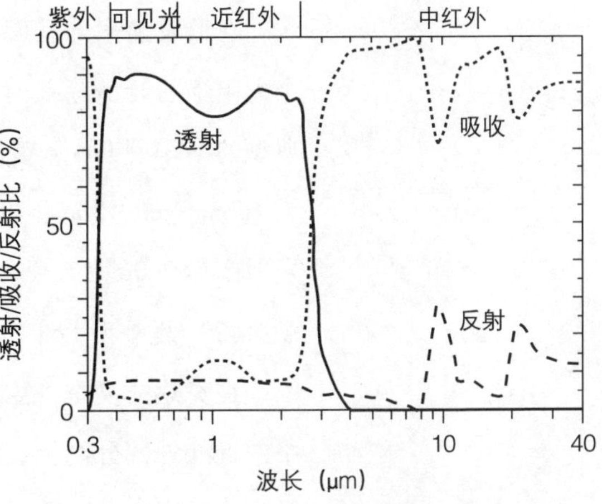

图 5-15　Low-e 玻璃的光学特性

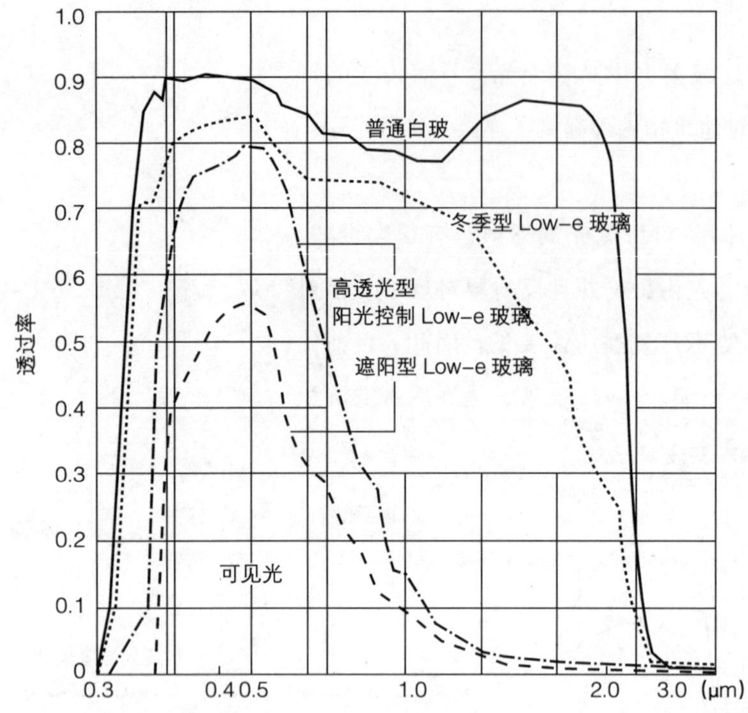

图 5-16 不同种类 Low-e 膜的透过特性曲线

此外，由于镀上 Low-e 膜的玻璃表面具有很低的长波辐射率，可以大大增加玻璃表面间的辐射换热热阻而具有良好的保温性能。因此，该种镀膜玻璃在世界上得以广泛应用。在我国，近几年随着建筑节能工作的深入开展，这种节能型的玻璃也逐渐被人们所接受。为指导 Low-e 膜玻璃的正确使用，下面介绍几种不同类型 Low-e 膜玻璃的透过特性及其适用范围。

根据 Low-e 膜玻璃的不同透过特性曲线，将 Low-e 膜分成冬季型 Low-e 膜、夏季型 Low-e 膜和遮阳型 Low-e 膜。

(1) 冬季型 Low-e 膜

在低发射率的基础上，针对寒冷地区冬季的使用要求，可以形成在整个太阳辐射光谱范围内均具有较高透过率的 Low-e 膜镀层，如图 5-16 所示。典型的冬季型 Low-e 镀膜，如以银为基底的 $SnO_2/Ag/SnO_2$ 型镀层，其厚度为 40nm/7nm/40nm，可见光透过率为 0.86，太阳辐射透过率为 0.73，长波发射率为 0.08。

(2) 夏季型 Low-e 膜

在炎热的夏季，需要尽可能减少进入室内的热量，这要求把太阳辐射中的近红外部分遮挡，而可见光部分对室内利用自然采光、减少照明能耗具有重要意义，因此要求膜层对 0.38～0.78μm 范围内的太阳辐射有较高的透过率。这种膜层的透过特性曲线如图5-16中的“高透光型阳光控制Low-e玻璃”对应的曲线。由于进入室内的太阳辐射中只有极少量的红外线，不会给居住者带来不舒适的“热”感觉，属于“凉爽型”日光。此外，由于该种Low-e膜具有双层的银膜镀层，其镀膜表面的长波发射率（e）会很低，可达到0.05。

（3）遮阳型Low-e膜

对于西向或东向窗户，可以在近红外辐射低透过率的基础上，把可见光的透过率降低到50%~60%左右或更低，以达到降低太阳辐射透过率，减少太阳得热的目的。

各种类型玻璃的典型透过特性指标如表5-9所示。

不同类型镀膜玻璃的透过性能 表5-9

玻璃类型	性能		ε	τ_{vis} (%)	ρ_{vis} (%)	α_{vis} (%)	τ_{solar} (%)	SHGC	*Sc*
	特征	膜层结构（nm）							
普通	Float	4mm	0.84	89	8	3	82	85	98
吸热型	Abs	6mm	0.84	55	6	39	57	67	77
反射型	a-Si/SiO_2	a-Si/SiO_2—20/100	0.60	38	30	32	49	55	63
冬季型Low-e玻璃	Ag	SnO_2/Ag/SnO_2 40/7/40	0.08	86	8	6	69	73	84
	SnO_2: F	SnO_2：F/SiO_2 300/100	0.15	90	6	4	67	74	85
夏季型Low-e玻璃	Ag－Ag	SnO_2/Ag/SnO_2/Ag/SnO_2 40/10/40/10/40	0.05	74	12	14	41	45	52
遮阳型Low-e玻璃	Ag+	SnO_2/Ag/SnO_2 30/20/60	0.08	59	31	10	38	41	47

注：表中ε为红外辐射发射率；τ_{vis}为可见光透过率；τ_{solar}为太阳辐射透过率；SHGC为太阳得热系数（Solar Heat Gain Coefficient）；*Sc*为遮阳系数。

发达国家的建筑外窗有80%以上都使用了中空玻璃窗，而这其中的80%以上是低辐射玻璃的中空玻璃窗，我国近年来也具备了自行生产能力，但目前价格偏高，约为普通中空玻璃窗的1.5倍。

5.3.1.3 中空/真空玻璃

中空/真空玻璃为了实现更好的节能效果，除了在玻璃表面附加 Low-e 膜以外，在普通中空玻璃充惰性气体或者抽真空都是常用的手段。

普通中空玻璃是以两片或多片玻璃，以有效的支撑均匀隔开，周边黏结密封，使玻璃层间形成干燥气体空间的产品，如图5-17所示。中空玻璃内部填充的气体除空气之外，还有氩气、氪气等惰性气体。因为气体的导热系数很低，中空玻璃的导热系数比单片玻璃低一半左右。例如6+12+6的白玻中空组合，当充填空气时K值约为2.7W/(m^2·K)，充填90%氩气时K值约为2.55W/(m^2·K)，充填100%氩气时约为2.53W/(m^2·K)，充填100%氪气时K值约为2.47W/(m^2·K)，比只填充空气时的K值降低了约10%。两种惰性气体相比，氩气在空气中的含量丰富，提取比较容易，使用成本低，所以应用较为广泛（注：空气导热系数0.024W/(m^2·K)；氩气导热系数0.016W/(m^2·K)）。此外增加空气间层的的厚度也可以增加中空玻璃热阻，但当空气层厚度大于12mm后其热阻增加已经很小，因此空气间层厚度一般小于12mm。但是，普通中空玻璃的适用范围具有局限性。夏热冬暖地区，使用透明中空玻璃不是最好的选择，因为在这类地区，温差传热只占全年能耗的15%，另外约85%的能耗来自太阳辐射，中空玻璃与单层玻璃窗相比，夏季更容易形成温室效应，对节能反而不利；然而，在寒冷地区，由于其保温隔热性能还不是很好，也不适合直接使用。为了进一步提高普通中空玻璃的隔热性能，可以将玻璃之间气体夹层抽成真空制作后使用。

图5-17 普通中空玻璃

真空玻璃是基于保温瓶原理发展而来的节能材料，将两片平板玻璃四周加以密封，其间隙抽真空并密封排气口。标准真空玻璃的夹层内气压一般只有几“Pa”，由于夹层空气极其稀薄，热传导和声音传导的能力将变得很弱，因而这种玻璃具有比中空玻璃更好的隔热保温性能和防结露、隔声等性能。标准真空玻璃的传热系数可降至1.4W/(m^2·K)，是中空玻璃的两倍、单片玻璃的四倍。

真空玻璃和中空玻璃剖面示意如图5-18所示，真空玻璃采用两片平板玻璃用低熔点玻璃将四边密封起来。一片玻璃上有一排气管，排气管与该片玻璃也用低熔点玻璃密封。两片玻璃间间隙为0.1～0.2mm。为使玻璃在真空状态下承受大气压的作用，两片玻璃板间放有微小支撑物，支撑物用金属或非金属材料制成，均匀分布。由于支撑物非常小不会影响玻璃的透光性。

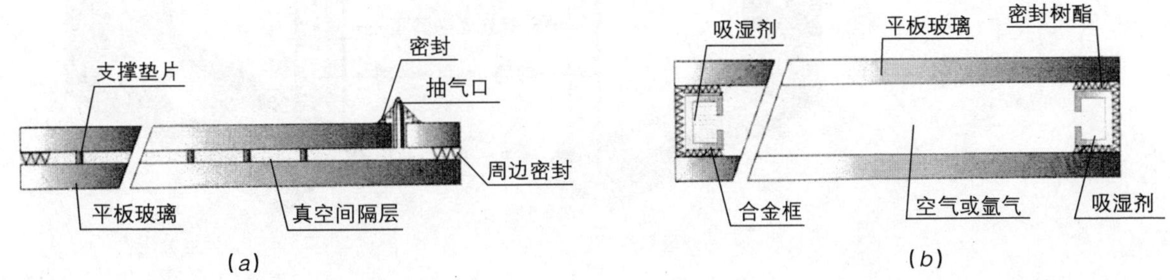

图5-18　真空、中空玻璃结构示意图
(a) 真空玻璃的示意图；(b) 中空玻璃的示意图

5.3.1.4　张膜玻璃

中空/真空玻璃气体间层的厚薄与热阻的大小有着直接的联系。在玻璃材质、密封构造相同的情况下，气体间隔层越大，其热阻也越大，对应的玻璃传热系数K值就越小。但当气体层厚度达到一定程度后，其热阻的增长率就很小了。因为当气体层厚度增加到一定程度后，气体在玻璃之间温差的作用下就会产生一定的对流过程，从而降低了气体层增厚对热阻增加的影响。当气体间层厚度小于9mm时，其热阻值基本成线性增加，而当厚度大于15mm后，其热阻的增加已经变得很平缓了。因此，通常情况下，中空玻璃的空气层厚度不会超过12mm，如果要进一步提高玻璃的保温性能，可以采用增加空气层数量的办法，显然两个9mm厚的空气层要比一个18mm厚的空气层热阻要大许多。如采用三玻结构，或者张膜结构。张膜玻璃是利用在中空玻璃内部张拉薄膜的方式增加空气层数量来达到增加热阻降低玻璃传热系数的目的（见图5-19）。当然，只有当空气层总厚度大于15mm后采用增加空气层数量的办法才会获得较好的效果。

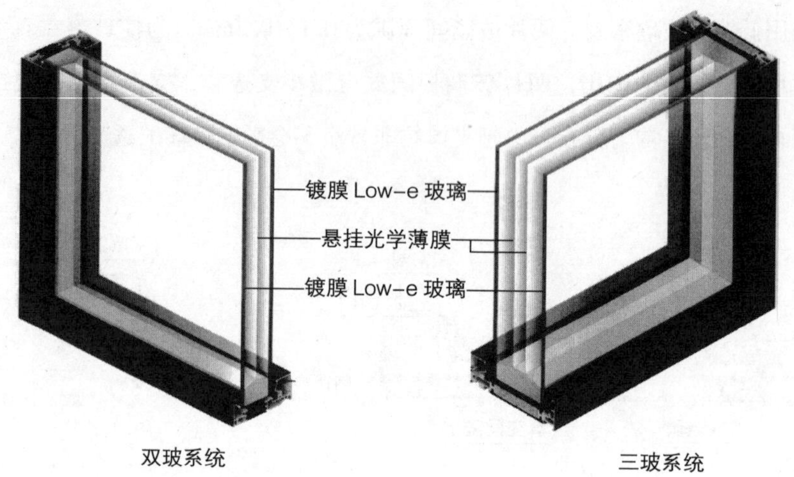

图5-19 不同的张膜玻璃

各种不同类型玻璃的详细的热工参数如表5-10所示。

不同类型玻璃热工参数 表5-10

玻璃类型	可见光透过率	太阳能透过率	传热系数 *K* 值	太阳能得热系数 SHGC	遮阳系数 *Sc*
单层标准玻璃	90%	90%	6.0	0.84	1.0
普通中空玻璃	63%	51%	3.1	0.58	0.67
标准真空玻璃	74%	62%	1.4	0.66	0.76
镀 Low-e 膜中空[1]（低透型）	51%	33%	2.1	0.43	0.49
镀 Low-e 膜中空[1]（高透型）	58%	38%	2.4	0.49	0.56
PET Low-e 膜中空[2]	59%	40%	1.8	0.52	0.60
三层 Low-e 膜双中空[3]	60%	35%	0.7	0.40	0.46

注：1. 玻璃组成：6mm玻璃（Low-e膜）+9mm空气+6mm玻璃；
2. PET Low-e膜玻璃组成：6mm玻璃+6mm空气+PET薄膜+6mm空气+6mm玻璃；
3. 目前保温性能最高，传热系数 *K* 值最小的玻璃之一。

5.3.2 节能窗框技术

窗户不仅仅是由透明材料如玻璃组成的，它还包括固定这些透明材料的窗框以及相关的支撑结构，这些固定、支撑构件不仅承担玻璃自身的重量，还要承担作用在玻璃表面的各种荷载，如风荷载，因此，要求这些构件具有相当的强度。以前的窗框往往采用强度很高的金属材料，如钢、铝型材等。由于金属具有很好的热传导特性，这些金属窗框也必然具有很高的传热系数，K 值可以达到 5W/(m^2·K) 以上。当透明部分采用的是单层玻璃时，由于单层玻璃自身的传热系数也很大，约为 6.0W/(m^2·K) 左右，通过窗框散失的热量占整个窗户散热的比例并不大，约 15%~25%，基本与窗框比相当。而当透明部分的玻璃保温性能提高以后，情况就大不一样了，例如，采用了镀 Low-e 膜的中空玻璃，其传热系数 K 值可以降至 2.0W/(m^2·K) 左右，如果仍采用没有断热措施的金属窗框，那么在玻璃与窗框之间就会存在明显的冷桥，大部分的热量将通过传热系数大的窗框散失到室外，大大降低了整窗的综合传热系数，按 20% 的窗框比来计算，其整窗的综合传热系数 K 值可达 3.0W/(m^2·K)，而通过窗框部分散失的热量也将占到整窗散热量的一半左右。

因此，在提高透明部分玻璃的保温性能的同时，也要提高其相关固定、支撑构件的隔热性能。采用导热系数更低的非金属材料替代金属型材是一种有效的措施之一，如表 5-11 所示，非金属型材的导热系数可以远低于金属型材。但是，矛盾也随之而来了，导热系数越低的非金属材料，其密度也越低（见表 5-11），其制成构件的刚度、强度也越差，因此，为了提高整窗的保温隔热性能，选用低导热系数材料作为窗框材料的同时，也要保证整窗的强度及刚度的要求。例如，现在被广泛采用的塑钢窗的 PVC 塑料窗框内采用的钢衬，可以起到增加窗框整体刚度和强度的效果，当然，这是以增加塑料窗框的传热系数为代价的。

主要窗框材料的导热系数、密度比较　　表 5-11

材料	铝	钢材	玻璃钢	松、杉木	PVC	空气
导热系数 λ [W/(m·K)]	174	58	0.50	0.17~0.35	0.13~0.29	0.04
密度 ρ (kg/m^3)	2700	7800	1780	300~400	40~50	1.20

由于窗框型材的不同，窗户的性能特点会有相当大的差别。下面分别介绍使用较多的木窗、铝合金窗、PVC 塑料窗和最新的玻璃钢窗。

（1）木窗

长期以来，世界各国普遍采用木窗。木材强度高，保温隔热性能优良，容易制成复杂断面，其窗框的传热系数可以降至 2.0W/(m^2·K) 以下。尽管由于新材料的发展，世界上木窗采用的比例已大幅降低，但在注重节能、环保的欧洲国家，木窗仍占有较大的使用比例，约 1/3 左右。我国则由于森林缺乏，为了保护森林，严格限制木材采伐，木窗使用比例很小。当前有些城市高档建筑木窗采用进口木材，此外，还有一些农村和林区就地取材用于当地建筑。

（2）铝合金窗

第二次世界大战以后，铝窗就在世界上得到了发展应用。我国是从 20 世纪 70 年代末改革开放后从欧、美、日等国引进技术，于 20 世纪 80 年代发展起来的。这种窗户重量轻，强度、刚度较高，抗风压性能佳，较易形成复杂断面，耐燃烧、耐潮湿性能良好，装饰性强。

但铝合金窗保温隔热性能差，无断热措施的铝合金窗框的传热系数约为 4.5W/(m^2·K) 左右，远高于其他非金属窗框。为了提高该金属窗框的隔热保温性能，现已开发出多种热桥阻断技术，包括用聚酰胺尼龙条穿入后滚压复合，用聚氨酯发泡材料灌注后铣开，以及用聚氨基甲乙酰粘接复合等，其中以穿入尼龙条方法优点较多。经过断热处理后，窗框的保温性能可提高 30%~50%，一些断热处理好的铝框其传热系数甚至要优于一些塑钢窗框。

（3）PVC 塑料窗

1970～1980年以后，塑料窗在世界上得到了迅速的发展。它是一种具有良好隔热性能的通用塑料。此种材料做窗框时，为了改善其自身的结构强度，往往在型材的空腔内添加钢衬。就热工性能来说，PVC塑料窗可与木窗媲美，而且PVC窗框无需上漆，没有表面涂层会被破坏或是随着时间而消褪，颜色可以保持至终，因此表面无需养护。它也可以进行表面处理，如外压薄板或覆涂层，增加颜色和外观的选择。

然而由于塑料型材的拉伸强度是铝型材的1/3，弹性模量是铝型材的1/36，因此，塑料型材的界面尺寸和壁厚不得不设计得比铝型材的大，而且还要在其型材空腔中加增钢衬，以满足窗的抗风压强度和装配五金附件的需要。所以塑料窗断面比较粗大，其框扇构件遮光面积比铝窗大10%左右，采光性能也就较差。虽然加入衬钢，但其抗风压和水密性能仍要比铝窗低约两个等级。而且此外，PVC塑料型材还具有不耐燃烧，光、热老化，受热变形、遇冷变脆等问题。

国外的铝窗价格是塑料窗的1.5倍，即塑窗价格比铝窗便宜33%。然而，我国的情况却正好相反。单玻塑窗比铝窗价格高25%～33%；中空双玻塑窗比铝窗高36%～44%。

（4）玻璃钢窗

采用断热措施的金属窗框由于断面形状和断热材料强度的限制，断面中隔热材料的宽度不会太大，其断热铝合金窗框的传热系数很难做到2.0W/(m^2·K)以下。随着材料科学的发展，一些更高强度的有机或者无机复合材料，如玻璃钢等开始被用于窗框型材的制作。玻璃钢是一种轻质高强材料，且耐腐蚀、吸水率低、阻燃、保温、隔声、长期光照不变形等，其综合性能优于木材、钢材、铝合金、塑料等材料，是理想的新型窗框材料。玻璃钢窗框内有空腔，但与PVC塑料窗框相比，其空腔内无需钢管作内衬，完全依靠自身结构支撑，因此它的界面形状和面积可以更小，很好地克服了窗框中隔热与强度的矛盾。某些玻璃钢窗框的平均传热系数可小于1.5W/(m^2·K)。

各种不同材料窗框的大致传热系数数值可参看表5-12。

不同材料窗框的大致传热系数 表5-12

窗框材料	铝合金	断热铝合金	PVC 塑钢	木材	玻璃钢
窗框 *K* 值 [W/(m² · K)]	4.2 ~4.8	2.4 ~3.2	2.0 ~2.8	1.5 ~2.0	1.4 ~1.8

根据我国采暖地区和夏热冬冷地区的住宅节能对窗户的要求，根据所用型材的不同，一般可采用的建筑外窗种类有：铝合金窗、PVC 塑料窗、彩色钢板窗、不锈钢窗和铝木复合窗等。彩色钢板窗和不锈钢窗均具有较高的物理性能，美观，耐久性、密封性能好，使用寿命长，彩色钢板窗还具有色彩选择余地多，装饰效果好的特点；铝木复合窗兼顾金属、木材两种不同材料的优点，保温性能和装饰效果均佳；铝合金窗的窗框型材为铝合金，重量轻，强度高，耐久性好，水密性、抗风压性和采光性能均较高，装饰效果好；经新技术表面处理的金属质感 PVC 塑料窗，其突出特点是保温性能好。

通过合理选用玻璃（中空玻璃、镀 Low-e 膜、填充惰性气体和使用保温效果好的中空玻璃间隔条等），采用大固定、小开启的方式等优化，一般情况下能满足住宅节能的要求。

表5-13是常见的住宅用外窗的热工性能和仅供参考的市场价格。

住宅常用外窗的热工性能及参考价格 表5-13

外窗类型		传热系数 [W/(m² · K)]	市场价格 (元/m²)
彩板窗	彩板中空玻璃窗	3.0 ~4.0	240 ~360
铝合金窗	铝合金断热中空玻璃窗	2.8 ~3.5	>650
	铝合金断热 Low-e 中空玻璃窗（断热间隔条）	1.7 ~2.8	约800
PVC 塑料窗	金属质感 PVC 中空玻璃窗	2.1 ~2.7	550 ~580
复合窗	铝木复合中空玻璃窗	2.6 ~2.9	900 ~1100
	铝木复合 Low-e 中空玻璃窗	2.1 ~2.5	1100 ~1300

5.4 遮阳技术

采取窗口遮阳措施的益处是显而易见的：它能阻断直射阳光透过玻璃进入室内，防止阳光过分照射和加热建筑围护结构，为室内营造舒适的热环境，降低室温和空调能耗。国内外的研究表明，窗口遮阳所获得的节能收益为10%~24%，而用于遮阳的建筑投资则不足2%。此外，窗口遮阳还能防止直射阳光造成的强烈眩光，使室内照度分布比较均匀，有助于视觉的正常工作。对周围环境来说，外遮阳是避免光污染的有效措施。

遮阳形式按其安装位置一般可以分为内遮阳和外遮阳。

5.4.1 内遮阳

建筑内遮阳是住宅建筑最常使用的遮阳形式（见图5-20）。内遮阳对通过玻璃系统进入室内的辐射进行遮挡，可以使光亮表面的眩光及反射光线大幅度减小，紫外线照射减弱，营造清雅舒适的室内环境，节省能源。内置遮阳经济易行，调节灵活，又方便安装和拆卸，是住宅建筑中使用最多的遮阳措施。

图5-20 内遮阳的形式

内遮阳的样式很多，既有住户自己制作的简单布帘又有由生产商制作的卷帘、百叶帘或百叶窗等。浅色的窗帘比深色的遮阳效果要好，因为浅色反射的热量更多，吸收的少。遮阳百叶可以依据用户的需求，调节角度，综合满足遮阳、采光和通风的需求。

5.4.2 外遮阳

夏季外窗遮阳节能设计应该首选外遮阳。使用外遮阳往往不只是使用者个人的事情，因为建筑立面会不可避免地为之改观。经常可以看到，夏季炎热地区一些未经过遮阳设计的住宅建筑，许多住家各自拉起了帆布篷，图5-21所示为广州一被包上窗帘的阳台，或者安装遮阳板，或是在窗口阳台种植爬藤植物。形形色色的遮阳设施使建筑立面杂乱无章。而有些不当的遮阳措施既达不到有效的隔热，还给居住生活带来不便。这就需要建筑师在建筑设计时，结合造型予以充分的考虑。

窗口外遮阳按使用方式可以分成活动式和固定式两类。固定式遮阳结合房屋立面处理和窗过梁设置，用钢筋混凝土构件等做成永久性遮阳板，成为建筑物的组成部分。这种遮阳美观耐久，遮阳板还可兼起挡雨板（雨篷）的作用。但一经设定就难以变更，无法随气象和用户需求进行调节。

图5-21　广州居民的简单外遮阳方式

活动式遮阳具有最好的遮阳效果，遮阳的程度也可以根据居住者的意愿进行调节。但由于易受风雨损坏，加之安装与维修较为困难，目前在国内应用的并不普遍。但它是今后遮阳技术发展的主要方向之一。

按构造的形式，还可以将遮阳分为水平遮阳、垂直遮阳、挡板式遮阳、外置卷帘以及遮阳篷等。

5.4.2.1 水平遮阳

住宅建筑中最常见的遮阳形式是固定式水平

遮阳（如图5-22所示）。在不同的太阳方位角和高度角状况下，遮阳构件产生的阴影区也随之改变。因此，水平遮阳时要仔细考虑不同季节、不同时间的阴影变化。水平式遮阳板适宜于遮挡从窗顶上面射来的太阳，因此在低纬地区或夏季，由于太阳高度角很大，建筑的阴影很短，水平遮阳就足以达到很好的遮阳效果。对于北京来说，宜用于南向或东南、西南的房间。

水平遮阳板的种类有实心板，也有栅形板、百叶板等，可以离墙或靠墙。栅形板、百叶板及离墙的实心板则有利于通风、采光及外墙面散热。设计时，应利用冬季、夏季太阳高度角的差异确定出合适的出檐距离，使得屋檐在遮挡住夏季灼热阳光的同时又不会阻隔冬季温暖的阳光。

图5-22　水平遮阳

5.4.2.2　垂直遮阳

垂直遮阳在商业建筑中应用较多，居住建筑较少。决定垂直遮阳效果的因素是太阳方位角，由于它适宜遮挡从窗侧面射来的阳光，能够有效地遮挡高度角很低的光线，因此适合用于东西方向和北向。根据遮阳和立面处理需要，垂直板可以做成倾斜式的（与房间进深方向倾斜）或垂直式的（如图5-23所示）。垂直遮阳往往对室内视角有一定影响。

垂直式

倾斜式

图 5-23 垂直遮阳

图 5-24 综合式遮阳

5.4.2.3 综合式遮阳

兼有水平遮阳和垂直遮阳的优点，对于各种朝向和高度角的阳光都比较有效。适合于东南、西南、正南向窗口的遮阳（如图 5-24 所示）。

5.4.2.4 挡板遮阳

挡板遮阳为窗口前方设置和窗面平行的挡板，或挡板与水平遮阳或垂直遮阳或综合遮阳组合而成的遮阳形式。这种遮阳特别有利于遮挡平射过来的阳光，空气流通顺畅，适用于东西向窗，但是室内视线受限。挡板的种类有实心板或者栅型板、百叶板等。挡板可以固定在窗框上，也可以活动推拉（如图 5-25 所示）。

5.4.2.5　外置卷帘

采用不透光卷帘可以把进入室内的太阳辐射能控制在 10% 以内，是一种极为有效的遮阳方式（如图 5-26 所示）。它体量小、外观简洁，控制灵活，尤其适用于东、西向窗户。

固定挡板

推拉挡板

图 5-25　不同挡板遮阳方式

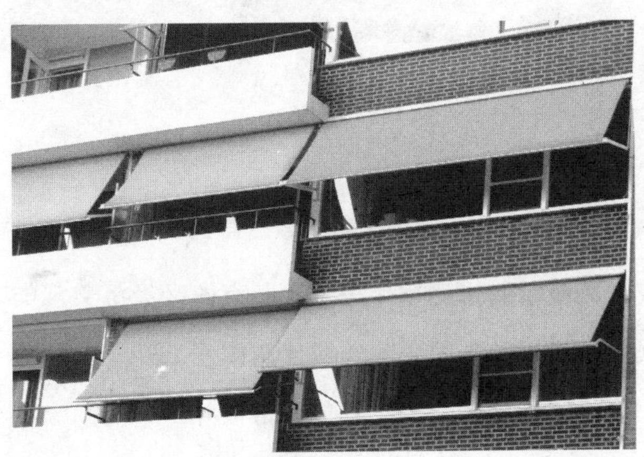

图 5-26　不同外卷帘遮阳方式

5.4.2.6 遮阳篷

在建筑外部设置遮阳帐篷，不仅可以大面积遮阳，还可以利用帐篷丰富立面。遮阳篷的材料常常是织物或铝合金，遮阳效果因其安装方式、材料和颜色而有所不同。如今专业生产的遮阳篷一般都能调节角度，以遮挡不同高度角的阳光，这使得它可以胜任任何朝向的遮阳（如图5-27所示）。

遮阳篷还为阳台、露台等提供了极好的遮阳方式，特别是当用户想要扩展户外活动空间却不愿暴露在紫外线照射下的时候。与此同时，它还为部分墙壁遮挡了太阳辐射，也有利于防止室内过热。但是遮阳帐篷的体积一般很大，收放均比较麻烦。

图5-27 遮阳篷

5.4.3 绿化遮阳

绿化遮阳借助树木或者藤蔓植物来遮阳，是一种既有效又经济美观的遮阳措施，特别适用于低层建筑。其不同于建筑构件遮阳之处在于它的能量流向。植被通过光合作用将太阳能转化为生物能，植被叶片本身的温度并未显著升高；而遮阳构件在吸收太阳能后温度会显著升高，其中一部分热量还会通过各种方式向室内传递。

绿化遮阳最为理想的遮阳植被是落叶乔木，茂盛的枝叶可以阻挡夏季灼热的阳光，而冬季温暖的阳光又会透过稀疏枝条射入室内，这是普通固定遮阳构件无法具备的优点。此外，还可以利用沿墙或者棚架生长的藤蔓植物，如图5-28所示。藤蔓植物除了可以对窗户进行遮阳外，还可以有效降低墙面温度。

图5-28 爬藤绿化遮阳

设计绿化遮阳时，应根据不同朝向的窗口选择适宜的树形，且按照树木的直径和高度，根据窗口需遮阳时的太阳方位角和高度角来正确选择树种和树形及确定树的种植位置。树的位置除满足遮阳的要求外，还要尽量减少对通风、采光和视线阻挡的影响。

5.4.4 住宅遮阳设计与安装

做遮阳设计时，应根据建筑气候、窗口朝向和房间的用途来确定遮阳的形式和种类。

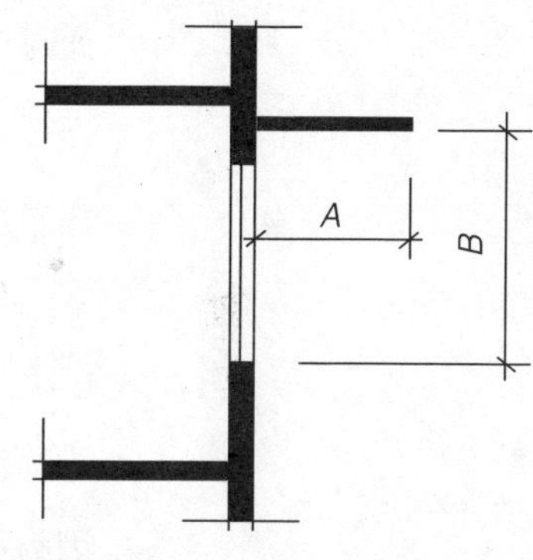

图5-29 外挑系数 *PF* 计算示意图

(1) 地理气候

在冬冷夏暖的严寒地区，如何充分利用太阳能是主要方面，一般可以不设遮阳；而中低纬度地区，就应加强夏季遮阳。以水平固定遮阳为例，定义遮阳板外挑系数（*PF*），为遮阳板外挑长度 A 与遮阳板根部到窗对边距离 B 之比，如图5-29按下式计算

$$PF = \frac{A}{B}$$

为遮挡夏季阳光直射，外挑系数必须足够大，另一方面则又希望冬季能充分利用阳光取暖，因此，同样尺寸的南向窗口，不同纬度地区其外挑系数值是不一样的。一般而言，纬度越低的地区，中午太阳高度角越大，低纬度地区的外挑系数就可以比高纬度地区的小。若窗高1.5m，遮阳距窗口上沿0.5m，通过模拟计算得到，北京地区南向水平遮阳的外挑系数一般宜为0.45左右，上海0.35，而广州则为0.25。

（2）窗口朝向

若窗口朝向不同，太阳辐射射入的热量也不同，且照射的深度和时间长短也不一样。

夏季来说，北窗传入室内的热量是最小的。东、西窗的传热量虽然差不多，但东窗传入热量最多的时候是上午7时至9时左右。这时，室外气温还不高，室内积聚的热量也不多，所以影响不显著。西窗就不一样，它传入热量最多的时间是下午3时左右。这时，正是室内外温度最高的时候，所以对人体热舒适性影响比较大，使人们觉得西窗比东窗热得多了。因此，西窗的遮阳比其他朝向的窗口遮阳来得重要。当东西立面未开窗时，应加强南向窗的遮阳。

遮阳形式上，水平遮阳、综合遮阳适用于南向窗户，垂直、挡板以及外置卷帘遮阳适用于东西向窗户。由于下午3点时，西向太阳高度角很低，通过模拟计算发现，西向不宜采用水平固定外遮阳，其遮阳效果甚至不如内遮阳。北回归线以南的地区，一年当中太阳绝大部分时候偏南，因此北向窗户必要时，只需在夏至前后的月份里设遮阳设施。

（3）房间的用途

一般居住建筑，阳光短时间射进来，照射不深，按国际上的惯例通常认为固定的遮阳构造成本低且维修费用低，节能效果是可靠的；而活动式遮阳因为不能保证使用者正确使用而一般不予认可。但近年来由于活动式遮阳使用上有适应季节变化的灵活性，采用活动式遮阳方案的住宅增多起来。

遮阳板的位置安装正确与否，对房间的通风及热环境的影响较大。首先遮阳设施对房间通风有阻挡作用，资料表明，一般装有遮阳的房间，其室内风速降低22%～47%左右。室内风速的减弱程度和风向与遮阳的安装有很大关系。如图5-30（a）所示，在有风的情况下，遮阳板紧靠窗上口，会使室内的风容易向上流动，不能吹到人的活动范围内，而调整遮阳板的安装方式，可以使气流下降，如图5-30（b）、（c）、（d）所示。

此外，水平遮阳板面受太阳照射后，会产生热空气上升，为了避免这

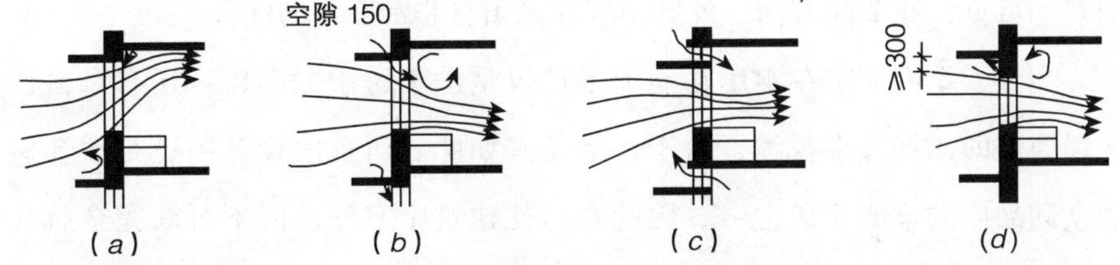

图 5-30　几种遮阳设施对室内流场的影响
(a) 水平板紧连在墙上；(b) 水平板与墙面断开；(c) 遮阳板与窗上口留有空隙；(d) 遮阳板高于窗上口

股热空气被导入室内，水平遮阳板应离开墙面一定的距离安装，使大部分热空气能够沿墙面排走，如图 5-31 所示。

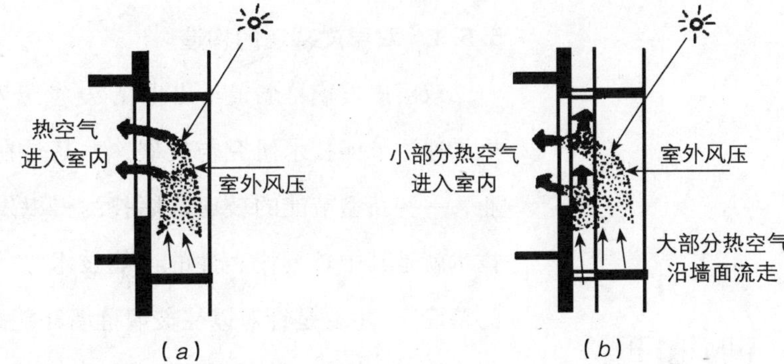

图 5-31　遮阳安装位置

使用内遮阳时，阳光照射到玻璃，并透过玻璃到达遮阳设施，使房间温度升高。如图 5-32 所示，内遮阳设施虽然可以遮挡阳光，避免太阳直接照射室内物体，但玻璃吸收和透过的所有热量全部成为室内得热。而外遮阳系统中，太阳辐射经过外遮阳设施的遮挡，只有一部分能到达玻璃外表面，因此外遮阳系统的太阳辐射得热率（HSGC）要低于内遮阳系统。一般来讲，浅色室内百叶只可挡去 17% 太阳辐射热，而室外南向仰角 45° 的水平遮阳板可轻易遮去 68% 的太阳辐

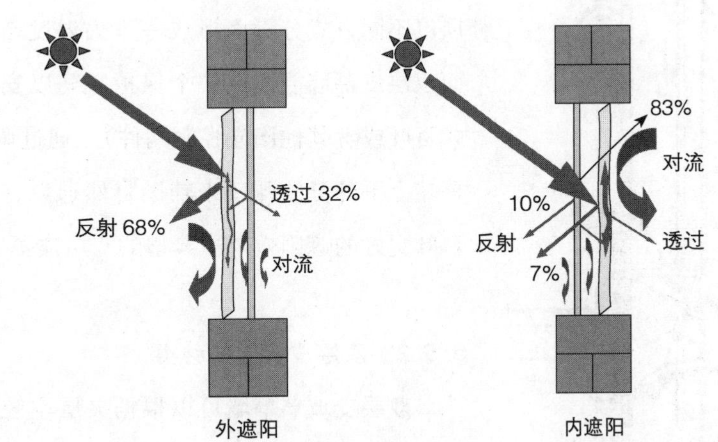

图 5-32　内外遮阳传热过程区别

射热。可见，在节能方面，外遮阳较内遮阳有非常明显的优势。

当然，室内窗帘在实用功能上不仅仅是出于遮阳的考虑，还有私密性的需要，即遮挡外来视线，对于住宅尤其如此。而且内置遮阳还是改善室内空间品质的重要手段之一，因此在居住建筑中室外遮阳不可能完全替代内置窗帘。二者同时使用，实用功能更好。

5.5 双层皮幕墙技术

5.5.1 双层皮幕墙的构造

双层皮玻璃幕墙最早出现在20世纪70年代的欧洲。世界范围的能源危机加速了节能技术研究与发展，尤其是在占社会总能耗约1/3左右的建筑业，一些新型节能的玻璃幕墙技术得以发展并广泛采用，双层皮玻璃幕墙技术就是其中较具代表性的节能技术之一。双层皮幕墙也被誉为“可呼吸的幕墙”。主要是针对以往玻璃幕墙耗能高、室内空气质量差等问题，采用双层体系作围护结构，利用夹层通风的方式来解决玻璃幕墙夏季遮阳隔热的同时，达到增加室内空间热舒适度、降低建筑能耗的目的。双层皮幕墙种类繁多，但其实质是在两层皮之间留有一定宽度的空气间层，此空气间层以不同方式分隔而形成一系列温度缓冲空间。由于空气间层的存在，因而双层皮幕墙能提供一个保护空间以安置遮阳设施（如活动式百叶、固定式百叶或者其他阳光控制构件）。通过调整间层设置的遮阳百叶和利用外层幕墙上下部分的开口来辅助自然通风，可以获得可比普通建筑使用的内置百叶更好的遮阳效果。典型的双层皮幕墙构造见图5-33。

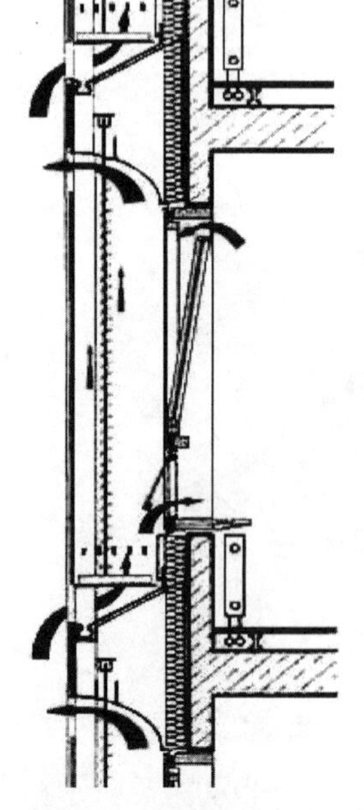

图5-33 双层皮幕墙结构图

5.5.2 双层皮幕墙的种类

双层皮玻璃幕墙可以根据夹层空腔的大小、通风口的位置、玻璃组合及遮阳材料等不同分为多种类型，以下将介绍按照构造关系进行划分的四种基本双层皮玻璃幕墙类型。

5.5.2.1 “外挂式”双层皮玻璃幕墙

这是双层皮幕墙中最简单的一种构造方式，建筑真正的外墙位于“外皮”之内300~2000mm处，其间距视建筑的平面形式、两层“皮”的构造连接方式及建筑外墙的方式而定。双层皮之间的空间既不做水平分隔，也不做竖向分隔。测试结果表明，这种幕墙系统对隔绝噪声具有明显的结果，但因“双层皮”之间的气流缺乏组织，故对改善建筑的热环境并无明显作用。这种幕墙往往用于城市嘈杂的环境中，以隔绝噪声为主要目的。但是，由于双层皮夹层空腔中没有任何分隔，建筑物相邻房间的声音可能通过空腔相互传播。

如果希望以双层皮幕墙系统改善室内热环境，则应对此类幕墙两侧及上下作竖向封闭，同时在建筑物顶部的立面上檐及底部的下檐处设置进、出风调节盖板。冬天盖板关闭，双层皮间的空气在阳光辐射下可形成温度缓冲层，减少了室内、外温差，进而可以降低建筑外立面的传热量。夏天，打开上、下调节盖板，利用双层皮夹层空腔内外温差形成的“烟囱效应”，可通过对流方式带走蓄存在夹层空腔内的太阳辐射热，减少了太阳辐射进入室内的热量。

若将“外皮”设计为可转动的单反玻璃页片，则此“外皮”也可作为可调节的遮阳及自然通风系统。意大利著名建筑师Renzo Piano设计的位于柏林波茨坦中心的DEBIS办公楼便是采用的此种技术策略，电脑控制的单反玻璃百叶可以实现自动调节。在夏季和大部分过渡季时均可以将“外皮”完全打开，建筑物室内可以获得良好的自然通风效果，大大降低了商业建筑的空调能耗。如图5-34所示。

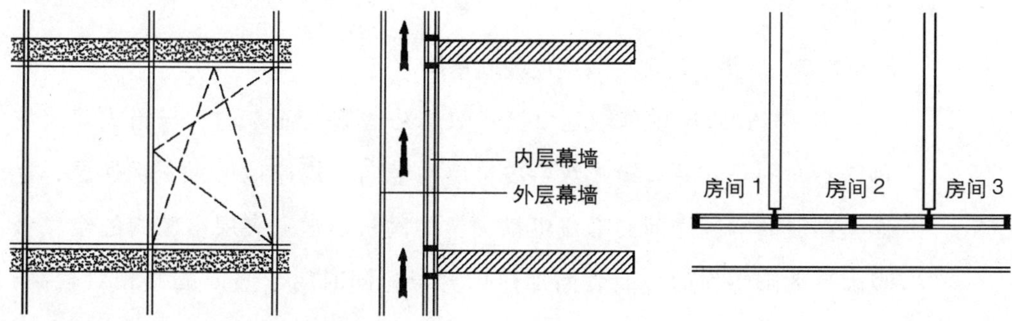

图5-34　外挂式双层皮幕墙示意图

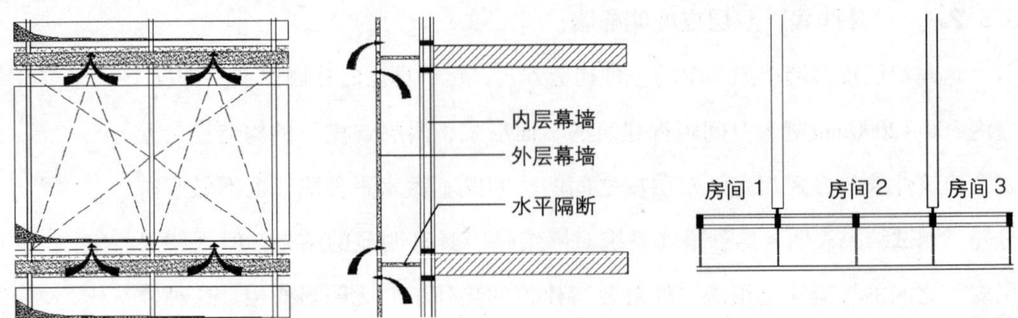

图 5-35 箱式双层皮幕墙示意图

5.5.2.2 “箱式”双层皮玻璃幕墙

箱式双层皮幕墙是由最早的双层围护结构雏形 Airflow—Window 变化而来的。它主要由一个带有内开窗扇的框架组成，由单层玻璃组成的外层幕墙上下部位均设置有开口，室外的空气可以通过开口进入双层玻璃幕墙的夹层空腔，空腔内的空气也可以从开口处排出，通过外层幕墙的开口和内层幕墙的内开窗就可以实现双层皮空腔与室内、外之间的自然通风了。如图 5-35 所示。

双层皮夹层的空腔将沿着结构柱或者是房间进行水平分隔，而垂直方向则每楼层或者沿窗户高度进行分隔，这些分隔将建筑外立面划分为许多独立的单元，因而也称之为“单元式”双层皮幕墙，这些单元的划分将有助于避免声音和气味在单元之间或者是房子之间窜行。因此该种幕墙通常用在对隔声有较高要求，或者对房间私密性要求很高的建筑中。

5.5.2.3 “井—箱式”双层皮玻璃幕墙

井—箱式双层皮幕墙是由箱式双层结构演变而来的。与箱式双层皮幕墙不同的是：井—箱式双层皮幕墙在竖向有规律地设置了贯通层，这样，在玻璃空腔之间便形成纵横交错的网状通道。夹层空腔内的空气被吸收了太阳辐射的玻璃表面加热后升温，同时由于竖向的井相对较高，会导致很强的“烟囱效应”，这种效应加速了双层皮空腔内空气的竖向流动。由于该种结构的排风口布置在建筑物的上部，与立面上进风口有较远距离，故可以杜绝空气“短路”的可能，在冬天则可以关闭或减少进风口，减缓“井”内空气流动，以形成适宜的温度缓冲区。如图5-36所示。

井—箱式结构获得很强的“烟囱效应”仅需要较少的立面开口面积，这也使得该幕墙结构可以有效地减少室外噪声进入室内。尽管我们知道“烟囱效应”会随着高度的增加而加强，但在实际使用中，这种井—箱式双层幕墙的高度也是有限制的。这是因为，虽然“烟囱效应”增加了空腔内的空气流动，同时也使得上部建筑幕墙夹层内部的空气温度过高，影响了这部分建筑的使用，因此，该种结构的双层皮幕墙通常用在底层或者多层建筑中。此外，要想使得每个单元具有相当的通风冷却效果，各个单元之间的通风口大小尺寸需要仔细设计。

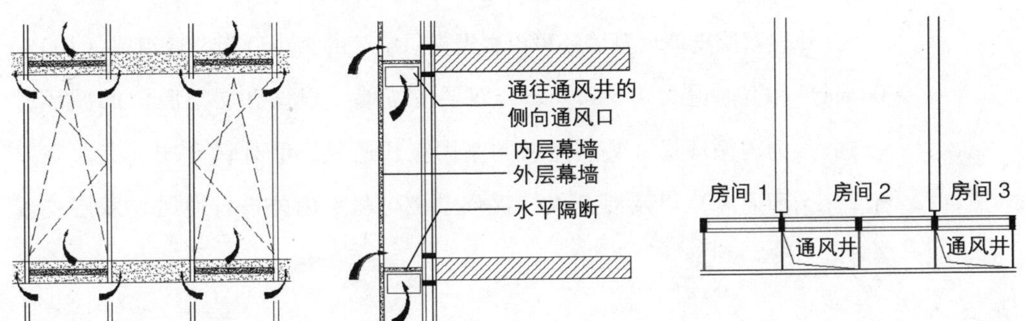

图5-36 井—箱式双层皮幕墙示意图

5.5.2.4 “廊道式”双层皮玻璃幕墙

廊道式双层皮幕墙系统是以一层为单位进行水平划分的。双层皮夹层的间距较宽，0.6～1.5m不等，在建筑外侧每层均形成外挂式走廊，因此也称之为“廊道式”双层皮幕墙。在每层楼的楼板和天花板高度分别设有进、出风调节盖板。这种构造最初的设计是将立面上的进、出风口对齐设置。这种做法有一个明显的问题，即下层走廊的部分排气又部分变成了上层走

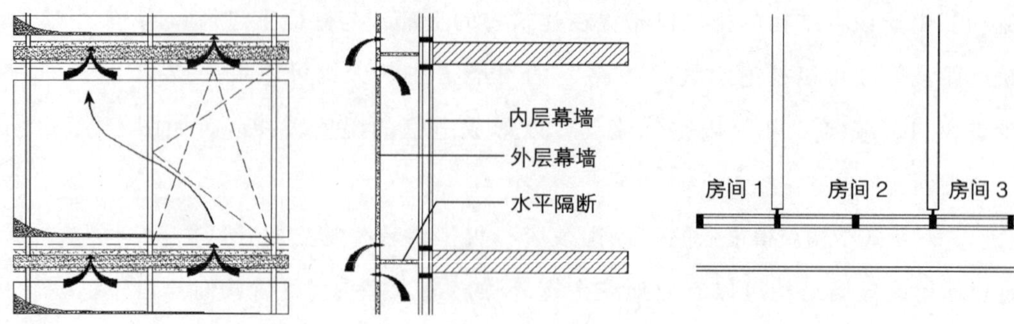

图 5-37　廊道式双层皮幕墙示意图

廊的进气，这无论对空气质量还是温度缓冲效果都会产生负面影响。改进后的进、出风口在水平方向错开一块玻璃分隔的距离，避免了进、排气的“短路”。此外，需要注意的是，由于该结构的双层皮幕墙并没有水平分隔，许多房间将通过双层皮夹层空腔连接在一起，在设计时需要考虑到房间窜声和防火分区的问题。如图 5-37 所示。

此外，双层皮玻璃幕墙还可以根据夹层空腔的大小分为窄通道式（100～300mm）和宽通道式（>400mm）双层皮幕墙；根据夹层空腔内的循环通风方式分为内循环式（夹层空腔与室内循环通风）和外循环式（夹层空腔与室外循环通风）以及混合式（夹层空腔可与室内外进行通风）双层皮玻璃幕墙。

5.5.3　双层皮幕墙的特点

由于双层皮幕墙自身构造的特点，如具有双层或者双层以上的结构层，具有可调节围护构件，如可调节进出风口、可旋转遮阳百叶以及可开启内窗等，使得这种新型的幕墙结构具有明显优于传统单层玻璃幕墙的热工性能（包括保温、遮阳、通风等）。

5.5.3.1　保温性能

双层皮玻璃幕墙的保温性能由两部分决定，一是幕墙玻璃本身的保温性能，二是幕墙框架的断热性能，此外，两侧幕墙中间的空气夹层也可起到一定的保温作用。首先，对于中空玻璃来说，其热阻主要与空腔的间距、玻璃表面的红外发射率以及填充气体的性质有关。一些高性能的中空玻璃采用镀 Low-e 膜和充惰性气体（如氩气）等措施可以将玻璃的传热系数 K 值降至 1.6W/(m^2·K)。将高性能中空玻璃与单层玻璃幕墙组成的双层玻璃幕墙可以将传热系数 K 值进一步降到 1.3W/(m^2·K) 以下。其次，由于双层皮幕墙具有较大的厚度，其幕墙框架结构的断热性能也要优于常规的单层玻璃幕墙。

此外，根据 4.5 节中对围护构件净得热的相关分析，在评价透明围护结构的保温性能时，不仅要考虑表征其传热特征的传热系数 K 值，而且还要考虑影响其太阳辐射得热的玻璃的种类，当地气候特征（温度、太阳辐射量），甚至还与建筑物立面的朝向有关。图 5-38 表示了北京地区不同朝向的双层皮幕墙与单层幕墙的当量传热系数 K_{eq} 的关系。

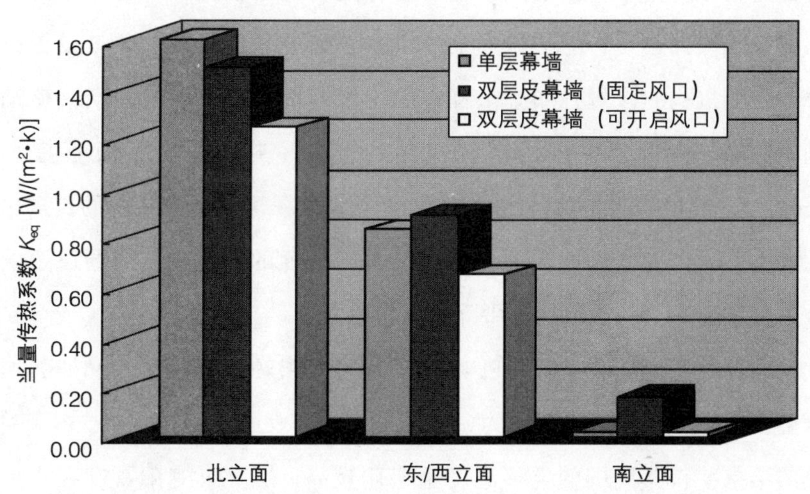

图 5-38　双层皮幕墙当量传热系数

注：图中的单层幕墙为传热系数 K=2.0 的镀膜中空窗；当量传热系数 K_{eq} 为考虑太阳辐射得热后的立面当量传热系数，由于透明构件都不同程度有太阳辐射热透过，因此 K_{eq} 一般要小于 K。

由上图可以看出，双层皮幕墙的当量传热系数并不总是小于单层幕墙，对于外层幕墙开口不可调节的双层皮幕墙，其综合保温性能不一定好于单层幕墙。而具有可调节风口的双层皮幕墙的保温性能相比较单层幕墙来说，其保温性能的提高是有限的，通常情况下可以提高0~20%不等，提高的比例不仅随朝向的不同而异，还与双层皮内层幕墙的保温性能有关，内层幕墙的保温性能越高，其整体保温性能提高的比例就越少。

5.5.3.2 隔热性能

从隔热性能方面考虑，在所有遮阳方式中，内遮阳是最不利的一种遮阳方式，过多的太阳辐射虽然被遮阳帘直接挡住了，但这些辐射热量除部分被反射到室外，大部分被遮阳帘和玻璃吸收后通过辐射、对流等方式重新进入室内。对于双层皮幕墙存在同样问题，尽管夹层空腔的百叶挡住了太阳辐射，但被百叶和夹层玻璃吸收的热量同样会蓄存在夹层内，如何有效地将这部分热量带走将直接影响双层皮幕墙的隔热性能。

首先，保持夹层空腔空气具有很好的流动特性很重要，也就是夹层空腔内的空气被加热后，能够快速地排走。而夹层宽度、进出风口设置以及夹层空腔内机构的设置，如遮阳百叶的位置等都会对夹层内的空气流动有影响。例如，为保证夹层内空气流动的顺畅，夹层宽度一般不宜小于400mm，在有辅助机械通风的情况下，夹层宽度是可以适当减少的；进出风口的大小尺寸以及所处立面的位置也会不同程度的影响空气流通通道的阻力，这将在下一节的通风特性中介绍。

还有，由于夹层内遮阳百叶具有较高的太阳辐射吸收率，例如普通的铝合金百叶的太阳辐射吸收率为30%~35%，其表面温度会很高，由于对流换热的结果使得其周围的空气温度也会比较高。因此，遮阳百叶在夹层中的位置将影响着夹层空气温度的分布。一方面我们不希望它靠近内层幕墙，因为这样的话，高温的空气会通过对流方式向内层幕墙传递热量；而另一方面，由于通风排热的需要，遮阳百叶也不能太靠近外层幕墙。所以遮阳百叶在夹层中的理想位置推荐位于离外层幕墙1/3夹层宽度的地方。为了避免遮阳百叶与外层幕墙之间过热以及获得有效的通风降温效果，一些幕墙研究机构推荐的遮阳百叶与外层幕墙的最小距离为150mm，图5-39显示了如此设置遮阳百叶的双层皮幕墙夹层的典型温度分布曲线。

此外，玻璃的种类、组成以及遮阳百叶的反射特性等也会影响双层皮幕墙的隔热性能。

5.5.3.3　通风性能

双层皮幕墙通风特性包括夹层空腔与室外的通风及夹层空腔与室内的通风。前者主要发生在炎热的夏季和无需过多太阳辐射热进入的过渡季，其目的是为了减少双层皮幕墙系统的整体遮阳系数，缩短建筑物空调的使用时间；而后者往往与前者同时发生，即实现了室内与室外间接自然通风，这不仅有利于减少室内的空调能耗，而且还有助于获得好的室内舒适度——人们对自然通风的需求。

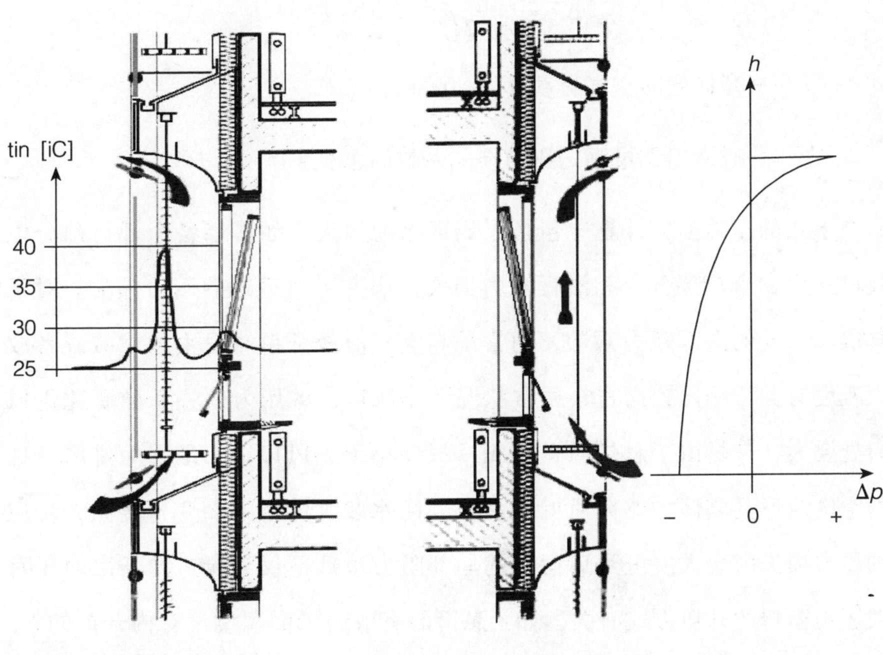

图5-39　温度分布　　图5-40　压力分布图

双层皮幕墙的通风主要是依靠烟囱效应引起的。烟囱效应也即热压效应，是由于空气被加热升温后，密度减小而上浮的一种现象。双层皮幕墙为这种烟囱效应提供了很好的例证，很强的太阳辐射被双层皮幕墙夹层中的遮阳百叶和外层幕墙幕墙吸收后，通过对流换热的形式重新释放到夹层的空气中，使得夹层空气被加热升温并超过室外空气温度，由于内外空气的密度差，在双层皮幕墙下部进风口处会形成一个负压，上部的出风口处形成一个正压，假设外部空气为零压的话（参看图5-40）。在这样压差的驱动下，室外空气将从下部的进入口进入到夹层并从上部的进风口排出，从而形成双层皮幕墙与室外的自然通风现象。

由于上述压力的存在，在两端开口的夹层空腔内会形成空气流动，空气流经一定的通道时所产生的压力损失则与两端开口处的压力差相等，而空气流动所造成的压力损失由下式计算得到：

$$\Delta P_{\text{loss}} = \frac{1}{2}\rho v^2 \times \sum \zeta$$

式中 v——开口处的空气流动速度，m/s；

$\sum \zeta$——通道内无量纲的压力损失系数的总和。

上式的压力损失计算中包括了局部阻力损失，如幕墙各个开口部分以及可开启的窗户部分，和沿程阻力损失，如夹层通道内的压力损失。对于幕墙开口处的局部阻力系数，通常是与空气流经开口时发生的缩减或者放大程度有关。相比较而言，通常状况下排风口处的压力损失系数要比进风口处要大，一是由于总排风口面积一般要小于进风口，二是因为排风口处的空气流形受到诸如遮阳百叶装置以及防水装置的阻挡而变得复杂，对应的压力损失就会大。可开启窗户的局部阻力系数不仅与窗户的开启面积有关还与窗户的开启方式有关，如上悬窗的有效通风面积就没有内开窗的大。对于夹层通道内的沿程阻力损失，相关研究表明，当夹层通道不小于400mm、遮阳百叶遵循放置离外层幕墙1/3处原则时，其沿程的压力损失可以忽略不计。

5.5.3.4　其他

除了具有较好的热工性能外，双层皮幕墙还具有较好的隔声与采光性能，由于比常规单层幕墙多了一层围护结构，其大概可以提高7dB（A）的隔声量，这对地处嘈杂市区的建筑来说是非常有用的。由于双层皮幕墙具有更好的保温隔热效果，这可以让建筑师采用大面积的玻璃幕墙设计，而获得更好的室内采光效果。

同时也应该看到，由于双层幕墙技术较复杂，又多了一道外幕墙，因此工程造价会较高。此外，由于建筑面积由外墙皮开始计算，建筑使用面积要损失2.5%~3.5%，开发商应注意这一经济指标。

5.5.4　双层皮幕墙在住宅中的应用

双层皮幕墙工程造价较高，因此多用于商用建筑或者是办公建筑。但随着建筑科技的发展和建筑节能水平的提高，这种节能效果显著的新型幕墙结构也开始出现在住宅建筑中。如近两年在北京出现的高档住宅公寓——北京天亚花园、北京公馆。其中北京天亚花园采用的是单元式外循环双层皮幕墙结构形式，即内层为中空玻璃幕墙，外层为点支式单层玻璃幕墙，每层设置有进出风口，利用双层幕墙夹层的烟囱效应来实现自然通风，从而达到遮阳隔热的目的。双层幕墙夹层为获得较好自然通风效果，其两层幕墙的间距不能太小，该项目中采用的是450mm。而北京公馆则是定位为豪宅的高档住宅，高昂的工程造价使得其可以将整个“公馆”的立面全部采用双层皮幕墙结构，夹层中的遮阳系统可以根据室外的光照强度进行自动调节，此外，特别设计的强制通风，在温差造成的自然空气对流基础上，于通风口加装专用鼓风机进行强制通风，这样，即使在内墙窗全部打开的前提下，幕墙间的空气流通依然顺畅。但是，应该注意，通风口处存在的机械通风装置在一定程度上会增加自然通风时的阻力。

5.6 相变材料在住宅节能中的应用

5.6.1 相变蓄能材料介绍

物质的存在通常认为有三态，物质从一种状态变到另一种状态叫相变。相变过程一般是一个等温或者近似等温的过程，相变过程中伴有能量的吸收或释放，这部分能量称为相变潜热。相变潜热一般较大，以水为例，固液相变融解热为 80kcal/kg，而水的比热只有为 1.0kcal/(kg·℃)。相变过程是伴随有较大能量吸收或释放的等温或近似等温的过程，这是其具有广泛应用的原因和基础。图 5-41（*a*）是相变过程升温过程的温度－时间曲线示意图，图 5-41（*b*）是一种相变材料潜热与混凝土、水等 5℃ 温差显热的比较。可见，相变潜热在一定温度范围内的等效比热远远大于普通材料的显热。

相关研究表明，材料的变物性（即材料的导热系数尤其是比热随温度变化）可以改善建筑围护结构性能，使全年室温曲线在冬季或夏季更靠近舒适区，从而显著节约建筑采暖或空调能耗。相变材料是一种典型变比热

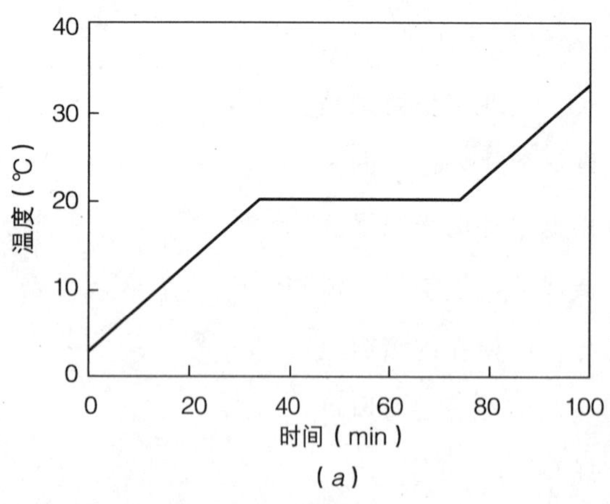

(*a*)

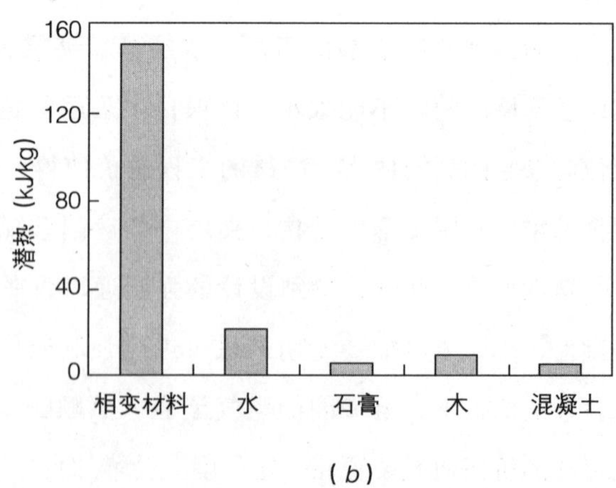

(*b*)

图 5-41　相变材料热特性

(*a*) 相变过程的温度－时间曲线；(*b*) 相变材料潜热与普通材料显热的比较

材料。在材料相变温度段内（温度段往往很窄），材料发生相变时会吸收或释放大量的热量。这一特性反应在比热特性上就是在相变温度附近，材料比热呈现很强的非线性特征。如将具有合适相变温度范围的相变材料用作建筑围护结构，建筑热工性能可显著提高，大大减少建筑物的采暖和空调能耗。

5.6.2 相变材料在建筑中的应用形式

相变材料在建筑中的应用形式主要为以下三类：1）冬季白天利用太阳能蓄热，夜晚释热，提高冬季夜间室内温度，减少建筑冬季夜间采暖能耗，对此类应用，合适的相变温度一般在15~20℃，相变温度过高，热蓄不进去，相变温度过低，室温又无法满足舒适要求；2）我国一些地区，夏季昼夜温差较大，利用夜间通风结合建筑围护结构蓄冷可以调节建筑室温，提高室内舒适度，降低空调能耗，是实现低能耗、环保型和可持续发展的一种建筑环境控制新途径；3）利用夜间廉价电，转移电网高峰负荷。第一种形式属于利用相变材料进行太阳能蓄热的应用，第二种形式属于利用相变材料进行夜间蓄冷的应用，这两种形式均属于被动式蓄能应用，而第三种形式则为主动式蓄能应用。

（1）太阳能相变蓄热应用

太阳能是一种可再生能源，清洁无污染。充分利用太阳能可以降低冬季采暖能耗。但是太阳辐射受天气、时间影响比较大，利用相变材料蓄热能够增大能量的利用效率。可以直接使用相变材料吸收太阳辐射，也可利用太阳能集热器（空气集热器或者热水集热器）结合相变材料使用。利用太阳能蓄热的相变材料在建筑中有多种应用形式，如图5-42所示。

在这些应用形式中，更为常见的是利用相变材料起到蓄热的作用。其中最为常见的是“特隆布墙”，其结构如图5-43所示，它是将具有良好蓄热性能的建筑材料（混凝土或者是相变材料）置于朝阳面的玻璃幕墙后面，利用材料相变时具有很高的蓄热性能来吸收透过玻璃的太阳辐射热，然后

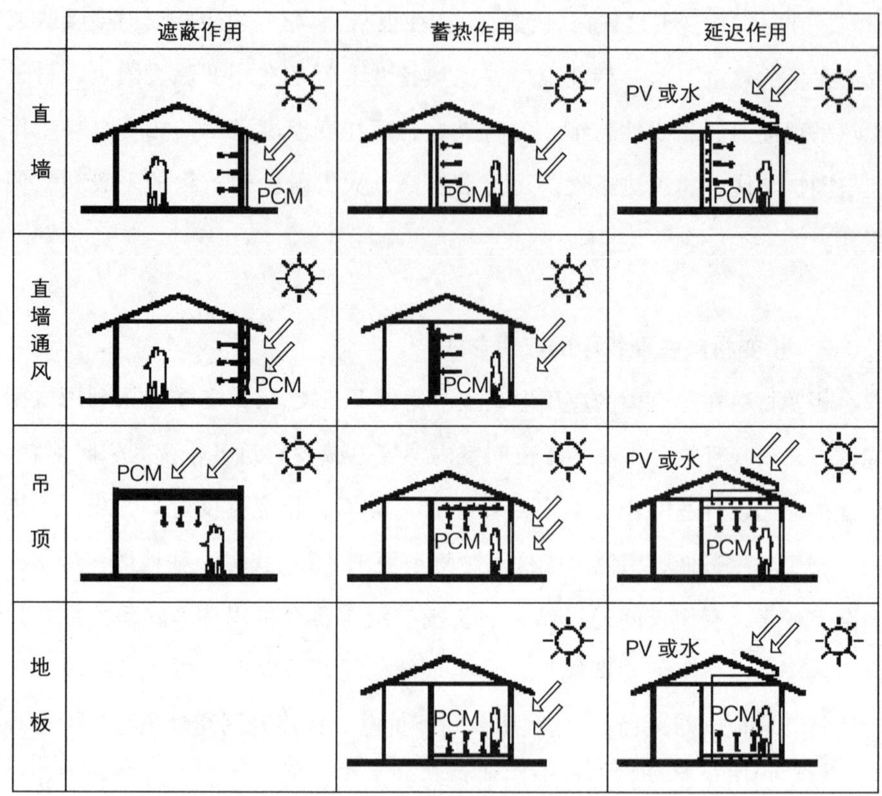

图 5-42　利用太阳能蓄热的相变材料在建筑中多种应用形式示意图

对玻璃与相变材料形成的夹层进行通风，将相变材料蓄存的热量通过对流（图 5-43*a*）或者辐射的方式（图 5-43*b*）传入室内，从而减少房间的热负荷。

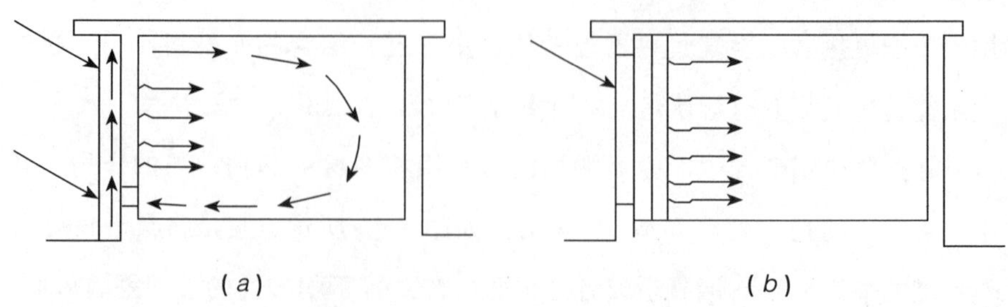

图 5-43　结构示意图

图 5-44 为被动式蓄热采暖系统在普通房间中应用的模拟结果，可见相变材料对降低室内温度波动效果明显。

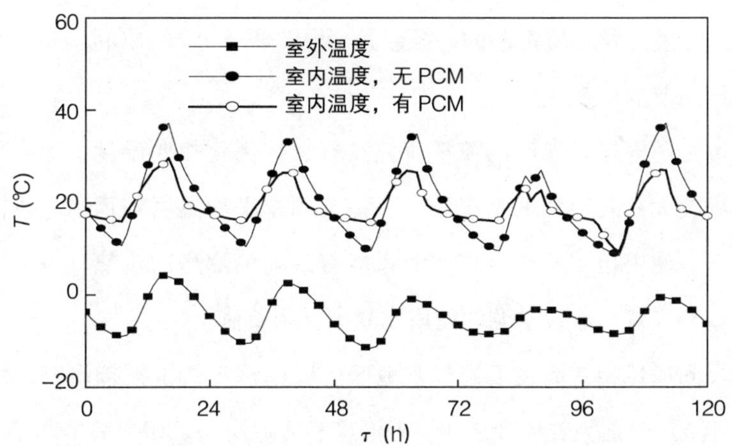

图 5-44　被动式蓄热采暖系统在普通房间中的模拟室温

（2）结合夜间通风的相变蓄能吊顶系统

图 5-45 介绍了结合夜间通风的相变蓄能吊顶系统（NVP 系统）的运行原理。夜间，通过风机引进室外冷风，对相变材料蓄冷，出口空气排入室内（或者部分空气直接排出室外），同时对室内建筑围护结构蓄冷；白天，空气从室内引进相变贮能换热器，经相变材料冷却后送回室内，达到室内降温效果。其中，堆积床相变贮能换热器是系统的核心构件，可以采用各种形式的封装单元，如板式、管式以及球体堆积床形式等。

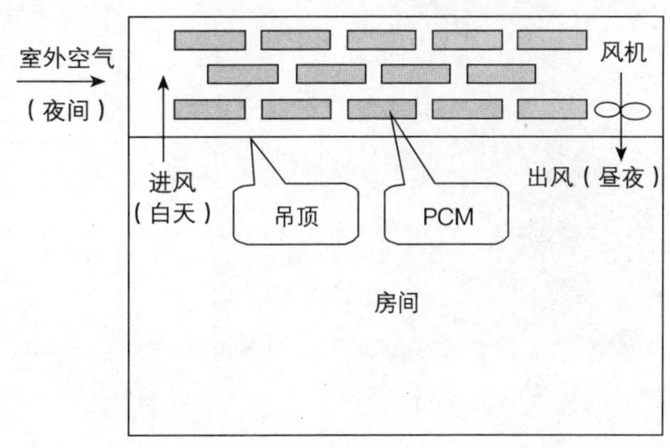

图 5-45　NVP 系统运行原理示意图

为合理布置系统，减少占用空间并考虑美观因素，将相变贮能换热器安装在房间吊顶与上层楼板之间的空间内。同时，通过选择合理的结构形式及传热单元的体表比，可以避免相变材料的析出及分层问题。

(3) 结合夜间通风的相变蓄能墙

在我国部分地区，夏季昼夜温差较大，利用夜间通风结合相变材料建筑围护结构蓄冷可以调节建筑室温、提高室内舒适度、降低空调能耗，是实现持续发展建筑环境控制的一条新途径。如图5-46给出利用相变墙体对室温进行调节的示意。

通过对不同气候地区的模拟研究发现，在优化相变温度、适当使用保温且采用较大夜间通风的情况下，一些空调季平均温度较低、昼夜温差较大的地区，使用相变墙结合夜间通风能有效地消除房间过热现象，提高房间热舒适性，从而取代空调的使用或减小空调负荷。

对夜间通风相变墙在不同气候地区的适用性进行了模拟研究，图5-47(*a*)和(*b*)分别为敦煌和广州室外温度和普通房间、相变墙房间室内环境综合温度的曲线。

可以看到，在敦煌相变墙房间降温效果明显；在平均温度偏高的广州地区几乎没有作用，不适合使用相变墙房间。更进一步的计算表明，在夏季室外平均温度超过25℃的北京、西安、上海、广州和吐鲁番地区，相变墙房间的室内舒适度提高微小甚至会降低，即仅用相变墙不能解决热舒适

(*a*)

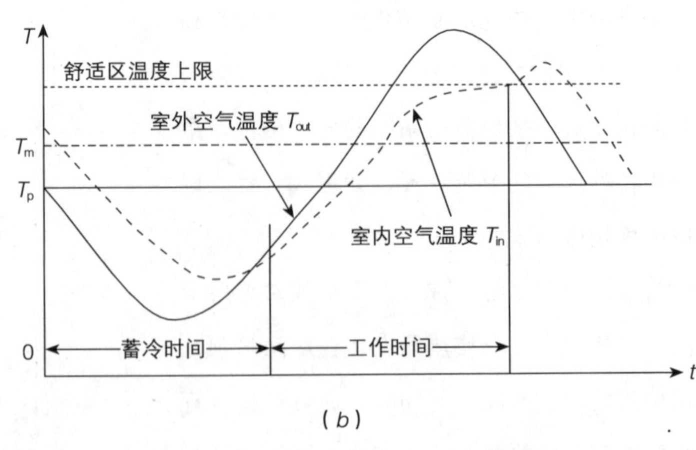

(*b*)

图5-46 相变墙体及其对室温的影响

(*a*) 一种内部可通风的相变墙体；(*b*) 利用相变墙结合夜间通风蓄冷示意图

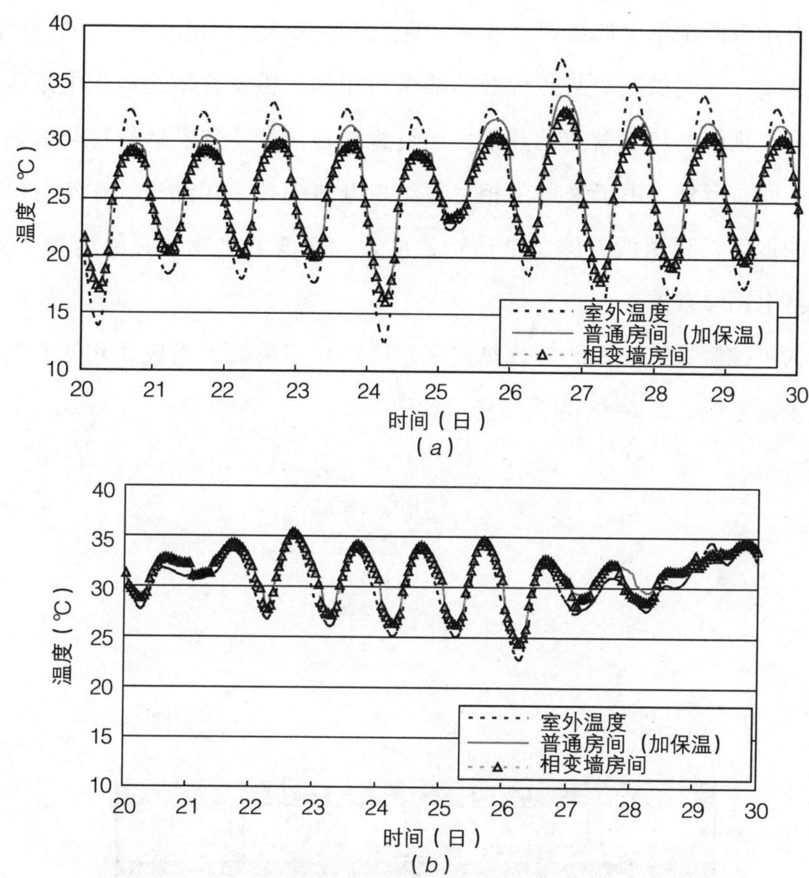

图5-47　不同气候地区7月下旬室内环境综合温度

（*a*）敦煌；（*b*）广州

问题。而在夏季平均温度低于25℃（尤其是昼夜温差超过15℃的伊宁和敦煌）的地区，相变墙房间使用效果非常明显。

（4）相变蓄热式地板电采暖系统

与传统的对流式散热器相比，地板采暖是一种舒适的采暖方式，且能节省空间[2]。因人的热舒适取决于辐射和对流的综合效果，地板采暖房间维持较低温度即可满足人的热舒适要求，减小采暖能耗且使采暖季室内相对湿度较高，舒适性更好。室内空气温度分布均匀，可减少空气对流引起的飞尘，使室内环境更加洁净。

利用夜间廉价电加热相变材料，使其产生相变，以潜热形式储存热量，白天放出给房间供暖。与传统散热器采暖相比，相变蓄热式地板电采暖系统省去了锅炉与热水管道的建设、运行管理费用，节省了锅炉房与散热器所占空间；此外，由于采用了相变蓄热与电热膜技术相结合，在实行峰谷电价的地区，利用低谷廉价电运行，可大大降低电热膜采暖的电费开支，并缓解电网峰谷差。

为了控制蓄热地板的蓄放热速率，可以采用地板下送风式相变蓄热地板电采暖系统，图 5-48 为其结构示意图。

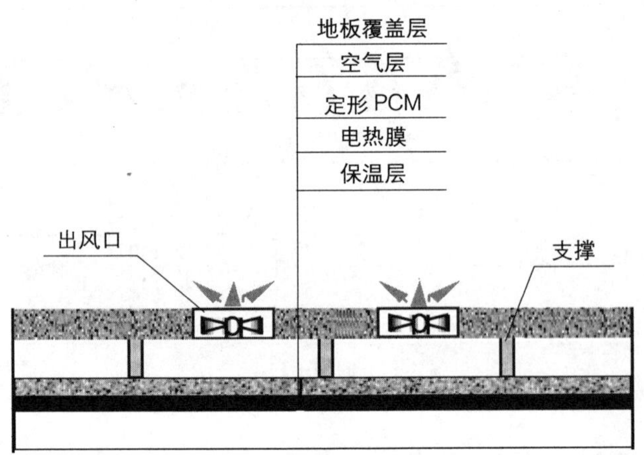

图 5-48 送风式采暖系统结构示意图

因为送风可控制，通过风口和风扇控制地板的放热速率可以更加有效地利用夜间廉价电蓄热。图 5-49（*a*）、（*b*）为此采暖系统在大连地区（平均热负荷 40W/m^2）、济南地区（35W/m^2）使用的计算结果；图 5-49（*c*）为此系统在郑州地区（28W/m^2）使用的计算结果，但选择相变温度 30℃左右的相变材料；图 5-49（*d*）为此系统在哈尔滨地区（60W/m^2）使用的计算结果，但选择厚度为 25mm、相变温度 50℃左右的相变材料。可见，此种采暖系统适用性强，应用范围广。

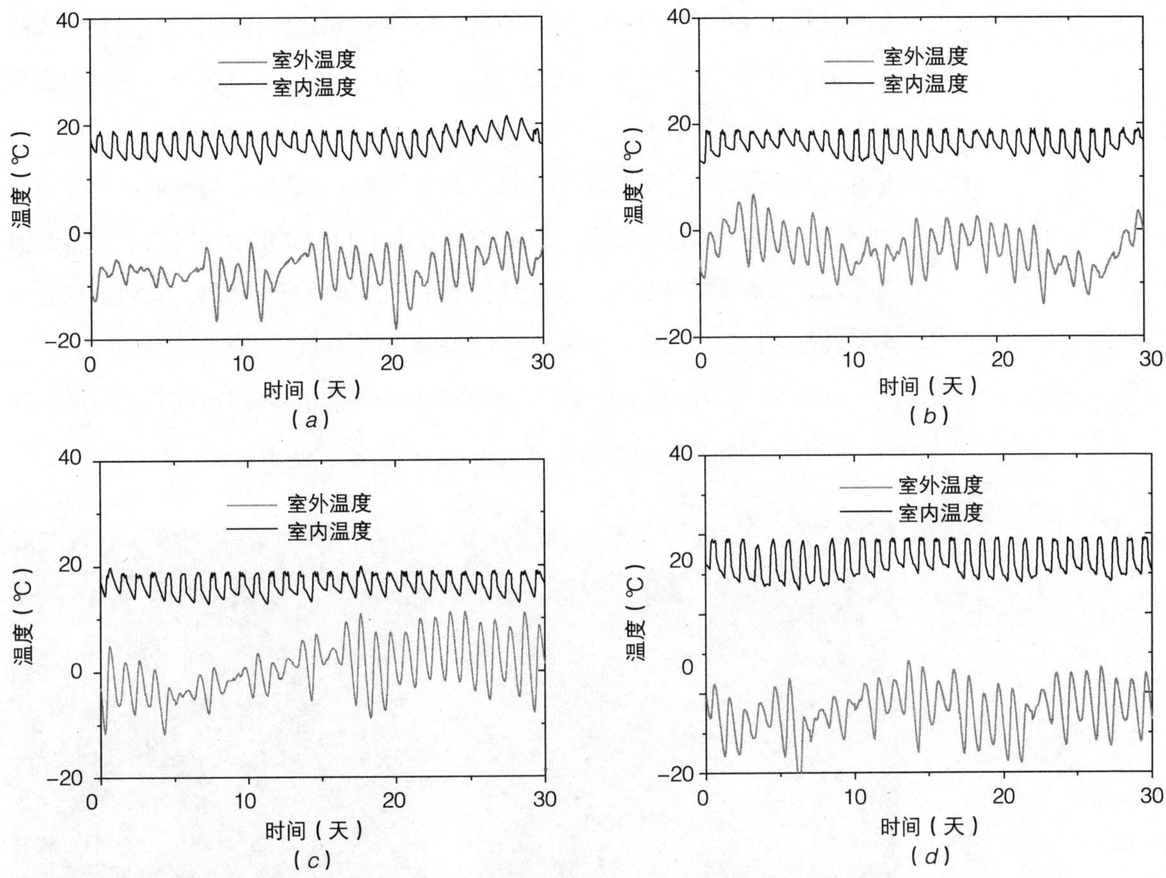

图5-49　其他气候地区使用此相变电采暖系统的室内温度（1月份）

(*a*) 大连（平均热负荷40W/m²）；(*b*) 济南（平均热负荷35W/m²）；(*c*) 郑州（平均热负荷28W/m²）；(*d*) 哈尔滨（平均热负荷60W/m²）

5.6.3　定型相变材料的应用

在建筑中采用的相变材料大多是固－液相变蓄热材料，在其发挥效用时，也必然伴随着相变过程，而对于固－液相变过程来说，本身就存在着一些很难克服的缺点。如易发生相分层、过冷较严重、蓄热性能衰退和容器价格高。为了克服材料固－液相变过程中所呈现的问题，一类新型的定形相变材料受到广泛关注与研究。这种新型的定形相变材料或者固－固相变材料在发生相变时不会产生液态因而不会发生泄漏，此外它还具有过冷程度轻、无腐蚀、热效率高、寿命长[1]等优点。

定形相变材料（shape-stabilized PCM）是由相变材料和高分子材料组成的混合蓄能材料。相变材料一般用石蜡作为芯材，高分子材料作为支撑和密封材料将石蜡包在其组成的一个个微空间中，因此在相变材料发生相变时，定形相变材料能保持一定的形状，且不会有相变材料泄漏，与普通的固液相变材料相比，它不需封装器具，减小了封装成本和封装难度，避免了材料泄漏的危险，增加了材料使用的安全性，减小了容器的传热热阻，有利于相变材料与传热流体间的换热。该种材料可制成粒状、棒状，也可制成板材。

图 5-50 为一种定形相变材料板的照片和微观电镜照片。图 5-51 是一种 20℃左右定形相变材料的 DSC 曲线，相变潜热为 80kJ/kg。

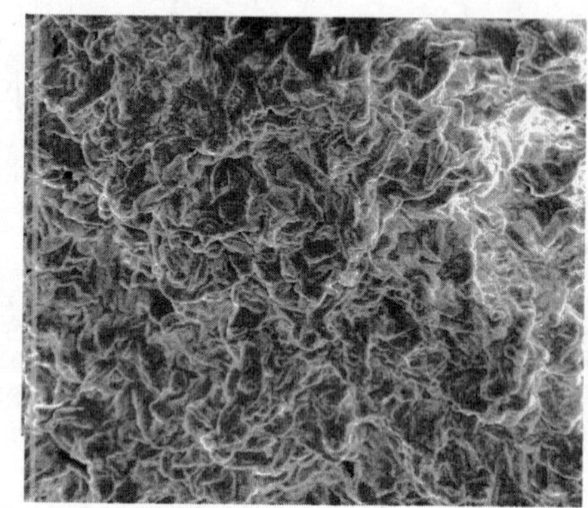

图 5-50　一种定形相变材料板照片和微观电镜照片

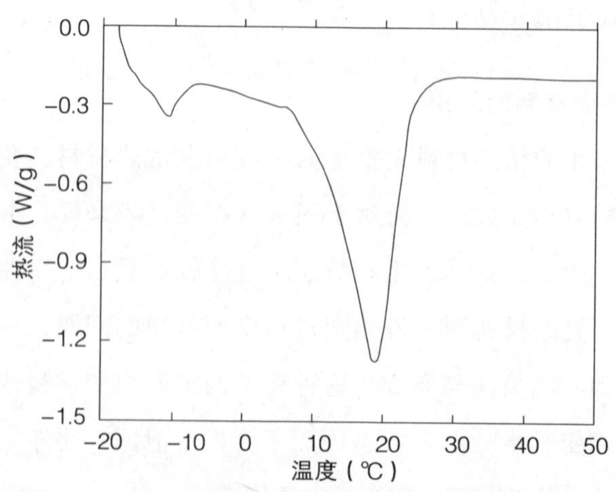

图 5-51　一种 20℃左右定形相变材料的 DSC 曲线

在清华大学超低能耗示范楼中就采用了定型相变材料的蓄能高架活动地板，如图 5-52 所示，此种地板把定形相变材料颗粒加入水泥砂浆中制成混合材料，并注入高架活动地板，可显著增大地板的蓄热密度；同时，水泥砂浆也会增强相变材料的导热系数，使其蓄放热过程更加高效，且能使地板保持较高的强度。通过改变掺混比例，可调节混合材料蓄热能力。此地板中的定形相变材料相变温度为 20℃左右，相变潜热 80～90kJ/kg，其在地板中的质量含量为 40%。

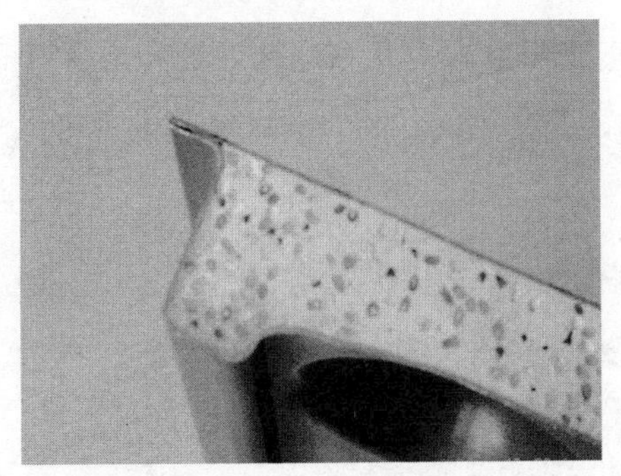

图 5-52　定形相变材料蓄能高架活动地板

蓄能高架活动地板在白天太阳辐射照射到地板上或者室温较高时吸收热量，在室温较低时放出热量。这样就可以充分利用太阳能，并使室温波动较小，房间可保持舒适并节省采暖费用。图 5-53 是使用相变蓄能地板和使用普通地板房间的模拟结果。可见，相变蓄能地板可以降低白天最高温度，提高夜间室温，节省冬季采暖能耗。

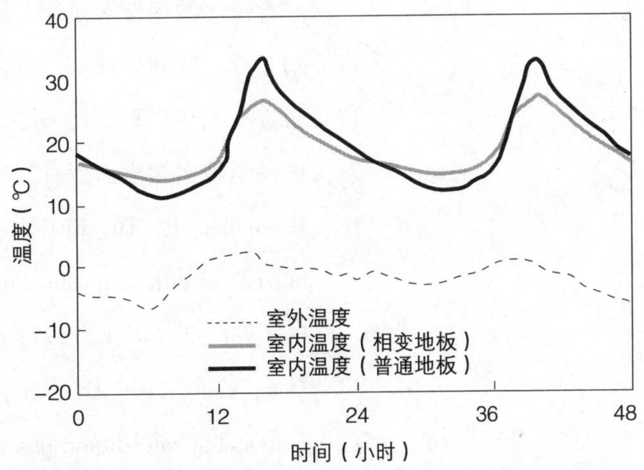

图 5-53　蓄能相变地板和普通地板房间的模拟结果

参 考 文 献

1 简毅文，江亿. 住宅建筑围护结构保温性能的确定分析. 住宅科技，2001.7，4～8

2 樊洪明，曾剑龙，简毅文，江亿. 围护结构三维导热数值仿真研究. 建筑技术

3 杨善勤. 民用建筑节能设计手册. 北京：中国建筑工业出版社，1997

4 简毅文，王苏颖，江亿. 水平和垂直遮阳方式对北京地区西窗和南窗遮阳效果的分析. 西安建筑科技大学学报. 2001.9，第33卷. 第3期，212～217

5 叶歆. 建筑热环境. 北京：清华大学出版社，1996

6 林其标. 建筑防热. 广州：广东科技出版社，1997

7 房志勇. 建筑节能技术教程. 北京：中国建材工业出版社，1997

8 张雯，张三明. 建筑遮阳与节能. 建筑设计研究，2004

9 钱平支. 镀膜玻璃与建筑节能. 云南建材，2000年3期

10 赵青扬. 漫谈建筑遮阳. 居住生活与居住文化，2002年8期

11 刘念雄. 欧洲新建筑的遮阳. 世界建筑，2002.11

12 张寅平，胡汉平，孔祥冬，苏跃红. 相变贮能：理论和应用. 合肥：中国科学技术大学出版社，1996

13 H. Inaba, P. Tu. Evaluation of thermophysical characteristics on shape-stabilized paraffin as a solid-liquid phase change material. Heat and Mass Transfer, Vol. 32, No. 4, 1997, pp. 307－312

14 Hong Ye, Xinshi Ge. Preparation of polyethylene-paraffin compound as a form-stable solid-liquid phase change material. Solar Energy Materials and Solar Cells, Vol. 64, No. 1, 2000, pp. 37－44

15 Py Xavier, Olives Pegis, Sylvain Mauran. Paraffin/porous-graphite-matrix

composite as a high and constant power thermal storage material. Heat and Mass transfer, Vol. 44, 2001, pp. 2727 – 2737

16 秦鹏华，张寅平，杨瑞，林坤平. 定形相变材料的热性能测试. 清华大学学报，Vol. 43，No. 6，2003，pp. 833 – 835

17 丁剑红，张寅平，王馨，杨瑞，林坤平. 掺杂对定形相变材料导热系数的影响. 2004 年国际可持续建筑国际会议中国区会议论文集，pp. 579 – 582

第 6 章　住宅通风节能设计

建筑物内的通风十分必要，它是决定人们健康和舒适的重要因素之一。通过通风，可以为人们提供新鲜空气，带走室内的热量和水分，降低室内气温和相对湿度，促进人体的汗液蒸发降温，改善人们的舒适感。此外还可以有效地降低建筑运行能耗。

然而，不合理的通风不仅不会改善室内热环境，还会直接导致建筑空调、采暖能耗的增加。例如，采暖地区住宅通风能耗已占冬季采暖热指标的 30% 以上，原因是运行过程中的室内采暖设备不可控以及开窗时通风不可调节①。同样，南方炎热地区，夏季夜间通风和过渡季自然通风已经成为改善室内热环境、减少空调使用时间的重要手段。因此，有效的可控的住宅通风，已经成为住宅节能设计的重要一环。

6.1　自然通风的原理及主要形式

建筑通风是由于建筑物的开口处（门、窗等）存在压力差而产生的空气流动。按照产生压力差的不同原因，建筑通风可以分为利用风压通风和利用热压通风。但对于不同类型的建筑来说，实现建筑通风的技术手段各不相同。

---

① 冬季采暖地区住宅开窗时，室内换气次数较大（远大于 0.5 ~ 1 次换气次数），热量散失严重。

6.1.1 利用风压实现通风

当风吹向建筑物正面时，因受到建筑物表面的阻挡而在迎风面上产生正压区，气流在向上偏转的同时绕过建筑物各侧面及背面，在这些面上产生负压区。风压通风就是利用建筑迎风面和背风面的压力差，通常所说的“穿堂风”就是风压通风的典型范例。

例如，当风垂直的吹向矩形建筑时，前部承受压力而两侧和后侧都处于负压区；如风向偏斜，则有两个迎风面处于正压区，而一侧及后侧为负压区。此外，即便是在迎风面上，风压系数的分布也不一致。迎风面中心处正压最大，在屋角及屋脊处负压最大，如图6-1所示。因此，当建筑垂直于主导风向时，其风压通风效果最为显著。

又如，不同的屋顶高度下风压分布情况如图6-2所示。在任何情况下，平屋顶的屋面附近为负压区，且与风向无关，其压力变化较小；当坡屋顶的坡度较小时，坡屋顶前后均为负压；而随着坡度的增加，坡屋顶前为正压，后侧则为负压。

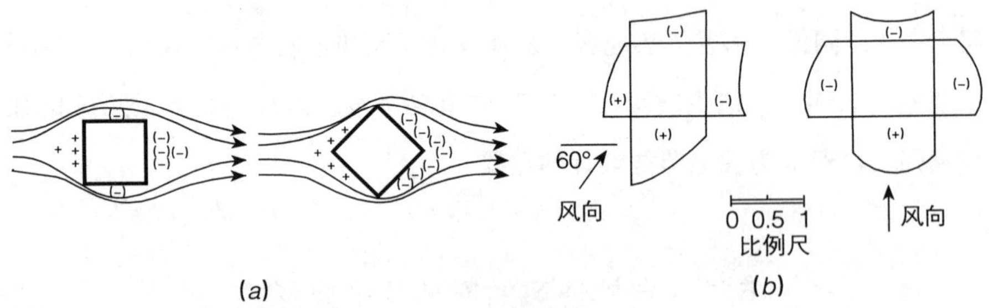

图6-1 建筑周边压力分布

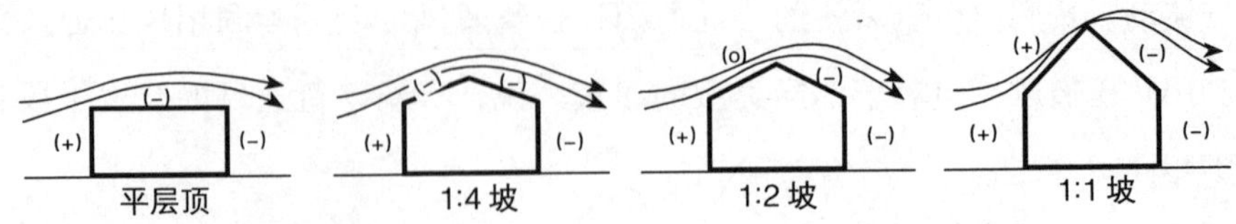

图6-2 不同的屋顶高度下风压分布

风压的压力差与建筑形式、建筑与风的夹角以及周围建筑布局等因素相关。当风垂直吹向建筑正面时，迎风面中心处正压最大，在屋角及屋脊处负压最大。因此，当建筑垂直于主导风向时，其风压通风效果最为显著。

6.1.2 利用热压实现自然通风

由于自然风的不稳定性，或由于周围高大建筑、植被的影响，许多情况下在建筑周围形不成足够的风压。这时，就需要利用热压原理来加速自然通风。

热压通风即平常所讲的“烟囱效应”。其原理为热空气上升，从建筑上部风口排出，室外新鲜的冷空气从建筑底部被吸入。热压作用与风口高度 H 的关系可以写成：

$$\Delta P_{\text{stack}} = \rho g H \beta \Delta t$$

式中 ρ——空气密度；

β——空气膨胀系数。

从公式中可以看出，室内外空气温度差越大，进出风口高度差越大，则热压作用越强。对于室外环境风速不大的地区，烟囱效应所产生的通风效果是改善热舒适的良好手段。

与利用风压通风相比，烟囱效应所产生的空气流动相对较慢，虽然可以满足换气次数的要求，然而要想达到快速蒸发制冷所需的风速，往往还需风压作补充。

6.1.3 风压与热压相结合实现自然通风

利用风压和热压来进行自然通风往往是互为补充、密不可分的。在实际情况下，风压和热压是共同作用的。两种作用有时相互加强，有时相互抵消。但到目前为止，热压和风压综合作用下的自然通风机理还在探索之中，风压和热压什么时候相互加强、什么时候相互削弱还不能完全预知。但一般来说，建筑进深小的部位多利用风压来直接通风，而进深较大的部位多利用热压来达到通风的效果。

6.1.4 住宅通风设计

一般说来，住宅建筑通风设计包括主动式通风和被动式通风两个方面，包括如何处理好室内气流组织，提高通风效率，保证室内卫生、健康要求并节约能源。具体设计时应考虑气流路线经过人的活动范围；通风换气量要满足基本的卫生要求；风速要适宜，最好为0.3～1.0m/s；通风的可控性；在满足热环境和室内人员卫生的前提下尽可能节约能源。

所谓住宅主动式通风指的是利用机械设备动力组织室内通风的方法。它一般要与空调、通风系统进行配合。而住宅被动式通风指的是采用“天然”的风压、热压作为驱动，并在此基础上充分利用包括土壤、太阳能等作为冷热源对房间降温（或升温）的被动式通风技术。

被动式通风分两类：热压通风和风压通风。热压通风的动力是由室内外温差和建筑开口（如门、窗等）高差引起的密度差造成的。因此只要有窗孔高差和室内外温差的存在就可以形成通风，并且温差、高差越大，通风效果越好。风压通风指的是在室外风的作用下，建筑迎风面气流受阻，动压降低，静压增高，侧面和背风面由于产生局部涡流，静压降低，和远处未受干扰的气流相比，这种静压的升高或降低统称为风压。静压升高，风压为正，称为正压；静压下降，风压为负，称为负压。当建筑物的外围结构有两个风压值不同的开口时就会形成通风。通常室内自然通风的形成，既有热压通风的因素，也有风压通风的原因。实际设计中，应结合气候特点，通过合理的建筑群布局、单体形式、室内空间、建筑开口（位置、尺寸、相对关系等）等，将二者有机的结合，改善室内热环境并实现住宅节能。

在我国多数地区，住宅进行自然通风是解决能耗和改善室内热舒适的有效手段，原因是：

（1）在我国绝大多数地区，过渡季室外气温低于26℃高于18℃的小时数约占 2000～3500 个小时，由于住宅室内发热量小，这段时间完全可以通过自然通风来消除负荷、改善室内热舒适状况。图 6-3、图 6-4 为北京和上海地区室外气温舒适小时数，可以看出，舒适小时数累计可达到 2200h 以上（约全年 25%）。

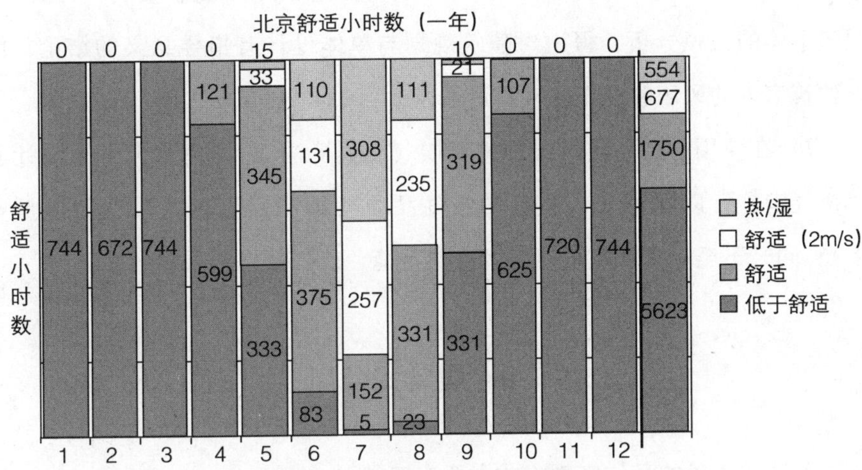

图 6-3　北京地区室外气温舒适小时数

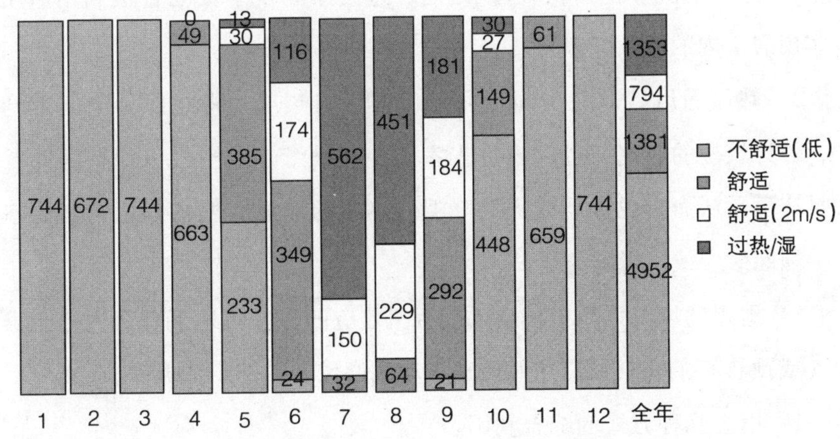

图 6-4　上海地区室外气温舒适小时数

（2）即使是室外气温高于 26℃，但只要低于 30～31℃，人在自然通风的条件下仍然感觉到舒适（但是如果设空调，则必须在26℃下才会感觉舒适）。这是所谓动态（非稳态条件下）热舒适的最新研究成果，国外研究也相继发现并认可了这一成果。

住宅通风设计的主要目标包括以下两个方面：

1）在不使用空调、供暖设备的时候（如过渡季和夏季夜间），通过对建筑单体的模拟分析，得出对建筑规划与单体设计有指导意义的结论，促进建筑室内的风压和热压驱动自然通风；

2）在使用空调、供暖设备的时候（夏、冬季），考虑如何合理设计通风换气措施，以保证室内良好的空气品质（即满足室内人员的新风量要求）；同时不至于带入室外过多的冷热负荷，以降低空调采暖的能耗。

6.2 被动式通风

被动式通风的具体实现方式主要有四种：

1）风压通风。即根据当地盛行风向合理规划设计建筑群的布局和建筑开口，有效布置室内空间和通风走向，过渡季和夏季夜间直接利用风压通风实现居室内的有效降温。

2）热压通风。即在房间上方开口处形成热压，将此部分空气带到室外，外界较冷的空气通过门窗进入室内补充被带走的空气以保持房间空气质量守恒，从而实现被动式通风降温。热压的形成主要依靠太阳房温室效应、烟囱效应或二者的结合①。

3）地道通风。采用机械抽风或烟囱效应的方式将地下埋管内经土壤预冷（或预热）的空气抽进房间实现被动式通风，如图6-5所示。

4）以上几种方式的综合利用。

被动式通风在维持传统民居夏季室内热环境应用广泛。例如，日本加

① 关于利用太阳能进行被动式通风设计的介绍请参考第8章相关内容。

藤义夫对意大利阿尔贝罗柏洛民居，伊朗、伊拉克使用通风塔的民居，以及菲律宾巢居等国外传统民居的热环境进行研究，通过定性分析，认为这些传统民居都是利用了被动式通风方式来改善室内热环境。图 6-6 给出了现代住宅设计热压通风改善室内热环境的例子。

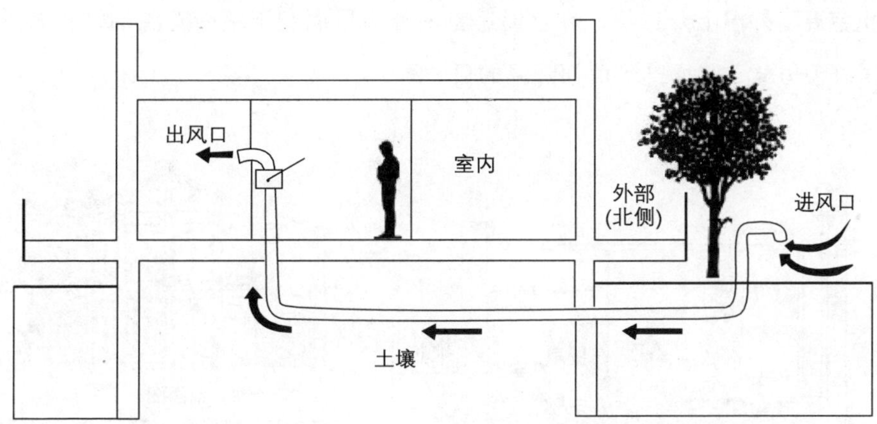

图 6-5　被动式通风降温

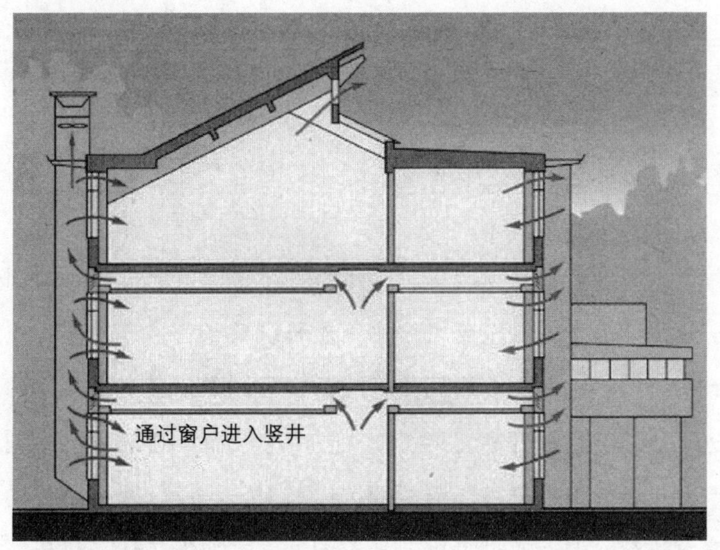

图 6-6　现代住宅自然通风设计实例（无风夏季热压通风模式）

清华大学（2000）曾对安徽皖南民居的室内热状况、自然通风状况进行了现场实测和长期监测，如图 6-7 所示。通过数据分析并与计算机能耗模拟程序（DeST）的模拟分析比较，总结得到当地传统民居合理利用自然通风和围护结构设计来有效维持民居室内热舒适的机理，即：在昼夜温差大的典型气象条件下，利用天井形成的热压通风实现白天抑制室内外通风防止室温随外温上升过快，晚上促进室内外通风而利于室内降温的被动式通风降温方式，从而达到房间降温的目的。

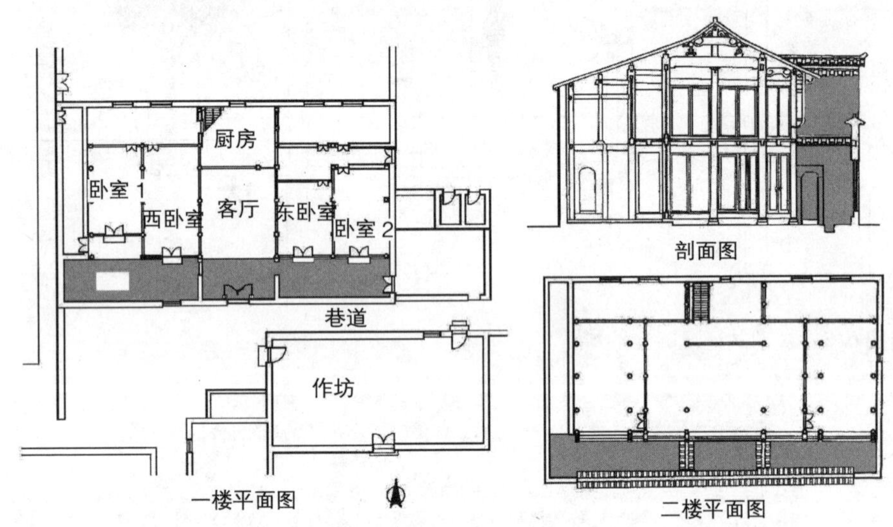

图 6-7 安徽皖南传统民居——兆兰宅

中国建筑设计研究院汤国华对广州西关小屋的被动式通风的利用进行了定性分析，认为采用风压通风和热压通风以及二者结合的被动式通风方式是导致房间散热快和影响房间热环境的主导因素。云南李莉萍调研发现云南边远干热地区建筑的冬暖夏凉的“土撑房”和“蘑菇房”是利用了太阳能采暖和土壤热惰性进行降温的原因。河南城乡设计院采用被动式通风方式对窑洞进行除湿。通过采用七种不同的方式加强热压和风压，以增大自然通风量，达到房间除湿的目的。

由上可知，不管是传统建筑还是现代建筑，都可以成功地采用被动式通风实现对房间热环境的调节并实现一定程度上的能耗节约。因此被动式通风设计是极其有现实意义的。

但需要注意，被动式通风对房间热环境的调节效果很大程度上取决于当地的气候条件（也与室内发热量有部分关系），即被动式通风降温技术属于建筑适应气候的一种调节技术，其技术动力与当地气候条件密不可分。因此在进行被动式通风降温设计时要充分考虑气象条件的影响。

6.3 改善住宅自然通风的方法

要保证室内空气质量同时实现节能，就必须组织好室内外气流，提高通风换气的有效利用率。室外清洁的新鲜空气应首先进入居室，然后到厨房、卫生间。应避免厨房、卫生间的污浊空气进入本套住房的居室，也应避免厨房、卫生间的排气从室外又进入其他房间。此外，在过渡季节及夏季早晚温度较低时候，采用自然通风来实现室内的通风换气和降低温度、带走湿气无疑是最佳的方式。然而，在冬、夏季引入室外新风就意味着需要提高供暖、空调负荷，因此住宅通风设计应寻求良好空气品质与节能之间的一个最佳结合点。

什么情况下的住宅室内换气次数可以满足良好的卫生要求？

对于自然通风的住宅，房间换气次数不应小于1次/h；按照ASHARE的推荐，对于采用机械通风的居住空间，通风系统的新风换气量可参照下式计算：

$$Q = 0.18A_{floor} + 12.6\ (N_{br} + 1)$$

式中 Q——新风量，m^3/h；

A_{floor}——地面面积，m^2；

N_{br}——卧室个数。

然而分析一下，对于四口之家、$100m^2$ 的双卧室住宅，根据上述公式计算得到的新风量不到50m^3/h，显然过小。因此建议在上述公式的基础上总新风量不低于25～30m^3/(h·人)。

在实际建筑设计中通常希望有效利用风压来产生自然通风，因此首先要求建筑有较理想的外部风速。为此，建筑设计应着重考虑以下问题：建筑的朝向和间距、建筑群布局、建筑平、剖面形式、开口的面积与位置、门窗装置的方法及通风的构造措施等。

关于建筑布局、朝向与间距等与建筑自然通风的关系已在本书第3章介绍，这里不再重复。需要注意，选择了合理的建筑群布局和房屋的合理朝向，并不等于就能够组织起良好的自然通风，还需要建筑师对房间的门窗开口、通风构造进行合理的设置。

6.3.1 住宅开口优化设计

住宅开口的优化设计包括合理的室内空间布置、适当的门窗面积和相对关系等。

开口位置和面积设置恰当，可保证室内的气流达到一定速度和流场的均匀。一般来说，进风口直对着出风口气流容易直通。然而，除非进风口开得很大，否则房间内其他地方很难受到气流影响。如果进、出风口错开互为对角，气流在室内经过的路线会长一些，影响的区域会大一些。若进、出风口相距太近，可能会出现气流短路或偏向的情况，室内的通风效果变差。如果进、出风口都开在负压区墙面一侧或者整个房间只有一个开口，则室内通风状态较差。如图6-8所示。

此外还需注意进出口的相对高度。原因是当进风口设在高处时，气流就贴着天花板流动，吹不到人的身上。只有把进风口设在较低的地方，气流才能作用到人的身上。此外，出风口的位置也会对风速产生一些影响，出风口低一些，室内的空气流动速度就会大一些。

有试验资料表明，室内的平均气流速度只取决于较小的开口尺寸，至于是进风口较小还是出风口较小，对平均流速的影响并不大。当进风口面

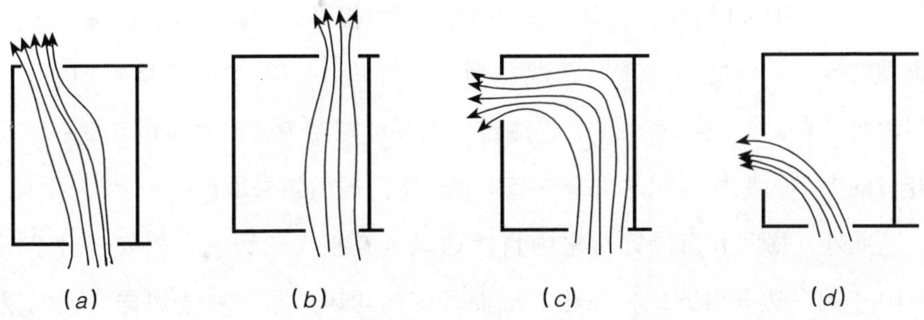

图 6-8　不同开口位置对室内气流组织的影响

积比出风口小时，进风口处的风速较大，但流场的分布不够均匀；而进风口比出风口大时，虽然最大风速比室内平均风速大不了多少，但是室内流场分布比较均匀，如图 6-9 所示。

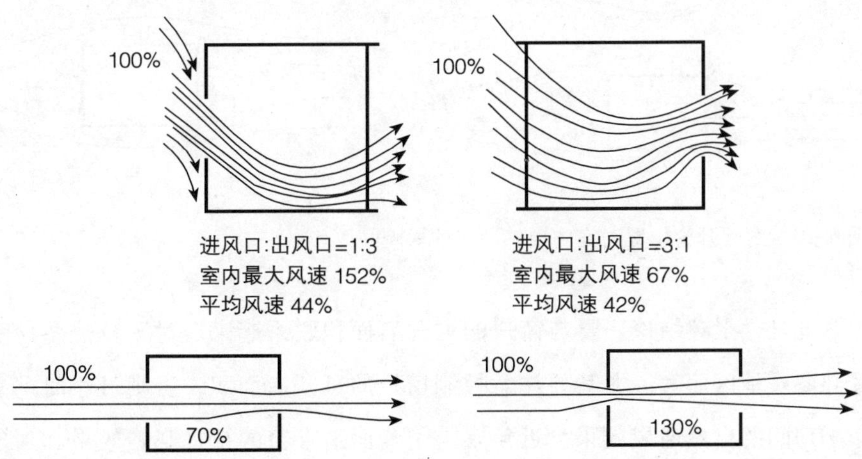

图 6-9　不同的进风口/出风口尺寸比例对室内自然通风的影响

进、出风口比例不同对室内通风状态的影响　　表 6-1

进风口面积/外墙面积	出风口面积/外墙面积	室外风速	室内平均风速		室内最大风速	
			风向垂直	风向偏斜	风向垂直	风向偏斜
1/3	3/3	1	0.44	0.44	1.37	1.52
3/3	1/3	1	0.32	0.42	0.49	0.67

从表6-1可以看出，如果进、出风口面积相等，开口越大，流场分布的范围就越大、越均匀，通风状况也越好；开口小，虽然风速相对加大了，但流场分布的范围却缩小了。据测定，当开口宽度为开间宽度的1/3～2/3，开口的大小为地板面积的15%～25%时，室内通风效果最佳。

此外，房间开窗位置对室内自然通风也有很大的影响。例如，对于图6-10中的左边开窗方式，在相邻墙面开窗的通风效果取决于风向，风向垂直于进风口的通风情况比风向偏斜的情况要好。而对于只有迎风面开窗的情况下，非对称的开窗方式要好于对称开窗方式。

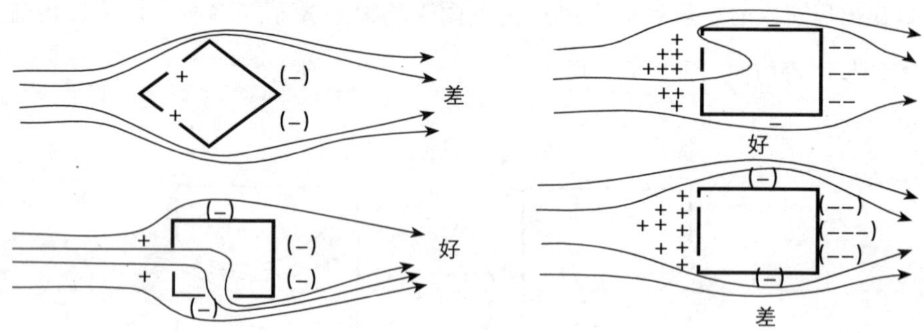

图6-10　房间开窗位置对室内自然通风的影响

此外，上述结论还要与窗户的可开启面积联系起来。对于夏热冬冷和夏热冬暖地区而言，尤其要注意控制窗户的可开启面积，否则过小时严重影响房间的自然通风效果。近年来为了片面追求窗的视觉观瞻效果和建筑立面简约设计风格，外窗的可开启率有逐渐下降的趋势，有的甚至于不足外窗面积的25%，导致房间自然通风量不足，不利于房间散热，居住者只有被迫选择开启空调器降温。建议在设计过程中，可参照《夏热冬暖地区居住建筑节能设计标准》中“可开启的外窗面积不小于房间地面面积的8%”的要求来控制外窗的可开启面积，以实现减少空调设备的运行时间，达到节能的目的。

6.3.2 构造导风

包括门窗、挑檐、挡风板、通风屋脊、内隔断等构造措施都会影响到室内自然通风的效果。

由于窗扇的开启有挡风和导风的作用，所以门窗如果装置得当，能增加通风效果。当风向入射角较大时，如果窗扇向外开启成 90°，会阻挡风吹入室内。此时，应增大开启角度，将风引入室内（图 6-11）。中轴旋转窗扇可以任意调节开启角度，必要时还可以拿掉，因而导风效果好。房间内如果需要设置隔断，可做成上下漏空的形式，或在隔断上设置中轴旋转窗，以调节室内气流，有利于房间较低的地方都能通风。落地窗、漏空窗、折门等，用在内隔断或外廊等处都是有利于通风的构造措施。

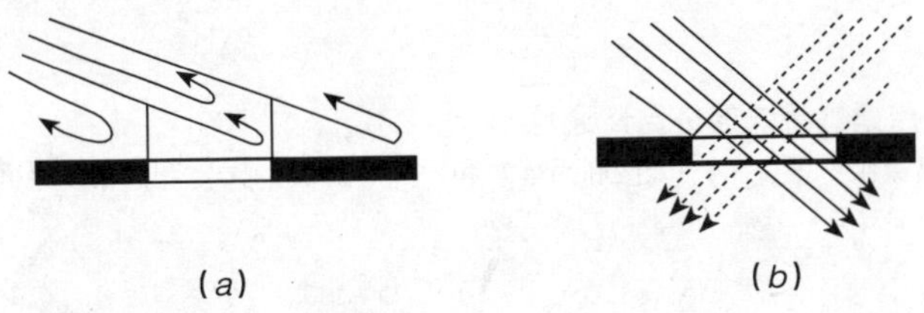

图 6-11 窗扇导风设计

图 6-12～图 6-14 分别给出了合理设计挑檐、遮阳挡风板、台阶平面以及间层等手法来改善自然通风的示例。

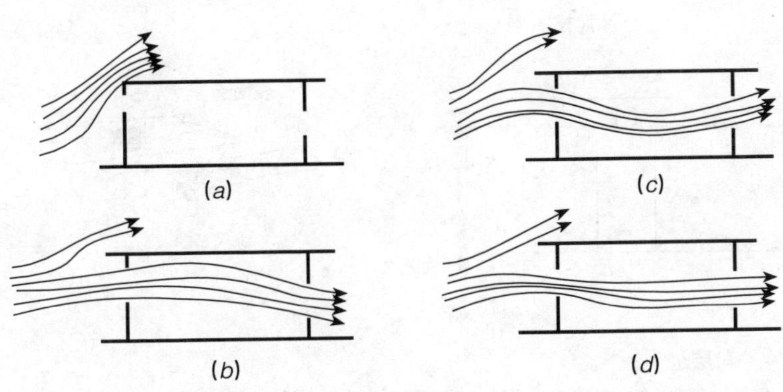

图 6-12 挑檐、遮阳通风

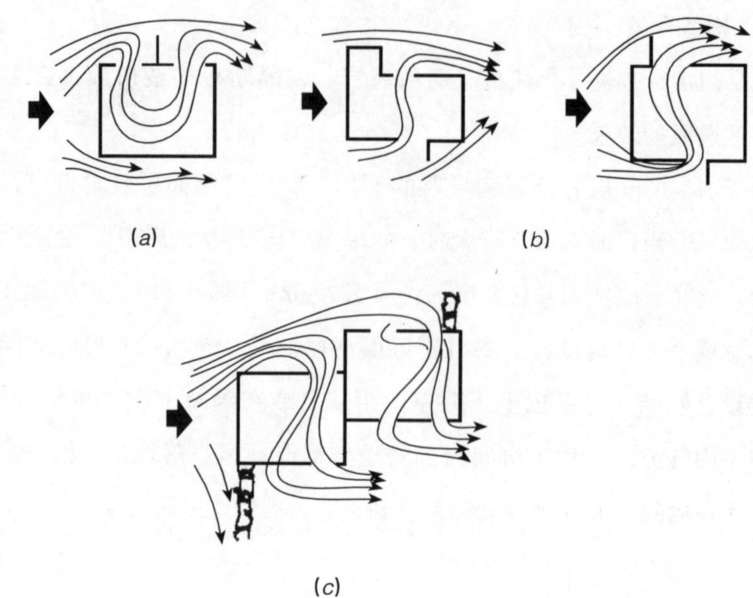

图 6-13 利用建筑手法促进自然通风

(a) 利用挡风板组织正负压；(b) 利用建筑和附加导流板；(c) 利用台阶平面组织及绿化

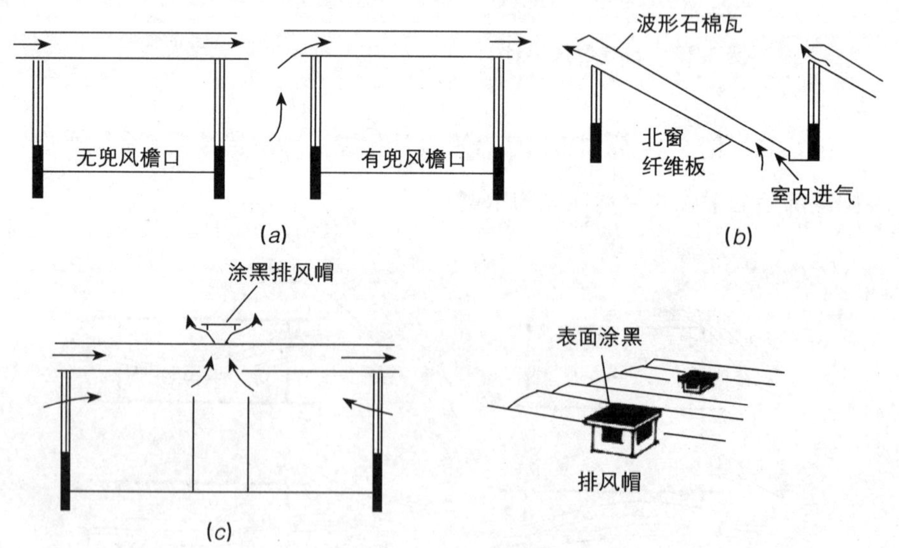

图 6-14 间层通风

(a) 从室外进气；(b) 从室内进气；(c) 室内、室外同时进气由于自然风变化幅度较大，在不同季节，不同风速、风向的情况下，建筑应采取相应措施、合适的建筑构造形式以及可以开合的气窗、百叶来调节室内气流状况。这样即便在冬季，可以在保证基本换气次数的前提下，尽量降低通风量以减小热损失。

合理地利用垂直导风板，可以改善室内自然通风。例如，对于窗户一侧气流较大的房间，由于气流偏转，导致室内绝大多数区域通风不畅，这时可以设置垂直导风板加以调整；同时，在同一面外墙上开的两扇外窗之间设置垂直导风板也可以改善房间自然通风情况。但是，把垂直导风板分开设置在外窗两侧却有可能阻碍室内自然通风的进行。如图 6-15 所示。

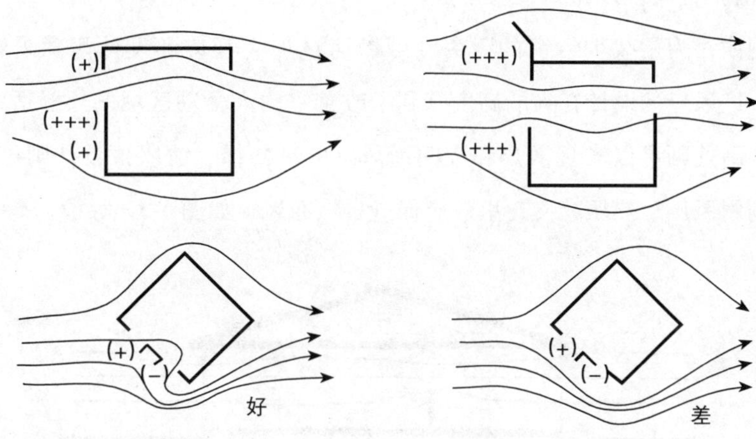

图 6-15　垂直导风板的作用

应该指出，在设置水平导风板的时候，不宜与窗户等高，这样容易把气流引到室内高处，对改善室内人高度的自然通风效果没有好处。建议设置在离窗户上沿一定距离处，这样可以起到有效引风且改善室内人高度的自然通风效果。如图 6-16 所示。

6.3.3　室内空间设计与自然通风

住宅室内空间（平、剖面）布置和不同功能房间的合理使用，也应该

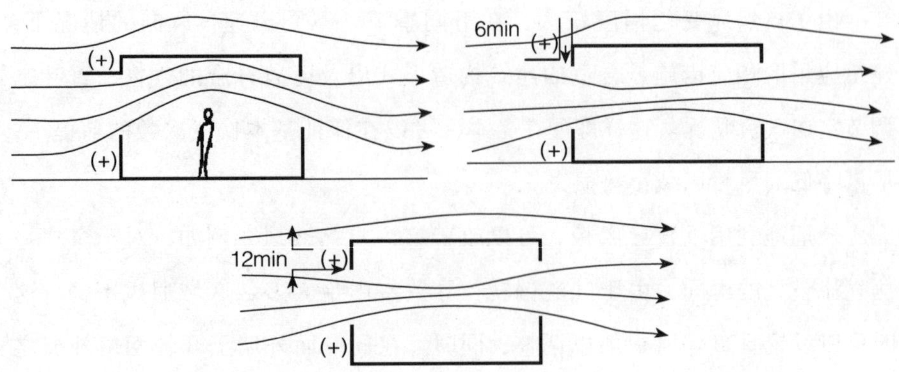

图6-16 水平导风板的合理设置

尽量有利于自然通风。

例如，为了减少纱窗的阻力，可以通过加大开口和设计门廊来解决。同时，进风口的设计在人的高度有利于改善室内人活动区域的热舒适状况，设置在高处则可以实现散热和夜间通风。中央楼梯、坡屋顶设计则可以综合地利用风压、热压、文丘里效应促进自然通风。如图6-17所示。

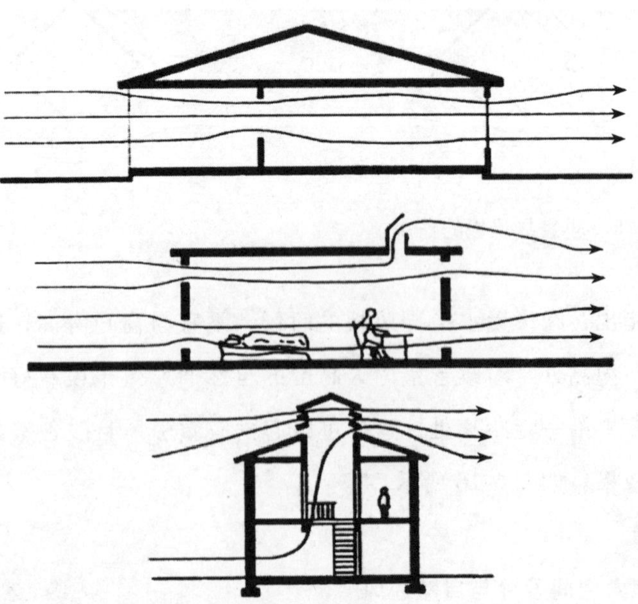

图6-17 住宅剖面设计与自然通风

另外，针对不同的需要，还可以调整房间平面布置来有效地实现自然通风，如图6-18所示。

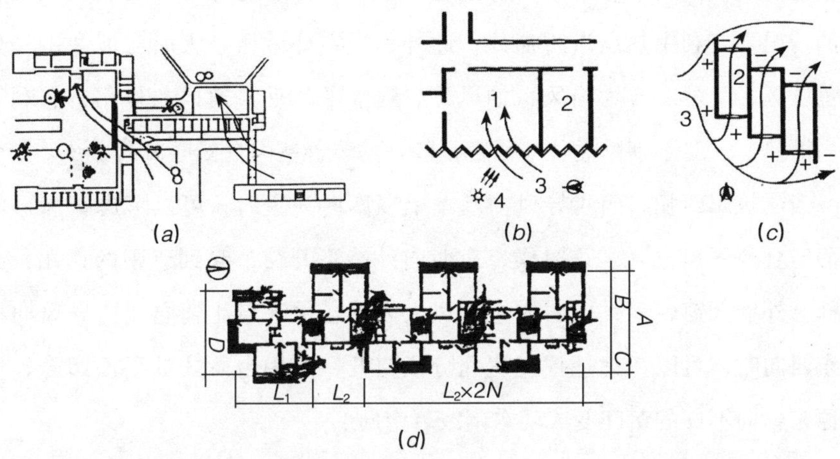

图6-18　住宅平面设计与自然通风

(*a*) 曲折平面通风示例；(*b*) 锯齿形组合平面通风示例；(*c*) 台阶式组合平面；(*d*) 品字形平面通风示例

例如，一字形建筑有利于建筑通风，主要使用房间一般布置在夏季迎风面（一般为南面），背风面则布置辅助用房。外廊式住宅的房间沿走廊单向布置，气流可以穿堂而过，各房间的朝向、通风都较好，结构简单，但是建筑进深浅，不利于节约用地。而对于内廊式住宅而言，由于进深较大（>15m），不易组织穿堂风；为此门窗应按统一轴线设计，减少气流迂回路径和阻力；同时如果走廊较长，可以考虑在中间适当位置开设通风口，或利用楼梯间做出风口，促进穿堂风的形成，改善通风效果。“L”、“T”、“工”、“王”、“亚”都是常见的一字形建筑组合，朝向好，南向房间多，东西向房间少，使用较为普遍。但是连接转折处通风不好，应考虑设置敞廊或者增加开窗。

对于“山”形住宅，其敞口应该面对夏季主导方向，夹角小于45°。若反向布置，迎风面的墙面应尽量开窗。伸出的翼不宜长，以减少东、西向房间数量。“口”形住宅沿基地周边布置，形成内庭院或天井，用地紧凑，基地内能形成较完整的空间，但是这种布局不利于导风，同时还会导致东、西向房间较多。一般天井式住宅天井面积不大，白天日照少，外墙接收的太阳辐射少，四周阴凉，天井的温度较室外低，因此可以在无风或风压较小的情况下，利用热压进行通风。此外，当室外风压较大时，天井由于处于负压区，又可以作为出风口抽风，起到水平和垂直通风的作用，有利于室内散热。这对于别墅类住宅而言是较好的改善室内自然通风的方法。

当建筑东西朝向而主导风向基本上以南向为主时，可以考虑锯齿形的平面组合或开窗方式。这时候，东西向外墙不开窗，起到遮阳的作用，凸出部分外墙开窗朝南，以引入主导风入内。当住宅南北朝向而主导风向接近东西向时，可以考虑把住宅房间分段错开，采用台阶式的平面组合，使得原来朝向不好的房间变成朝东南或者南向。

此外，还可以结合室外庭院、内楼梯和坡屋顶综合设计，改善自然通风。如图6-19所示，建筑师在住宅室内外分别设计了一个应对夏季、过渡季主导风向的公共庭院和烟囱，来促进自然通风。

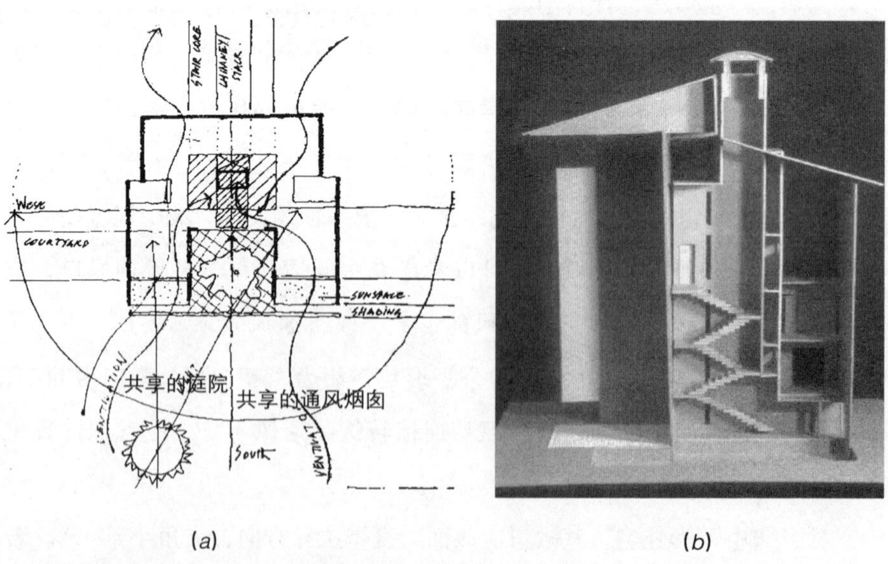

图6-19　住宅利用共享庭院及楼梯间进行自然通风
(*a*) 平面设计；(*b*) 楼梯间剖面（模型）

图 6-20 给出的是张家港生态农宅采用的室内“文丘里管”式渐缩断面的设计策略引导自然通风的方式。这样，在室温高于外温的时间段，例如夏季的夜晚，即使在无风的条件下，可以利用热压形成局部的负压区域，加强自然通风效果，以便改善夜间的人体热舒适感觉：一方面，增强由室内到室外的热交换，降低夜间的室内温度；另一方面，形成适度的吹风感。

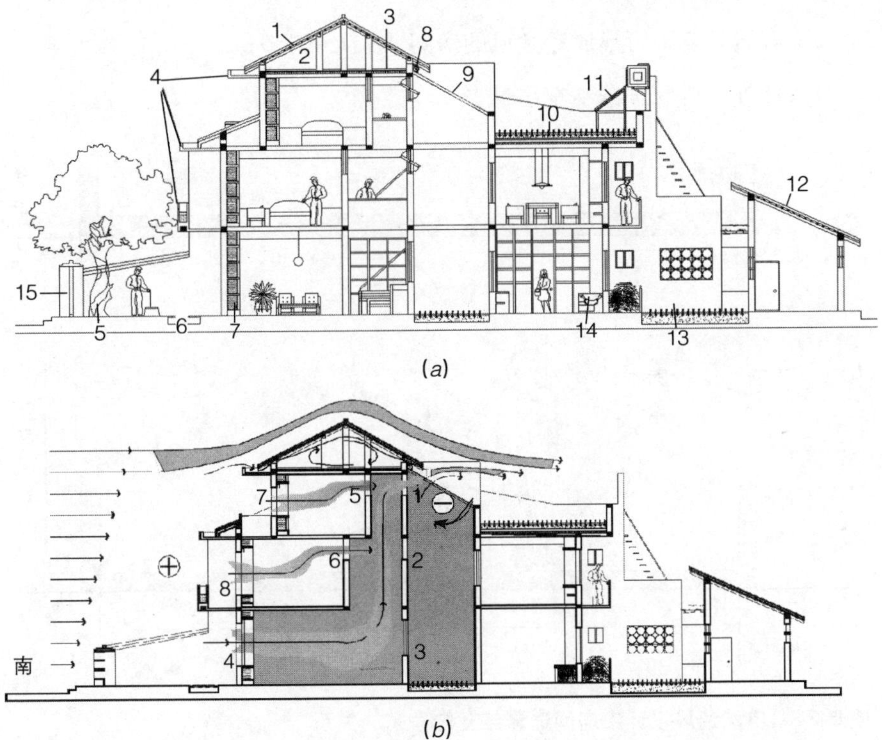

图 6-20　张家港生态住宅自然通风设计原理
(a) 剖面图；(b) 文丘里管原理
1—双层坡屋顶；2—空气间层；3—保温层；4—遮阳挑檐；5—园内乔木；6—门前草坪；7—水桶墙；8—薄膜卷帘；9—种植棚架；10—屋顶覆土；11—集热器；12—单坡屋顶；13—浮罩式沼气池；14—节柴灶；15—通风院墙

通过合理安排平面的组合形式，把主要用房和辅助用房分别安排在夏季的迎风面和背风面，可以较好地促进自然通风。这样当房间的进风口不能正对着夏季主导风向时，可采用台阶式的平面组合，或设置挡风板等，引风入室。如果设计有楼梯间、天井等，应该利用这些建筑物内部的开口面积和热压作用来组织自然通风。

需要注意，除了建筑应面向夏季主导风向外，房间进深还不宜过深。如图 6-21 所示，参考英国的通风设计手册，为保证良好的自然通风，房间进深与高度的比值 A 应满足：

1）对于单侧通风的房间，A 应小于 2. 5；

2）有对开窗、可形成穿堂风的房间，A 应小于 5；

3）此外，房间进深不宜超过 15m。

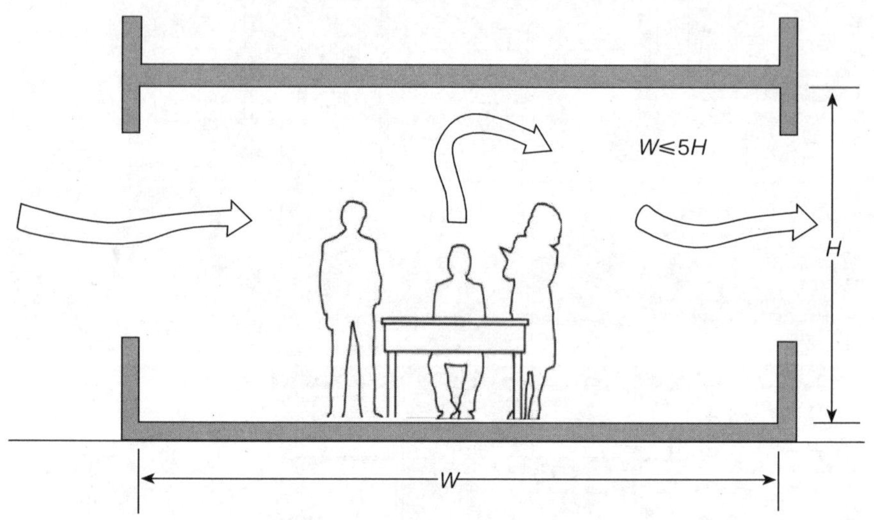

图 6-21　自然通风设计中房间进深与室内净高的关系

6. 4　住宅自然通风的计算机模拟设计方法

6. 4. 1　基于设计的住宅自然通风模拟方法

对于简单结构形式的建筑空间，尤其单个房间建筑，其自然通风设计方法是相对成熟而可靠的，可以利用经验风压系数和开窗尺寸的大小概算室内通风换气量的大小。然而在实际工程应用中，更为常见的是多空间复杂结构的建筑形式。这时如果针对一天的某一时刻进行自然通风工程设计，可以使用多区域网络法或 CFD 方法加以求解。

多区域网络模型方法是目前在建筑自然通风计算中应用最广泛的方法。多区域网络模型是将建筑内部各个空间（或者一空间内各个区域）视为不同节点，在同一区域（节点）内部，假设空气充分混合，其空气参数一致；同时将门、窗等开口视为通风支路单元，从而由支路和节点组成流体网络。计算中，每一时间步长内各节点温度保持不变，空气流动满足定常流伯努利方程，各节点内空气满足质量守恒定律。多区域网络模拟从宏观角度进行研究，把整个建筑物作为一个系统，把各房间作为控制体，用实验得出的经验公式反映房间之间支路的阻力特征，利用质量守恒、能量守恒等方程对整个建筑物的空气流动、压力分布进行研究。

多区域网络模型经过近 20 年的发展，在国外得到了日益广泛的应用。不同国家的学者已开发了多种此类软件，比较著名的有 a）COMIS、b）CONTAM系列、c）BREEZE、d）NatVent、e）PASSPORT Plus、f）AIOLOS 等等。所有这些软件都需要使用者预先输入气象参数、建筑表面风压系数、建筑内各开口位置及阻力函数。其中 a）、b）、c）为单纯的通风计算软件，可以通过图形界面输入复杂的建筑通风网络，给定每个节点的空气温度，计算出各房间与外界或房间之间的通风量。计算中各节点空气温度保持不变。这三种软件不能直接用于计算室温变化或室温未知情况下建筑内的通风或渗透情况，也不能计算由通风造成的建筑能耗。d）是专用于分析自然通风问题的软件，具有热模拟计算的功能，在给定气象条件后，它可以计算出房间温度、自然通风量以及自然通风的降温效果，但它只能用于特定结构 2 个房间的工况，不具有通用性。e）和 f）都包括通风计算模型和热模拟模型，但两个模型之间无法实现耦合迭代计算。

多区域网络法在计算中将每一房间考虑为一个节点，认为节点的空气参数恒定，同时不考虑在房间内部的空气流动形态对自然通风效果的影响，因此无法给出房间内部的详细流动情况。另外，对于单侧开窗单个房间的自然通风问题，多区域网络法也无法求解。

在多区域网络法的基础上，我们提出了基于室外CFD模拟结果，利用流体网络模型求解整个建筑各房间之间的流动，进而再利用CFD方法求解单个房间的分布参数的方法，以辅助建筑师进行优化自然通风设计。步骤如下：

1）综合考虑当地盛行风及季节特点，模拟建筑室外风压情况下建筑表面风压系数分布情况（本工作也可参考ASHARE手册中的经验公式简化，如图6-22和图6-23所示）；

2）分析典型日典型时刻下建筑结构形式及热负荷构成，并对建筑物理模型进行合理简化；

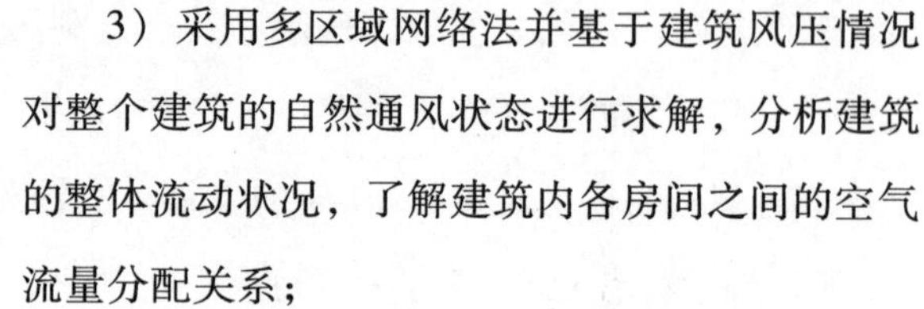

3）采用多区域网络法并基于建筑风压情况对整个建筑的自然通风状态进行求解，分析建筑的整体流动状况，了解建筑内各房间之间的空气流量分配关系；

4）根据各房间的空气流量及入出口温度，计算房间内的平均风速及平均温度，初步了解其热舒适状况；

5）在复杂建筑结构形式中，对其中对自然通风流动状况有重要影响的区域及冷负荷集中或环境热舒适要求高的房间，根据多区域网络模型计算结果得到其单体区域流动边界条件，应用CFD方法做进一步的计算分析；

6）根据CFD方法计算结果分析各房内的空气流动速度场及温度分布，了解房间内各个不同位置的热舒适状况，可知自然通风效果是否能够满足设计要求。

基于上述方法，可实现全面分析复杂的多空间多开口住宅（如townhouse、跃层等）的自然通风整体流动，同时又能有效预测各房间内的空

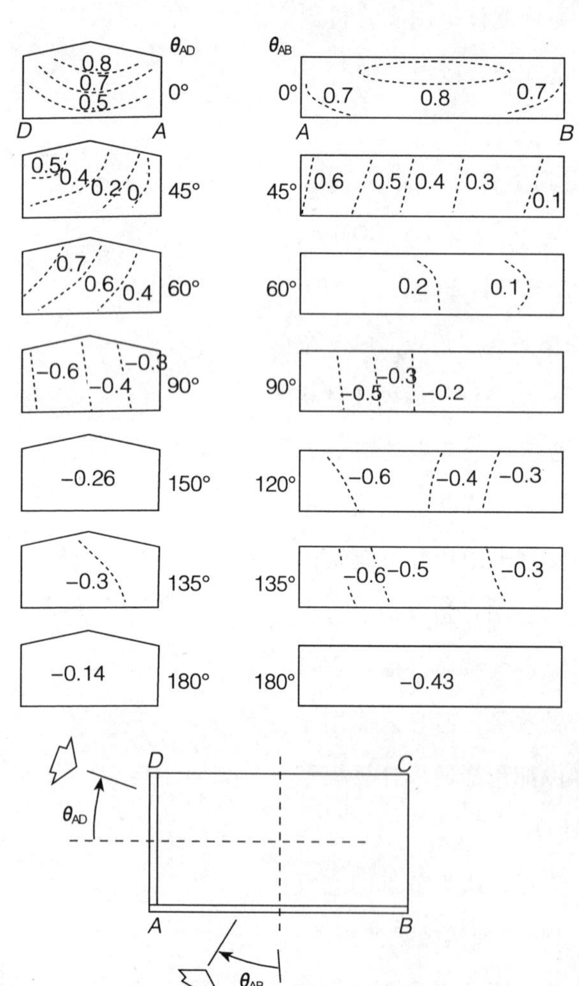

图6-22 低层建筑风压系数分布图

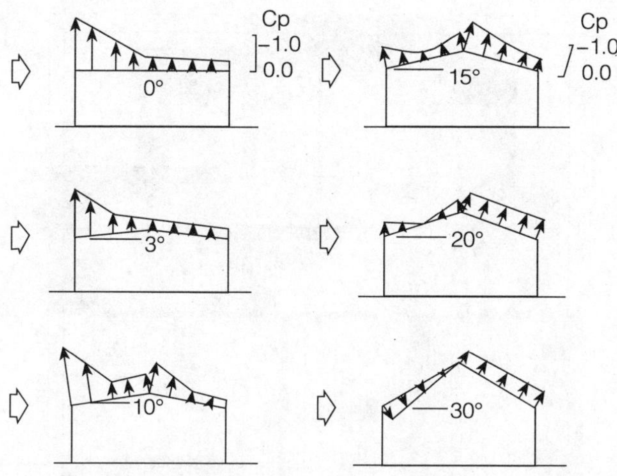

图 6-23　低层建筑斜屋顶风压系数分布图

气流速场和温度分布，从而全面分析建筑的自然通风效果。

如图 6-24 ~ 图 6-28 所示为不同户型在室外风速为 1m/s 的时候室内不同房间的通风结果。图 6-29 给出了不同户型的通风换气效果比较。

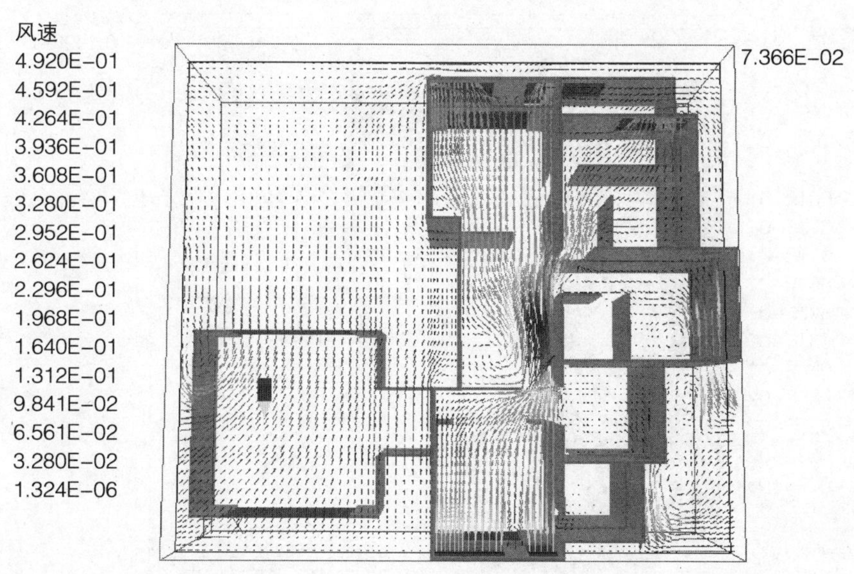

图 6-24　A 户型风速模拟结果（V=1m/s）

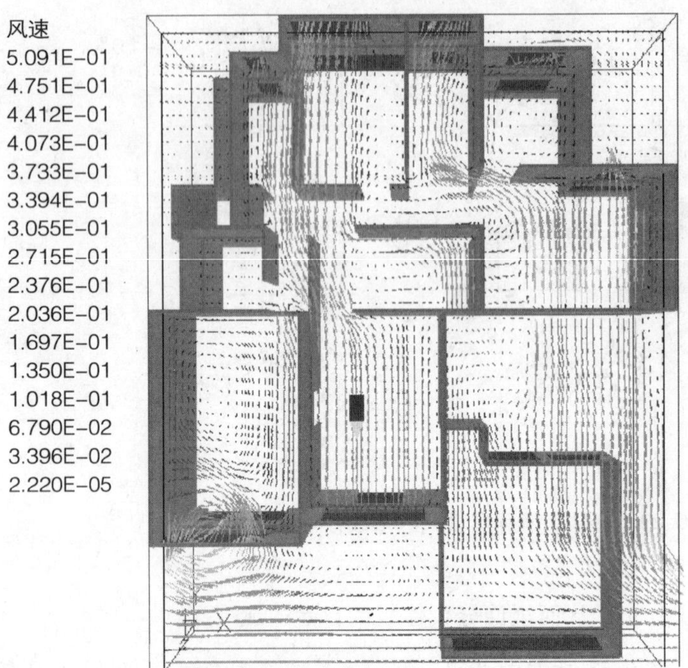

图 6-25　B 户型风速模拟结果（V=0.5m/s）

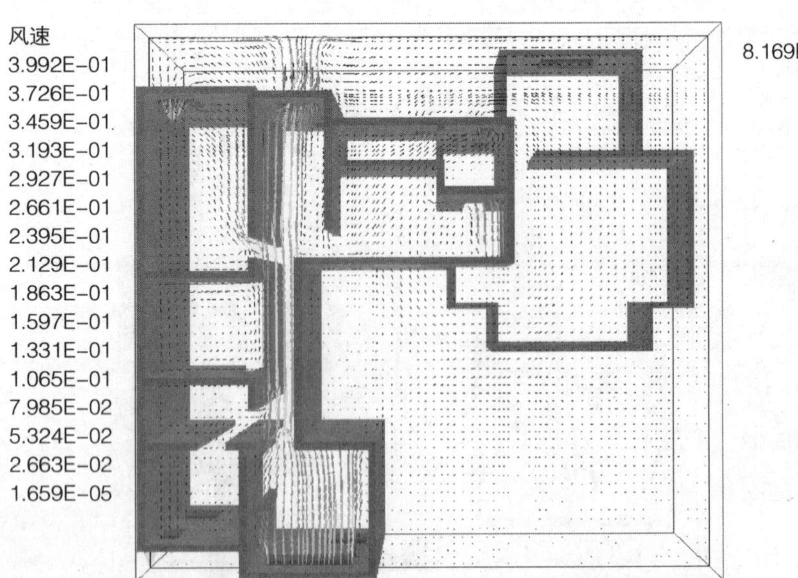

图 6-26　C 户型风速模拟结果

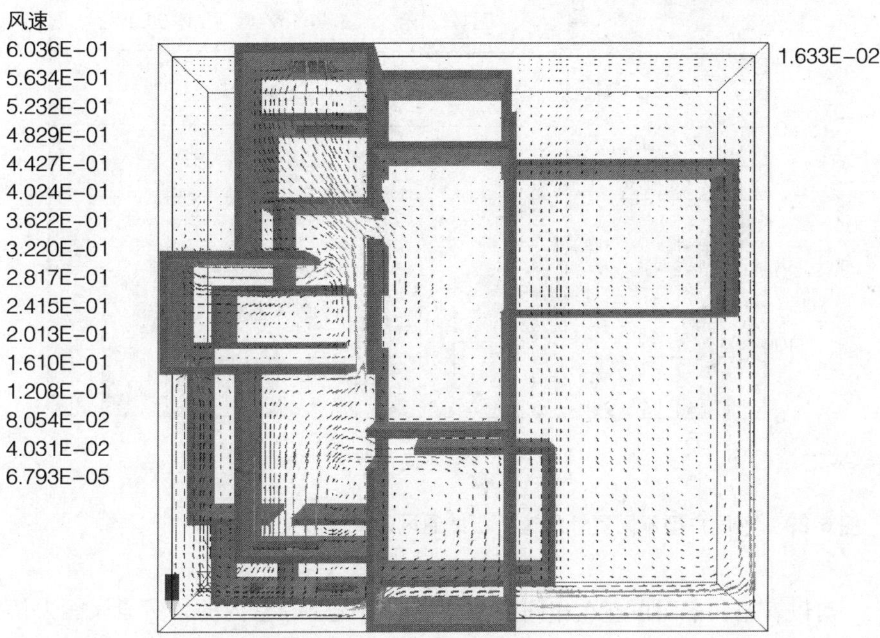

图 6-27　D 户型风速模拟结果

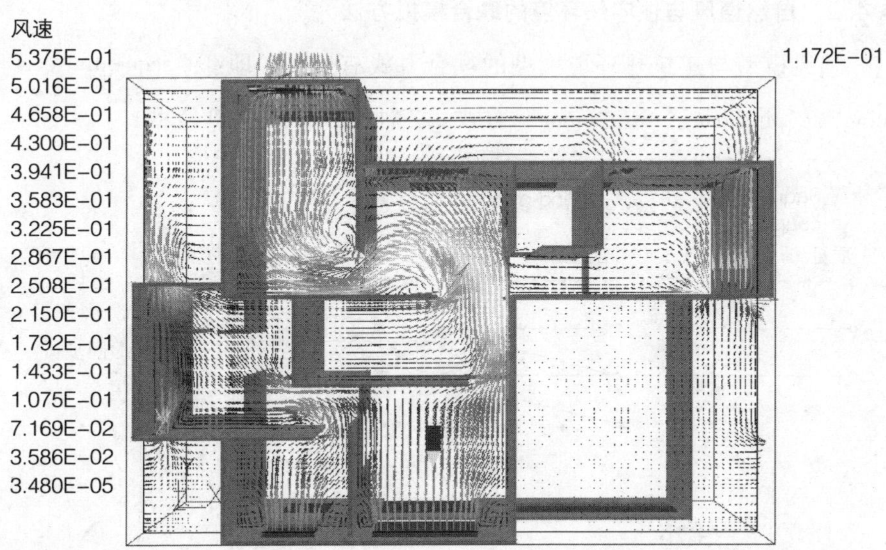

图 6-28　E 户型风速模拟结果

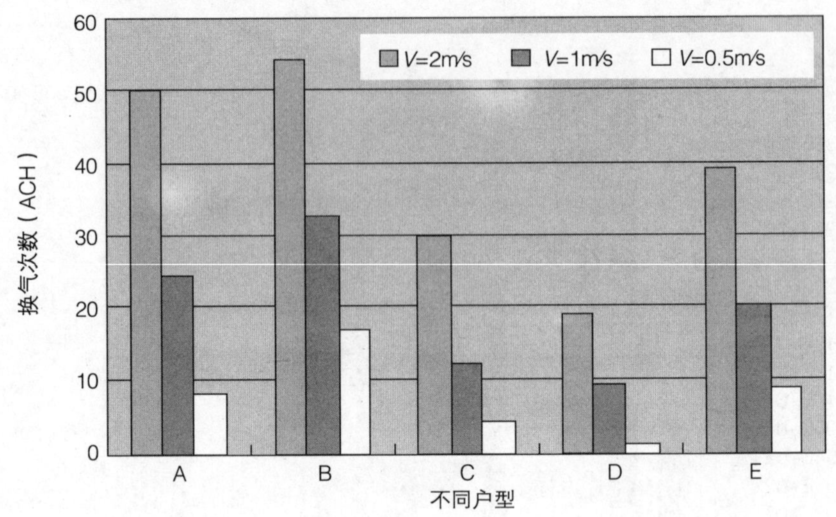

图 6-29　不同户型不同室外风速下自然通风效果比较

可以看出，不同户型在相同的室外通风情况下，室内的自然通风能力依然存在极大的差别。因此需要在设计中加以优化，避免出现通风不畅的问题。

6.4.2　自然通风与住宅热环境的联合模拟方法

通风模型与建筑热环境模型的耦合方式有三种，即："sequential coupling"、"ping-pang" 和 "onion" 方式。三种耦合如图 6-30 所示。

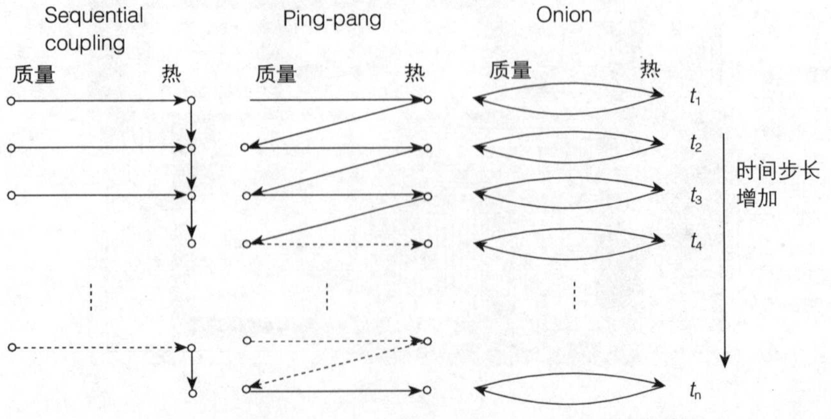

图 6-30　三种通风模型与热模拟模型耦合计算方式

其中，“sequential coupling”方式用先假设的节点温度作为参数，计算通风量，再将通风计算结果引入热模拟模型，热模拟模型的计算结果对通风模型没有反馈作用。在“ping-pang”方式中，通风模型用前一时刻热模拟模型得到的结果作为参数，将计算出的通风量输出给热模拟模型，热模拟模型再将计算出的温度输出给下一时刻的通风模型。

而“onion”方式中通风模型将计算结果输入热模拟模型，后者再将计算结果反馈回前者，如此循环，直到前后两次计算结果之差满足精度要求，再进入下一时刻的计算。可以看出，只有 onion 方式才真正实现了完全耦合，最符合模型的物理意义。

建筑动态模拟软件 EnergyPlus 提供了热模拟模型与多区域网络模型 COMIS 的连接，COMIS 被作为一个模块嵌入软件包。但出于减少计算量的考虑，通风模型与热模型之间使用的是 ping-pang 耦合方式，并未实现真正意义的耦合计算。

TRNSYS 的开发人员将 COMIS 转化为 TRNSYS 一个的子程序（即 COMIS-TRNSYS TYPE 157），通过与建筑热模拟子程序 TYPE 56 的联合应用，实现了通风程序与热模拟程序 onion 方式的耦合计算。但这类软件的核心是小时间步长的在某种控制器控制下的高频动态过程。当研究全年的能耗状况和动态过程时，采用几秒或 1min 作时间步长就使计算量过大，结果也过于繁杂；而采用 1h 作为时间步长时，又会使控制器的模拟出现严重失真，从而导致模拟出的整个系统的现象严重背离实际现象。

在 DeST 里，首先采用了“onion”计算房间基础室温，然后采取“sequential”方式进行通风与能耗的耦合计算。对于房间基础室温计算，由于已知空调负荷为零，未知各房间温度，因此采用 onion 耦合方式，即通风模型将计算结果输入热模拟模型，后者再将计算结果反馈回前者，如此循环，直到前后两次计算结果之差满足精度要求，再进入下一时刻的计算。流程如图 6-31 所示。

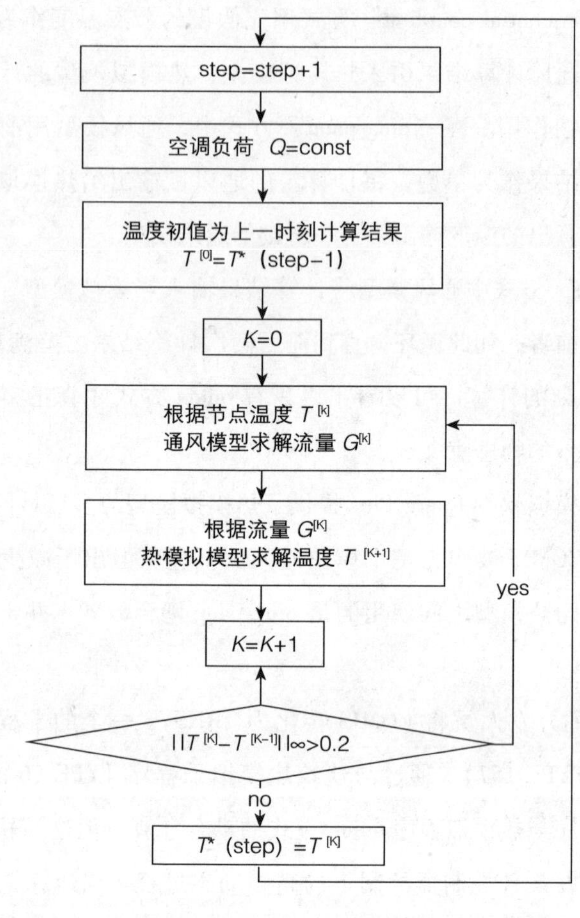

图 6-31　热模拟模型与通风模型的 onion 耦合计算流程图

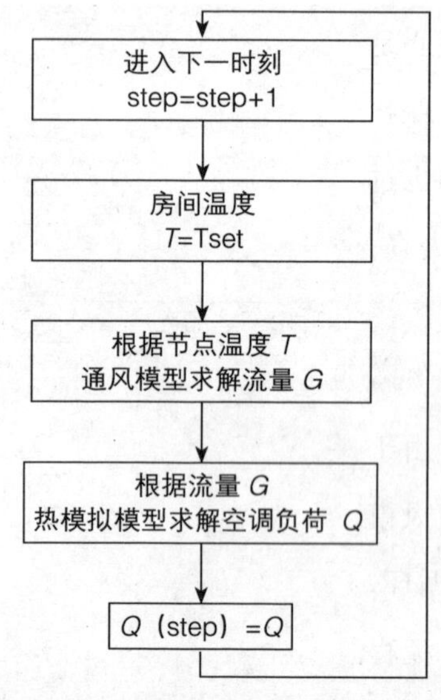

图 6-32　热模拟模型与通风模型的 sequential 耦合计算流程图

对于空调系统负荷计算，由于房间处于控温状态，温度处于设定值，因此采用 sequential 耦合方式，即用先设定的节点温度作为参数计算通风量，再将通风计算结果引入热模拟模型计算负荷。流程如图 6-32 所示。

在实际设计中，可以根据需要将单工况自然通风模拟和通风与热环境联合模拟的方法结合起来灵活使用。通过在模拟计算的结果上进行分析比较，从而可不断调整设计方案，使之达到相对最优。

6.5　可控通风与住宅节能

6.5.1　可控通风

如前所示，对于采暖地区的住宅，由于冬季室内外温差较大，因此即便是微微开窗，也会造成大量的冷风渗透，导致室内热量散失严重。然而，不进行新风补给冬季室内热环境品质也难以令人满意。为解决室内空气品质和节能的矛盾，提出冬季可控通风的设计思路，即通过设计或采取可调控的通风窗、通风设备来进行新风补给，实现节能和改善室内空气品质的统一。

图6-33是在住宅客厅外窗安装自然通风换气百叶窗的实例。其原理是通过控制室外空气通道的大小，使得进入室内的新风控制在一个定量的范围内。

图6-33　住宅微换气可控百叶窗实例

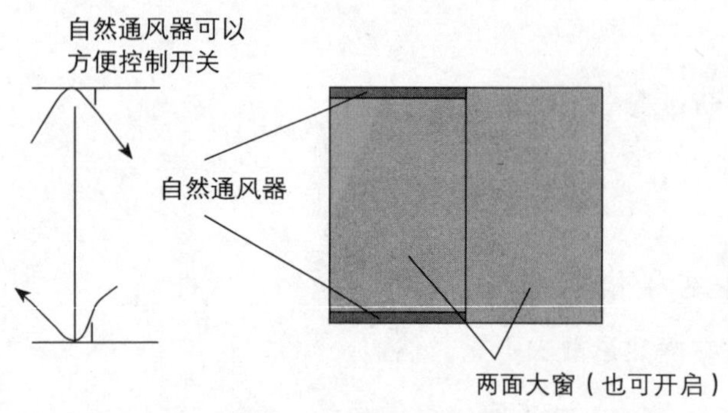

图6-34　外窗设置自然通风器

此外，可在主要功能房间的外窗中设置上下两个自然通风器的方法，实现自然通风的可控，如图6-34所示。

自然通风器是根据自然环境造成的局部气压差和气体的扩散原理而产生空气交换的一种换气方式，由于不需要机械动力驱动，可以实现能源的节省。在冬季室外无风时，外窗关闭，开启上下两个自然通风器，依靠室内外稳定的温差，则能形成稳定的热压自然通风换气。依据上下自然通风器的高差和室内所需的换气量，可选择自然通风器所需要的通风面积，从而选择合适的型号。当室外自然风风速较大时，依靠风压就能保证有效换气，则可以关闭其中一个自然通风器，以控制通风换气量。

自然通风器可以与外窗有良好的结合，不影响建筑外观，如图6-35所示。

图6-35　安装了自然通风器的建筑立面图

设计选型时，如果考虑室外为0℃，室内为20℃，那么对于一个$20m^2$

的卧室，考虑 0.3 次/h 的换气次数，则需要 0.005m^3/s 的换气量。当两个自然通风器的高差为 1.5m 时，能够产生的热压为 1.3Pa，因此，可以估算出通风器的通风面积为 0.015m^2/m 即能满足换气量的要求。

依据市场信息，目前此类自然通风器的价格约为 250 ~ 400 元/m。如果按照一套住宅安装对自然通风器来估算，大约需要多投入 15 ~ 20 元/m^2。可以看出，伴随着该产品的不断推广和国产化，将在市场上非常具有竞争力。

对于南北通透的板式住宅，还可以把自然通风器安装在同一住户南北两个主要功能房间的外窗上下，如图 6-36 所示。这样，伴随着夏季空调和冬季采暖，该设备均能依靠单纯热压作用，或者风压与热压相结合的方式，有效地实现室内通风换气，并节约空调采暖能耗。

在自然通风器通道上添加降低噪声的结构设计和吸声材料，还可以有效地降低室外噪声。

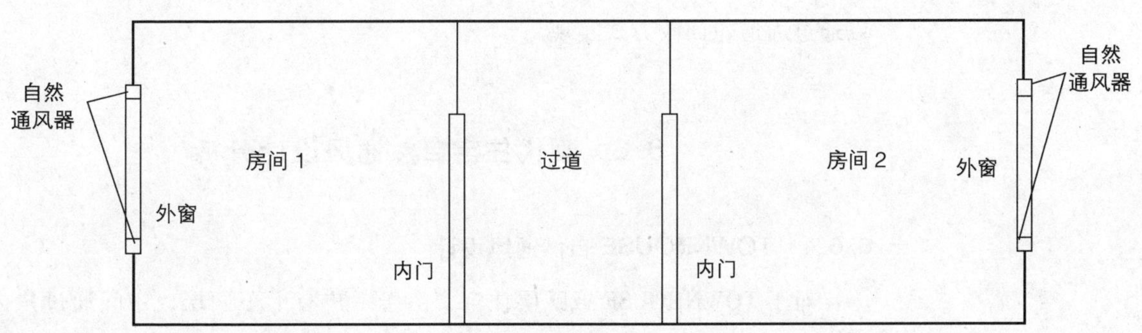

图 6-36　南北通透板式住宅安装自然通风器的应用示意图

6.5.2　住宅新风热回收

对于冬季需要长时间采暖或夏季需要长时间空调的住宅，由于新风负荷占住宅采暖负荷很大一部分，因此从节能的角度出发，可以考虑对新风进行热回收利用，其设备原理图可参见图 6-37。

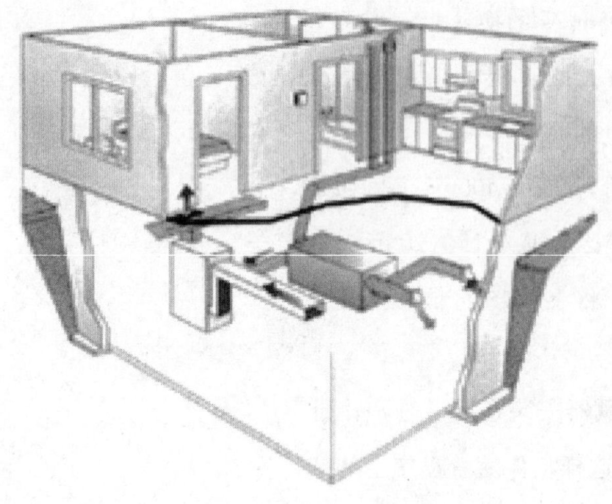

图 6-37 新风热回收设备

按能量回收的性质来分类，新风热回收设备可分为两种。

一是新风全热回收设备，通过特制的纸介质对室外和室内空气的温度、湿度实现能量回收。由于能量回收的介质成本较高，所以设备价格高。由于换湿的过程，使得全热交换器要定期更换，否则，会产生二次污染。因此，设备运行费用也很高。

二是新风显热回收设备，其能量回收的介质通常是铝薄，因此只能对室外空气和室内空气的温度完成能量回收，对湿度不能实现回收。但设备价格比全热回收的设备要低，除需要对过滤器进行维护外，显热回收器不需要更换，运行费用较低。此外，显热回收又分为静态回收和动态回收两种。静态回收是通过板式回收器实现的，而动态回收的实现一般可以通过通道轮回收方式实现。

6.6 现代住宅自然通风设计分析

6.6.1 TOWNHOUSE 自然通风设计

对于 TOWNHOUSE 或跃层住宅，由于一户有上下两层，中间通过户内楼梯相连，因此可以合理利用楼梯间的连通作用，考虑上下房间开口的作用进行自然通风设计。例如，如果考虑在上下两层中对应位置各开一个通风换气口（相距 4m，室内按照 20℃、室外按照 0℃ 设计）进行满足冬季的新风换气。计算表明，因热压作用导致的压差能达到 3.5Pa，设置一个 10cm × 10cm 的风口就能保证住宅整体换气量达到 0.3 次/h。

对于别墅型建筑（或顶层住户），还可以采用在屋顶设计开口的做法促进住宅的自然通风。此时应注意通过设置屋顶集热装置、调整上下开口位置及尺寸等方法，来保证热压中和面的位置不会对室内热舒适产生不良影响。

6.6.2 南向封闭阳台热压通风设计

封闭阳台当前已经成为建筑师和住户都乐于接受的做法。就建筑热环境而言，阳台封闭后，就成为一个“阳光室”。该空间介于室内与室外之间，具有缓冲效应。对冬季而言，阳光室发挥着有益的作用，据清华大学蔡君馥的实测结果，有封闭阳台的房间温度平均要高于无封闭阳台的房间温度2℃以上。但是对于夏季，如果对南向封闭阳台在遮阳、围护结构和通风上设计不利，有可能导致阳台的温度过高，进而影响室内热环境。因此，南向封闭阳台的通风设计应避免封闭阳台温度过高（以低于室外温度为参考）。

从建筑立面和保持阳台原有的建筑功能角度出发，目前常见的住宅多采用全落地玻璃，同时阳台与房间相连的内墙上开启较大面积的平拉门①。基于此情况，南向封闭阳台的夏季通风策略包括：

（1）夏季促进阳台通风

夏季白天打开阳台外窗，并采用遮阳措施，让室外空气能与阳台空气有较充分的对流换热。在这种条件下，阳台温度基本上等同于室外空气温度。夜间也应尽量开窗，保持自然通风冷却作用。此时段内，内隔墙门应一直保持密闭状态。

（2）阳台内遮阳的巧妙利用

结合热压自然通风的思路，提出一种专门的通风措施的方案来解决夏季封闭阳台的通风问题，如图6-38所示，阳台窗帘和外窗相距一定距离(10cm)，采用反射率高的材料，使得窗帘和外窗构成一个小空间，外窗上下开通风窗。夜晚仍开大窗通风，白天关闭阳台窗，开启两个通风小窗，

---

① 保持阳台和房间相连的内墙是必要的，很多文献研究表明，如取消阳台与室内房间相连的围护结构，将使得阳光室的生态效果适得其反，所以必须保持阳台与室内房间的围护结构。

利用小空间与室外的温差产生热压自然通风，将这部分热量带出室外。这样保证大部分进入封闭阳台的热量不进入封闭阳台中，使得空间（3）的温度低于室外。

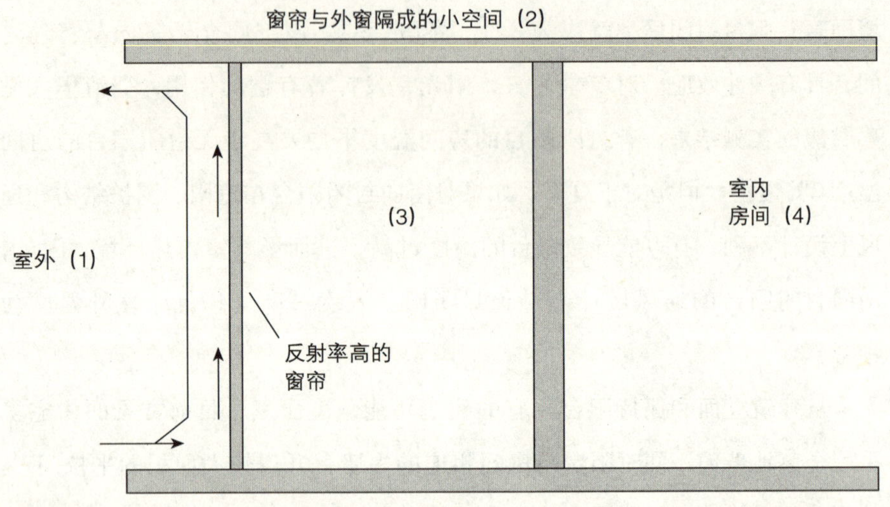

图6-38 封闭阳台夏季通风设计方案

由于采用了反射率高的窗帘（如浅色铝制窗帘），可以很好地起到遮热板的作用，大量减少太阳辐射进入阳台空间，而将热量聚集在窗帘与外窗隔成的小空间中，使得这个空间温度提高，与室外产生温差驱动热压自然通风，能及时带走聚集热量。

计算表明，取窗帘反射率为0.7，阳台外窗尺寸为4500×2500，上下通风窗的尺寸均为4000×100，当室外温度为35℃时，进入南窗的太阳总辐射强度为280W/m^{2}时候，在窗帘与外窗隔成的小空间中温度将达到42℃左右，自然通风量达到0.25m^3/s，进入到阳台空间的热量约为80W/m^2。如果不采用上述的通风方法，同样采用反射率较好的浅色窗帘，进入阳台空间的热量将为170W/m^2。采用本策略，能保证阳台温度始终保持低于室外温度。

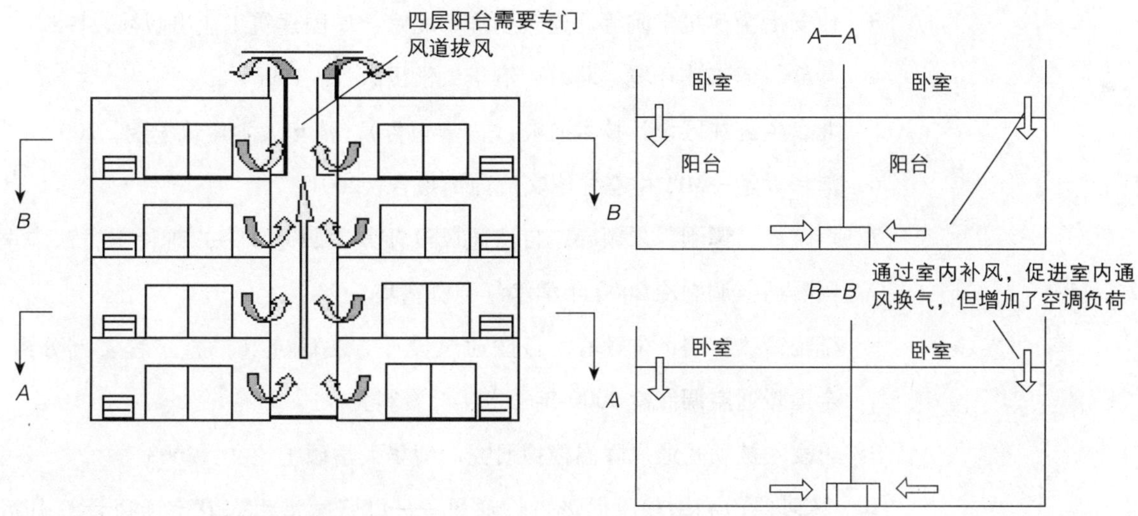

图 6-39　设置统一拔风道解决夏季南向阳台过热问题

（3）设置户间南向阳台公共通风通道

在两户阳台相连位置上设立统一的拔风风道来解决南向封闭全落地阳台夏季过热的问题，如图 6-39 所示。

在第四层楼房中，由于位于整体热压中和面的上方，所以需要设置专门的风道来拔风。拔风道要高于楼层高度 1.5m 左右，由于太阳辐射作用，拔风道温度要高于室外温度很多，尤其是拔风道最上方温度更是可以达到 50～60℃，形成了较好“烟囱效应”，带动空气向上流动。阳台的空气由室内空气补充，也带动了室内的通风换气。计算表明，这样做可以有效降低阳台的温度，但也许会略微增加室内空调负荷。

参 考 文 献

1　王鹏，谭刚. 生态建筑中的自然通风. 世界建筑，2000.4

2　王鹏. 建筑适应气候——兼论乡土建筑及其气候策略. 清华大学博士论文，2001.9

3 西安冶金建筑学院等. 建筑物理. 北京：中国建筑工业出版社，1987

4 叶歆. 建筑热环境. 北京：清华大学出版社，1996

5 北京生态住区设计技术研究（内部报告）. 清华大学建筑学院，2002. 10

6 清华大学—MIT 生态住宅交流内部报告，2001

7 李晓锋，谭刚，朱颖心. 自然通风设计方法研究（一）理论与方法. 全国暖通空调制冷 2000 年学术年会资料集

8 李晓锋，谭刚，朱颖心. 自然通风设计方法研究（二）工程实例分析. 全国暖通空调制冷 2000 年学术年会资料集

9 宋凌. 被动式通风降温模拟研究. 清华大学硕士论文，2003

10 宋晔皓. 利用热压促进自然通风——以张家港生态农宅通风计算分析为例. 建筑学报，2000 年 12 期

11 刘念雄，秦佑国著. 建筑热环境. 北京：清华大学出版社，2005

第7章　采光节能技术

7.1　概　述

天然光是一种无污染、可再生的天然优质光源，具有照度均匀、无眩光、持久性好等特点。面对能源危机、环境污染等问题，天然采光在现代建筑中越来越受到重视，例如大型建筑室内空间、地下空间、隧道等，若能充分利用天然光，可大量节省照明用电。有资料显示，在日本的一些采用绿色照明设计的商用建筑中，合理利用天然采光可减少空调全年能耗的10%以上。除此之外，天然光还能为人们提供健康的室内光环境。相关研究表明，不少于50lx的天然光能使在地下空间工作的人们显著减轻孤独感；天然光被发现能减轻季节性的情感错乱、慢性疲劳等，对轮班工作和从事计算机工作的人们尤其有益。

住宅采光设计的目的，就在于充分利用天然光这一丰富天然资源，设计出合理的窗口形式、适量的窗口面积、恰当的窗口位置以及采取必要的采光设施，使室内获得一个良好的采光环境。在保证光的方向、亮度分布上能满足室内工作、学习、生活等要求的基础上，有效地节约室内照明能耗。

7.2　住宅采光设计

7.2.1　采光设计标准

目前我国制定的与采光相关的规范，包括《城市居住区规划设计规范》、《建筑采光设计标准》、《住宅设计规范》等，其中对于采光设计的规定主要是通过规定不同功能房间的采光系数和采光系数标准值来实现的。

由于室外照度是经常变化的，必然影响到室内照度也随之变化，不可能是一个固定值。因此对于天然采光数量上的要求不能用照度的绝对值来规定，而只能用相对值。这一个相对值称为采光系数（C），它是室内天然光照度（E_n）和室外天然光照度（E_w）的比值。

$$C = \frac{E_n}{E_w} \times 100\%$$

值得指出，在采光标准中，室外照度是指天空散射光，而不考虑直射阳光。这是由于直射阳光不论照度或天空亮度分布的变化都很大，没有一定的规律性。而在很多的情况下，不允许直射阳光进入室内，以免妨碍视觉工作。另外，由于只考虑全阴天情况下天空散射光，如此时照度已能满足视觉要求，则在有太阳时，照度更高，则可进一步改善视觉工作条件。

在新颁布的《建筑采光设计标准》（GB/T 50033—2001）中，对采光照明等做了如下规定，即①：为了保证居民的健康和生活、工作方便，起居室、卧室、书房等的活动区平均照度值应达到 120lx 以上。

居住建筑的采光系数标准值　　表 7-1

采光等级	房间名称	侧面采光	
		采光系数最低值 C_{min}（%）	室内天然光临界照度（lx）
Ⅳ	起居室（厅）、卧室、书房	1	50
Ⅴ	卫生间、过厅、楼梯间、餐厅	0.5	25

由表 7-1 可以看到，对于住宅建筑，因房间使用功能的不同，采光设计标准也不同。表 7-2 给出了住宅建筑不同开窗形式下，窗地面积比的标准。

① 以Ⅲ类气候区为标准，不同于Ⅲ类气候区的住宅采光系数作适当的修正，修正系数为 K。

窗地面积比 A_c/A_d 表 7-2

采光等级	侧面采光		顶部采光					
	侧窗		矩形天窗		锯齿形天窗		平天窗	
	民用建筑	工业建筑	民用建筑	工业建筑	民用建筑	工业建筑	民用建筑	工业建筑
Ⅰ	1/2.5	1/2.5	1/3	1/3	1/4	1/4	1/6	1/6
Ⅱ	1/3.5	1/3	1/4	1/3.5	1/6	1/5	1/8.5	1/8
Ⅲ	1/5	1/4	1/6	1/4.5	1/8	1/7	1/11	1/10
Ⅳ	1/7	1/6	1/10	1/8	1/12	1/10	1/18	1/13
Ⅴ	1/12	1/10	1/14	1/11	1/19	1/15	1/27	1/23

7.2.2 采光设计计算

这里简要介绍综合计算图表，它是《工业企业采光设计标准》附录中推荐的一种计算图表，用途是核算采光系数，或根据采光系数标准计算开窗面积。这种方法是清华大学建筑学院建筑物理实验室对大量系统的采光模型实验数据分析处理后得出的成果，曾在八幢不同采光形式的建筑中进行实测验证，计算误差均在8%以内，达到了光环境设计的一般精度要求。

（1）侧面采光计算

侧面采光计算的图例如图7-1所示。则最小采光系数 C_{min} 的计算公式为：

$$C_{min} = C'_d \times K_\tau \times K'_P \times K_c \times K_\omega$$

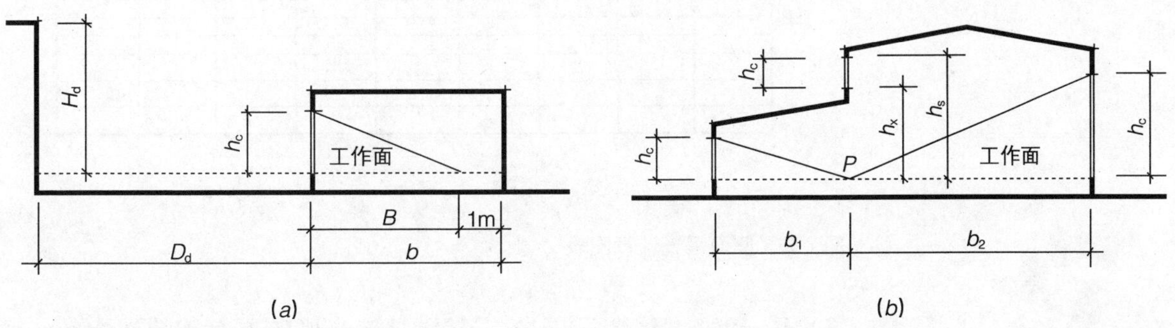

图7-1 侧面采光

(a) 单侧采光；(b) 双侧采光

B—计算点至窗的距离；P—采光系数的计算点；H_d—窗对面遮挡物距工作面的平均高度；D_d—窗对面遮挡物与窗的距离

下面分别对式中各物理量进行说明：

1）C'_d—侧面采光带形窗洞的采光系数天空分量，根据窗高、计算进深以及房间长度查图 7-2 得到。

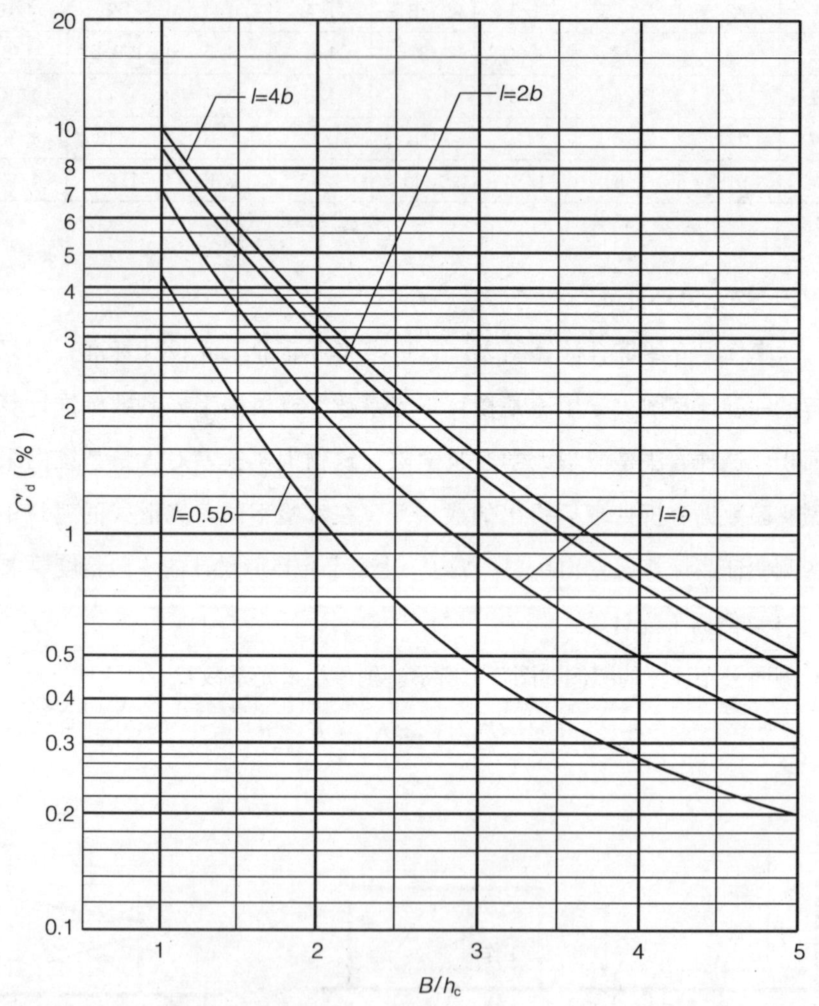

图 7-2　侧面采光计算图表

2）K_τ—窗的总透光系数，它是窗玻璃透光比τ、窗结构挡光系数τ_c和窗玻璃污染系数τ_ω的乘积；

τ—采光材料的透射比，可按表 7-3 的规定取值；

采光材料的透射比τ值 表7-3

材料名称	颜色	厚度（mm）	τ值
普通玻璃	无	3~6	0.78~0.82
钢化玻璃	无	5~6	0.78
磨砂玻璃（花纹深密）	无	3~6	0.55~0.60
压花玻璃（花纹深密）	无	3	0.57
（花纹浅稀）	无	3	0.71
夹丝玻璃	无	6	0.76
压花夹丝玻璃（花纹浅稀）	无	6	0.66
夹层安全玻璃	无	3+3	0.78
双层隔热玻璃（空气层5mm）	无	3+5+3	0.64
吸热玻璃	蓝	3~5	0.52~0.64
乳白玻璃	乳白	1	0.60
有机玻璃	无	2~6	0.85
乳白有机玻璃	乳白	3	0.20
聚苯乙烯板	无	3	0.78
聚氯乙烯板	本色	2	0.60
聚碳酸脂板	无	3	0.74
聚酯玻璃钢板	本色	3~4层布	0.73~0.77
	绿	3~4层布	0.62~0.67
小波玻璃钢瓦	绿	—	0.38
大波玻璃钢瓦	绿	—	0.48
玻璃钢罩	本色	3~4层布	0.72~0.74
钢窗纱	绿	—	0.70
镀锌铁丝网（孔20mm×20mm）	—	—	0.89
茶色玻璃	茶色	3~6	0.08~0.50
中空玻璃	无	3+3	0.81
安全玻璃	无	3+3	0.84
镀膜玻璃	金色	5	0.10
	银色	5	0.14
	宝石蓝	5	0.20
	宝石绿	5	0.08
	茶色	5	0.14

τ_c—窗结构的挡光折减系数，可按表 7-4 的规定取值；

窗结构的挡光折减系数τ_c值 **表 7-4**

窗种类		τ_c值
单层窗	木窗	0.70
	钢窗	0.80
	铝窗	0.75
	塑料窗	0.70
双层窗	木窗	0.55
	钢窗	0.65
	铝窗	0.60
	塑料窗	0.55

注：表中塑料窗含塑钢窗、塑木窗和塑铝窗。

τ_ω—窗玻璃的污染折减系数，可按表 7-5 的规定取值。

窗玻璃污染折减系数τ_ω值 **表 7-5**

房间污染程度	玻璃安装角度		
	垂直	倾斜	水平
清洁	0.90	0.75	0.60
一般	0.75	0.60	0.45
污染严重	0.60	0.45	0.30

注：τ_ω值是按 6 个月擦洗一次确定的。在南方多雨地区，水平天窗的污染系数可按倾斜窗的τ_ω值选取。

3）K'_P—室内反射光增量系数，它是室内各边面反射系数加权平均值P_j的函数，可按表 7-6 的规定取值。

侧面采光的室内反射光增量系数 K'_P 值　　　表7-6

B/h_c \ P_i	采光形式							
	单侧采光				双侧采光			
	0.2	0.3	0.4	0.5	0.2	0.3	0.4	0.5
1	1.10	1.25	1.45	1.70	1.00	1.00	1.00	1.05
2	1.30	1.65	2.05	2.65	1.10	1.20	1.40	1.65
3	1.40	1.90	2.45	3.40	1.15	1.40	1.70	2.10
4	1.45	2.00	2.75	3.80	1.20	1.45	1.90	2.40
5	1.45	2.00	2.80	3.90	1.20	1.45	1.95	2.45

注：B/h_c 应为计算点至窗的距离与窗高之比。

4）K_c—窗宽修正系数。有窗间墙时，需根据实际总窗宽占房间长度的比例进行修正。

5）K_ω—室外挡光系数。它是遮挡物对窗下沿形成的遮挡角 α 的函数，也同计算点的位置有关，可按表7-7的规定取值。

侧面采光的室外建筑物挡光折减系数 K_ω 值　　　表7-7

B/h_c \ D_d/H_d	1	1.5	2	3	5
2	0.45	0.50	0.61	0.85	0.97
3	0.44	0.49	0.58	0.80	0.95
4	0.42	0.47	0.54	0.70	0.93
5	0.40	0.45	0.51	0.65	0.90

注：D_d/H_d 应为窗对面遮挡物距窗的距离与窗对面遮挡物距假定工作面的平均高度之比。
当 $D_d/H_d>5$ 时，应取 $K_\omega=1$。

（2）顶部采光计算（见图 7-3）

$$C_{av} = C_d \times K_g \times K_\tau \times K_P$$

式中 C_d——通过天窗窗洞得到的采光系数天空分量最低值，查图 7-4 得到；

K_P——室内反射光增量系数，可按表 7-8 的规定取值；

K_τ——总透光系数，类似于侧窗读表取数；

K_g——高跨比修正系数，可按表 7-9 的规定取值。

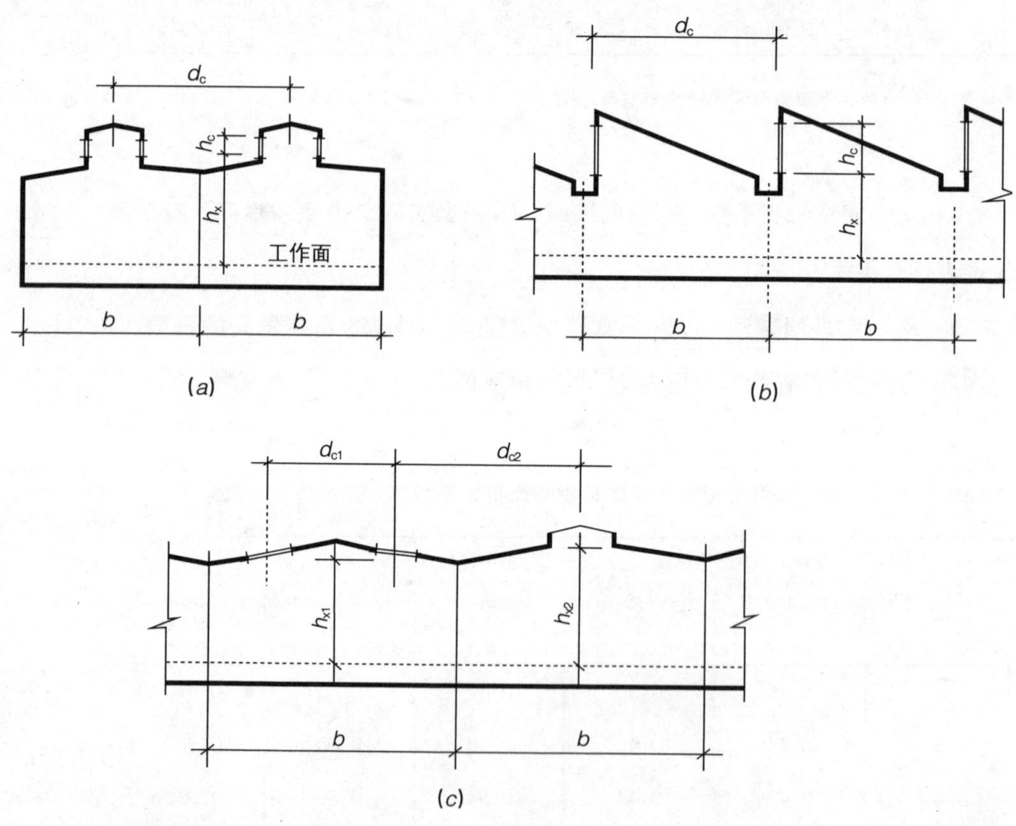

图 7-3 顶部采光

(a) 矩形天窗；(b) 锯齿形天窗；(c) 平天窗

b—建筑宽度（跨度或进深）；h_c—窗高；d_c—窗间距；h_s—工作面至窗上沿高度即 $h_x + h_c$；h_x—工作面至窗下沿高度。

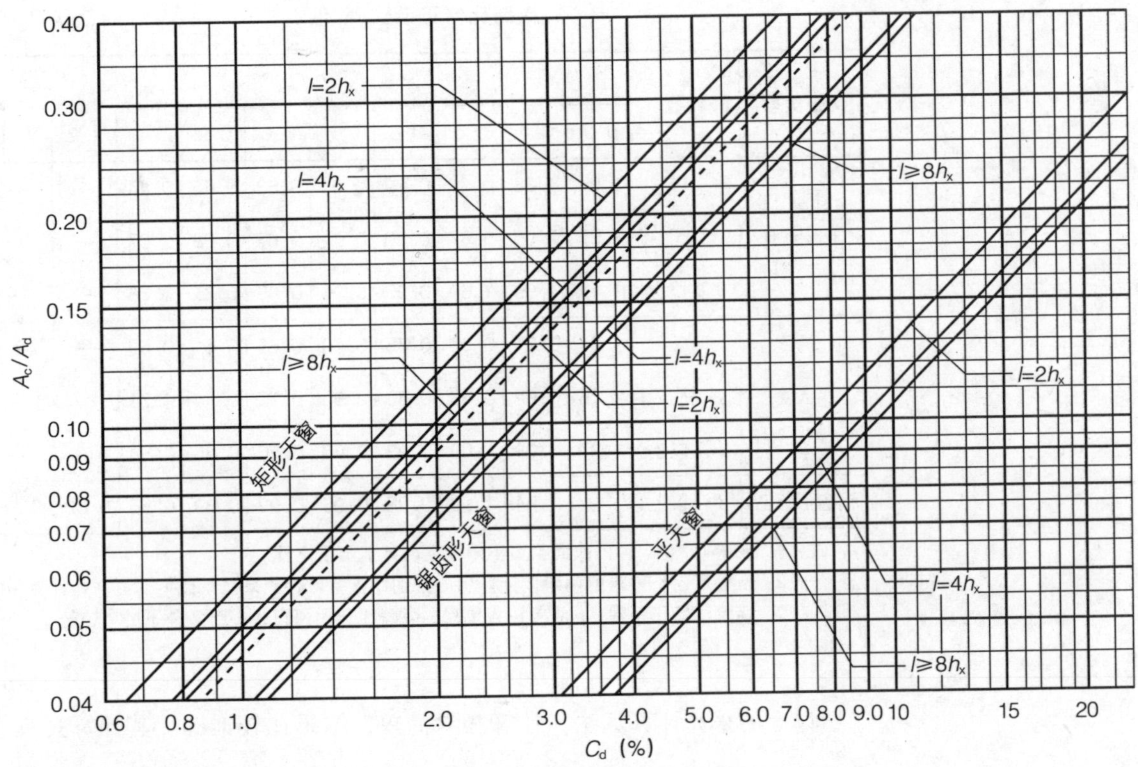

图7-4 顶部采光计算图表

顶部采光的室内反射光增量系数 K_P 值 表7-8

P_j	天窗形式		
	平天窗	矩形天窗	锯齿形天窗
0.5	1.30	1.70	1.90
0.4	1.25	1.55	1.65
0.3	1.15	1.40	1.40
0.2	1.10	1.30	1.30

高跨比修正系数 K_g 值　　表 7-9

天窗类型	跨数	h_x/b									
		0.3	0.4	0.5	0.6	0.7	0.8	0.9	1.0	1.2	1.4
矩形天窗	1	1.04	0.88	0.77	0.69	0.61	0.53	0.48	0.44	—	—
	2	1.07	0.95	0.87	0.80	0.74	0.67	0.63	0.57	—	—
	3 及以上	1.14	1.06	1.00	0.95	0.90	0.85	0.81	0.78	—	—
平天窗	1	1.24	0.94	0.84	0.75	0.70	0.65	0.61	0.57	—	—
	2	1.26	1.02	0.93	0.83	0.80	0.77	0.74	0.71	—	—
	3 及以上	1.27	1.08	1.00	0.93	0.89	0.86	0.85	0.84	—	—
锯齿形天窗	3 及以上	—	1.04	1.00	0.98	0.95	0.92	0.89	0.86	0.82	0.78

注：1. 表中 h_x/b 应为工作面至窗下沿高度与建筑宽度之比。
2. 不等高、不等跨的两跨以上厂房应分别计算各单跨的采光系数平均值，但计算用的高跨比修正系数 K_g 值应按各单跨的高跨比选用两跨或多跨条件下的 K_g 值。

以上的采光计算算法，计算相对简单，结果比较准确。其计算过程主要通过查找经过多次实验测试、将结果整理绘制的图表得到各部分参数计算得到的。

7.3 住宅采光技术

7.3.1 窗户类型与采光效果

为了取得天然光，需要在房屋的外围护结构（墙、屋顶）上开设各种形式的洞口，并在它的外面装上玻璃、有机玻璃等透明材料。这些透明的孔洞称为采光口。室内采光设计，很大一方面就在于合理地设置采光口的位置、尺寸和形状。

根据采光口所在位置的不同，可以分为侧窗（安装在侧墙上）采光和天窗（安装在屋顶上）采光两种。侧窗采光又分单侧窗和双侧窗，可以用于任何有侧墙的建筑内。这是最常见的采光口形式，但是由于它的照射范围有限，只能用于进深不大的房间内。

天窗采光可用于任何有屋顶的场所内。由于天窗采光口位于屋顶上，在开窗面积、形式、位置方面受限制较少，故室内照度不论从它的分布或数量上都比较容易掌握。这种形式常见于单层或多层住宅的顶层。

有的建筑同时采用以上两种采光形式，称为混和采光。以下对这几种常用采光形式的采光特性以及影响采光效果和能耗的各种因素进行介绍。

(1) 侧窗采光

在房间的一侧或两侧墙上开窗，是最常见的采光形式。侧窗构造简单，布置方便，造价低廉，光线具有强烈的方向性，有利于形成阴影，对观看立体物体特别适宜，并可直接看到外界景物，扩大视野，因此使用极为普遍。

1) 单侧窗。

在采光中，一面墙上的窗墙面积比，可以直接反映室内的采光效果的好与坏。下面我们针对不同的窗洞面积分别按照不同的窗宽、窗台高度、窗洞上沿宽度三个方面分析比较不同窗墙比给室内光环境造成的影响。

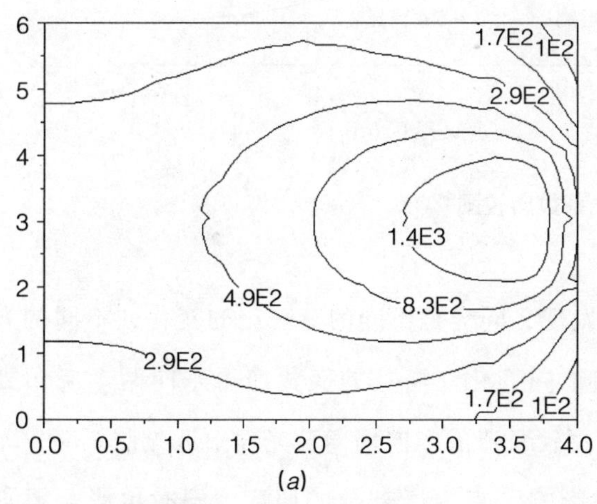

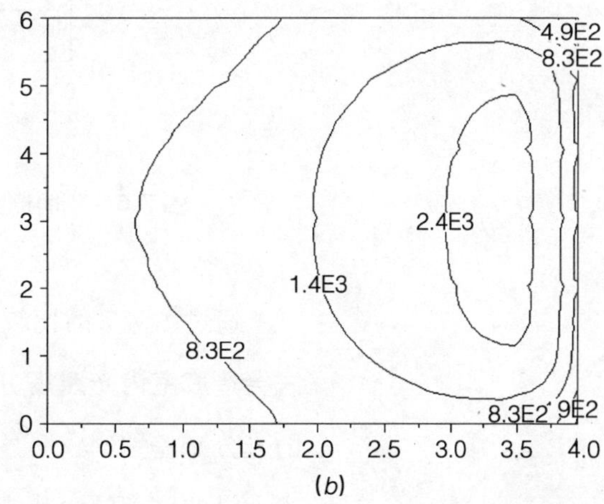

图7-5 不同窗宽夏季室内照度分布图
(a) 2m 宽侧窗；(b) 5m 宽侧窗

通过图7-5的比较，我们可以看出窗宽的不同、窗洞面积的大小直接影响通过窗洞进入室内的光通量，无论是在近窗处还是室内区，5m窗宽的房间内的光照度值都明显要好于2m窗宽。此外，由于东向窗的缘故，在上午9:00的模拟中，太阳直射光进入室内，光斑的大小也会受到窗洞的影响。因为太阳直射光造成的眩光、辐射热等问题，都是不利于室内舒适性的，所以，在提高整体室内采光的质量而加大窗宽的同时，应对太阳直射光的遮挡采取一定的措施。

图7-6给出了不同窗宽对采光系数的影响。可以看出窗宽对采光系数的影响是由外及里的，从近窗处到房间内区，较宽的侧窗的采光系数一直要高于较窄的侧窗。

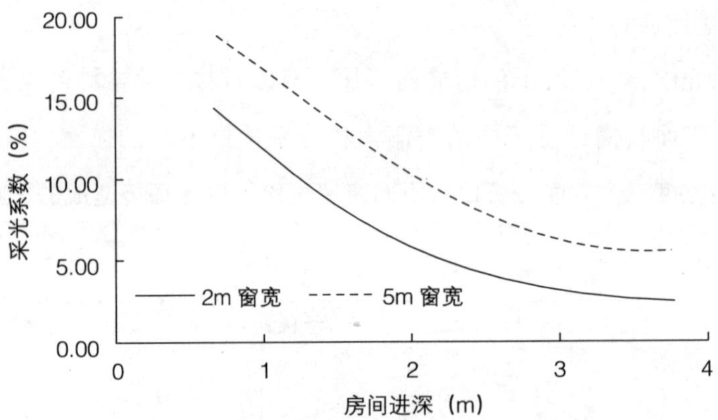

图7-6 不同窗宽采光系数比较图

通过图7-7的比较可以发现，同样是不同的窗墙比的变化，不同的方式会造成室内光照度分布的不同变化。窗宽的变化使得东向两个墙角处的光分布差别比较明显，窗宽较窄造成东向墙角背光面附近光照不够；而窗上沿的宽度的变化主要是影响了室内区部分的照度，同时也影响了进入室内的太阳直射光斑面积的大小。窗上沿本有遮挡太阳直射光的作用，但由于东朝向能见日光的时间里，太阳高度角都不是很高，遮挡作用不

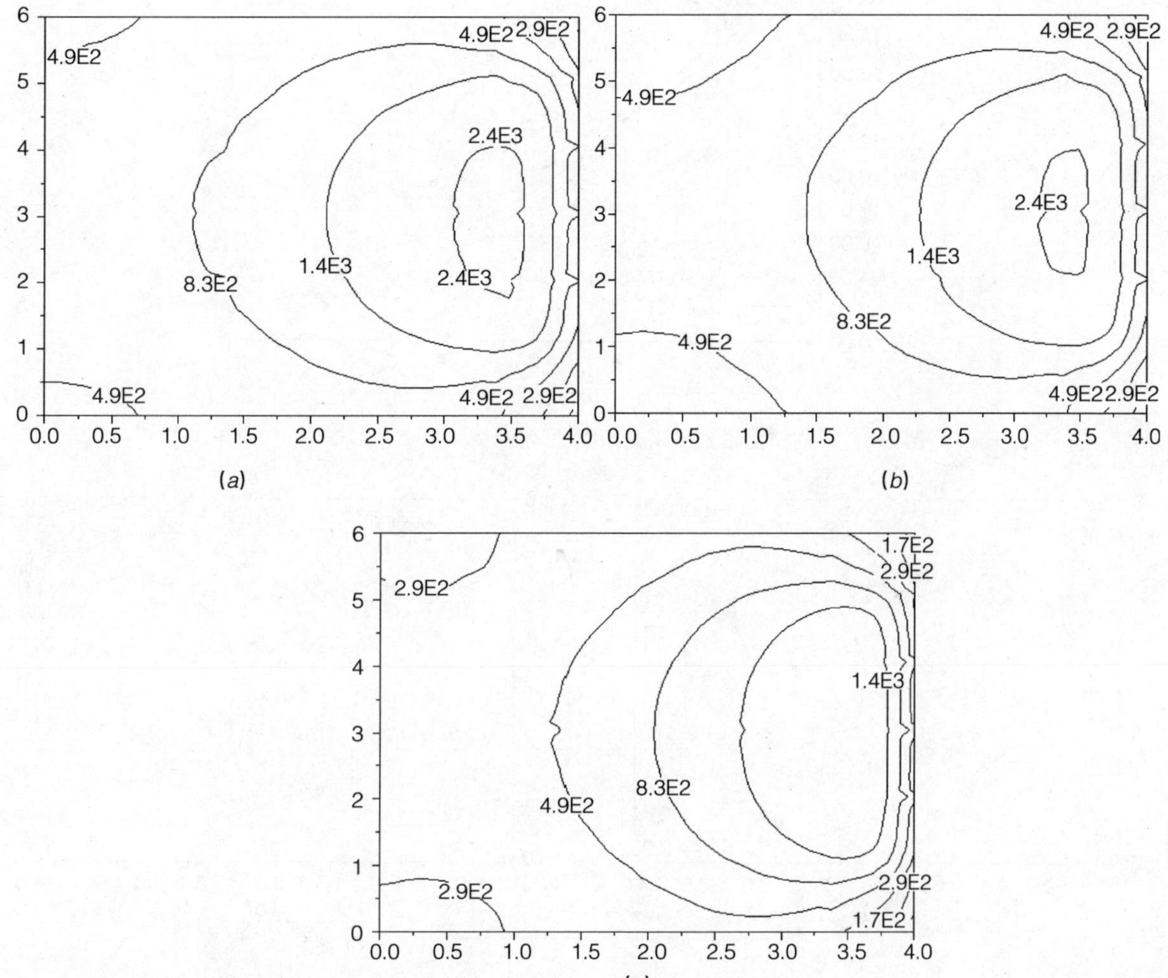

图 7-7　不同窗上沿宽度夏季室内照度分布图
(a) 上沿宽度 0.3m 侧窗；(b) 上沿宽度 0.5m 侧窗；(c) 上沿宽度 1.0m 侧窗

大，同时过宽的上沿反而会遮挡天空光部分，使得房间内区照度值偏低。

图 7-8 给出了不同窗上沿宽度对采光系数的影响。这里显示出窗洞的上沿的宽度越窄，上沿越高，室内的采光就会越好，并且不同窗上沿宽度造成的采光系数的差异不会随离窗的距离发生变化。

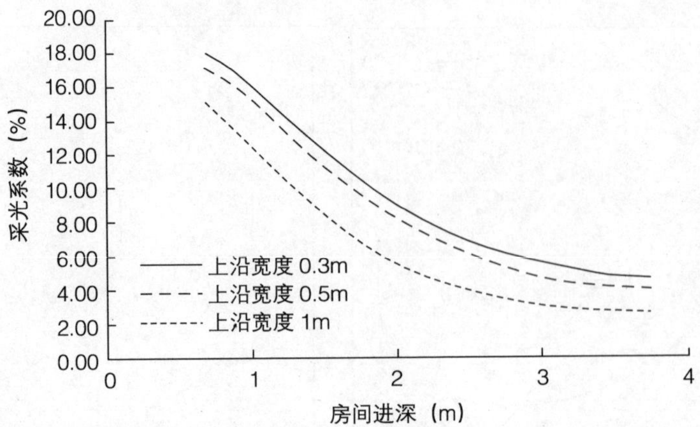

图 7-8　不同窗上沿宽度采光系数比较图

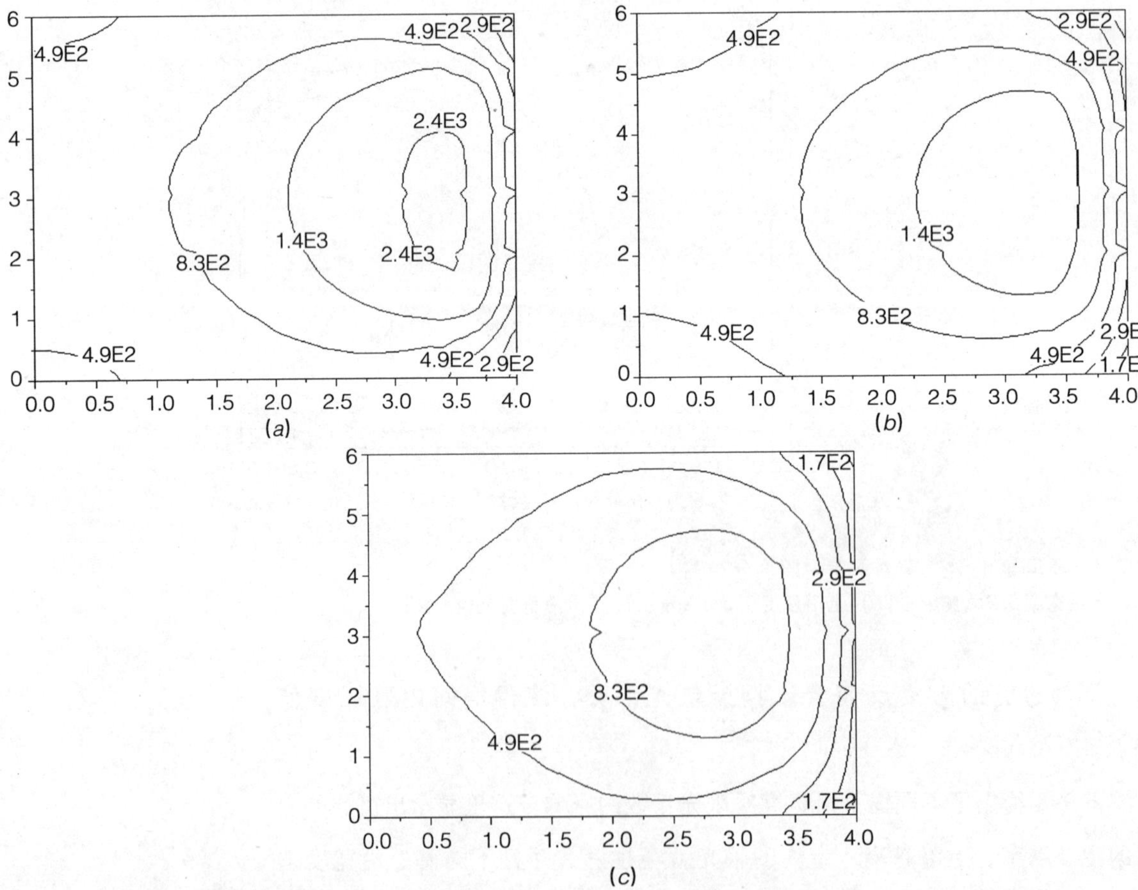

图 7-9　不同窗台高度夏季室内照度分布图

（*a*）窗台高 0.7m 侧窗；（*b*）窗台高 1.0m 侧窗；（*c*）窗台高 1.5m 侧窗

通过图 7-9 的比较，可以看出，同样是在纵向上变化窗宽，由窗台高度不同引起的房间内的照度变化与上面的窗上沿宽度的影响是不完全相同的。首先，室内照度整体上因为进入室内的光通量的变化而不同，但这里光照度的差别主要在近窗处，由于窗台的高度超过工作面（0.7m），遮挡了太阳直射光和大部分天空光，使得室内的照度最高值点由近窗处向内偏移。而对于内区来说，窗台的高度增加，只不过是减少了极少部分天空光，所以在照度上变化不大。但由于在建筑上的功用及人与外界交流的视觉效果上的影响，一般建筑的窗洞的窗台高度都会设计为与室内工作面平齐（0.7～0.8m）。

不同的窗台高度主要是对近窗处的采光系数产生影响，随着窗台的增高，近窗处的采光系数降低，最高值点向内区偏移。如图 7-10 所示。

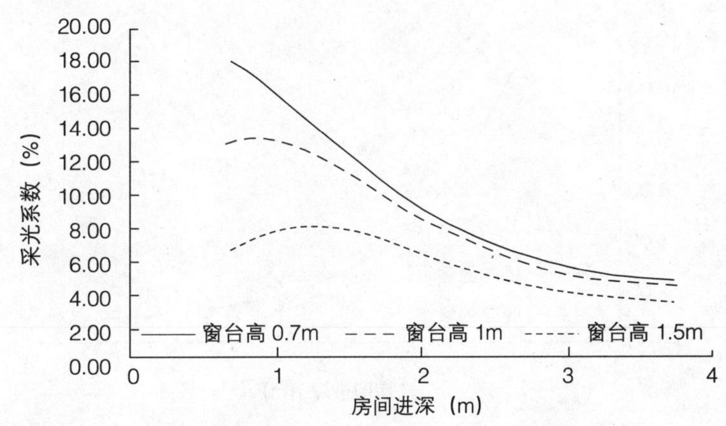

图 7-10　不同窗台高度采光系数比较图

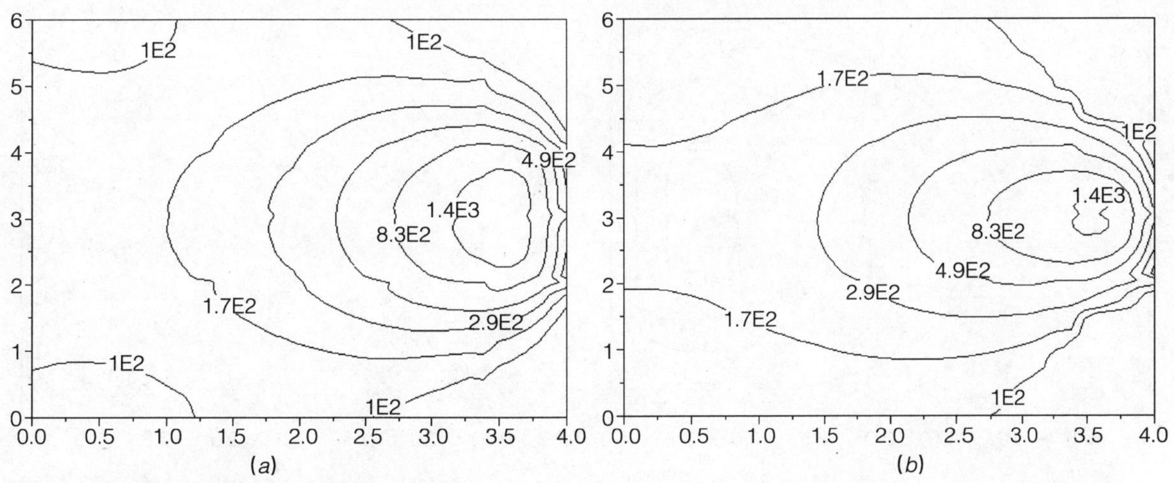

图 7-11　不同形状侧窗夏季室内照度分布图

(a) 横向侧窗；(b) 竖向侧窗

图7-11模拟的对象分别为横向和竖向居中放置的2m×1m的矩形窗洞，窗台高度均为0.7m。从模拟的结果来看，横向侧窗在近窗处的光照度在南北纵向的均匀度上要好于竖向侧窗；而竖向侧窗由于高度上的优势，使得室内区的采光效果要优于横向侧窗。由此可见，在自然采光中，内区的照度值更多受窗洞在竖直方向上的宽度的影响，而且，从上面的模拟结果的比较中，我们不难发现，近窗处二者的差别不是很大，主要是因为墙角背光处的照度主要是靠室内反射来提供，与进入室内的光通量有关，与窗洞的形状关系不是十分密切。因此，一般的建筑上对窗洞的处理都是先满足在竖直方向上的宽度要求的。

近窗处横向侧窗要好于竖向侧窗，而在室内区部分，竖向侧窗要优于横向侧窗。所以一般房间进深较小的时候宜采用横向侧窗，而对于进深比较大的房间，竖向侧窗的采光效果要更好一些。如图7-12所示。

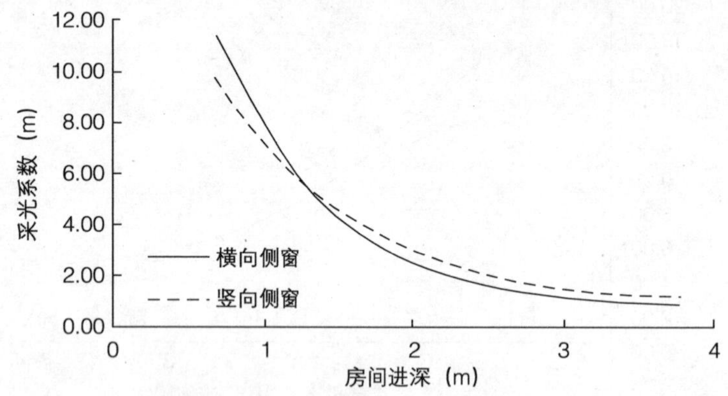

图7-12 不同形状侧窗采光系数比较图

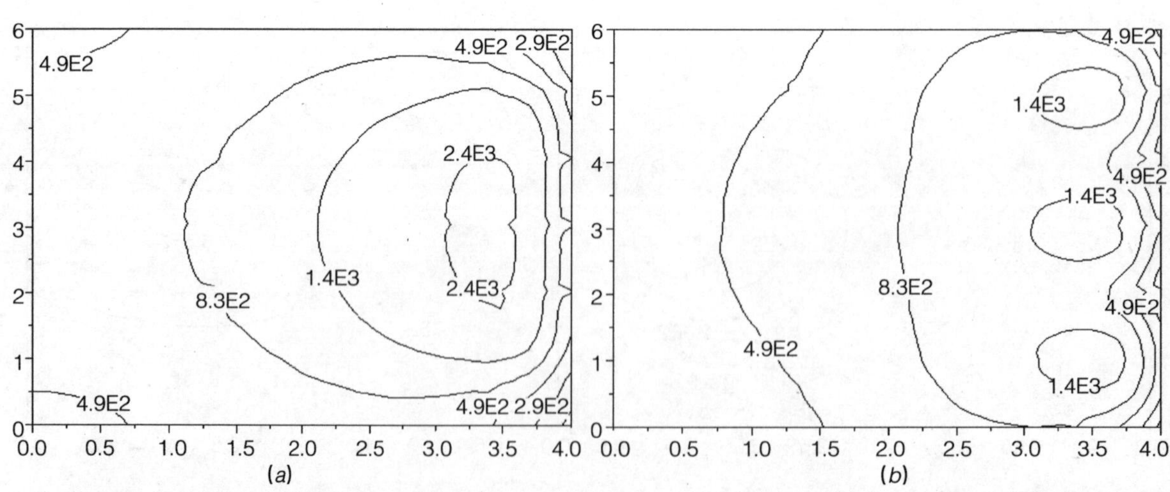

图7-13 不同形式侧窗夏季室内照度分布图

(*a*) 单数侧窗；(*b*) 复数侧窗

这里的单数侧窗窗宽4m，而复数侧窗是由三个窗宽1m的侧窗组成。通过图7-13的比较，可以发现虽然三个侧窗的复数窗会因为夹在它们之间的墙壁遮挡，使得近窗处背墙部分照度值偏低，但由于三个侧窗比较分散的缘故，使得房间的照度分布在南北向的横向上相对比较均匀，而且即使在窗面积较小的情况下，复数侧窗下的房间内区照度也与单数侧窗相差无几。所以从整体的照度均匀性上来说，复数侧窗要优于单数侧窗。因此，遇到较长迎光面的时候在墙上多开窗洞，相同的窗墙比下，复数侧窗的采光效果要明显好得多。

此处复数侧窗在采光系数上与单数侧窗有较大差别，除了因为窗洞面积较小外，与上面采光分布结论不尽相同的另一个原因就是，此处采光系数只是一个一维的比较，复数窗相对的纵向均匀的优点无法体现。如图7-14所示。

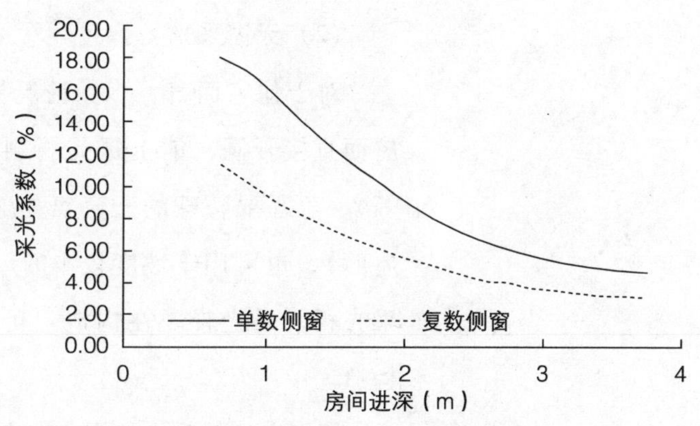

图7-14　不同形式侧窗采光系数比较图

2）双侧窗。

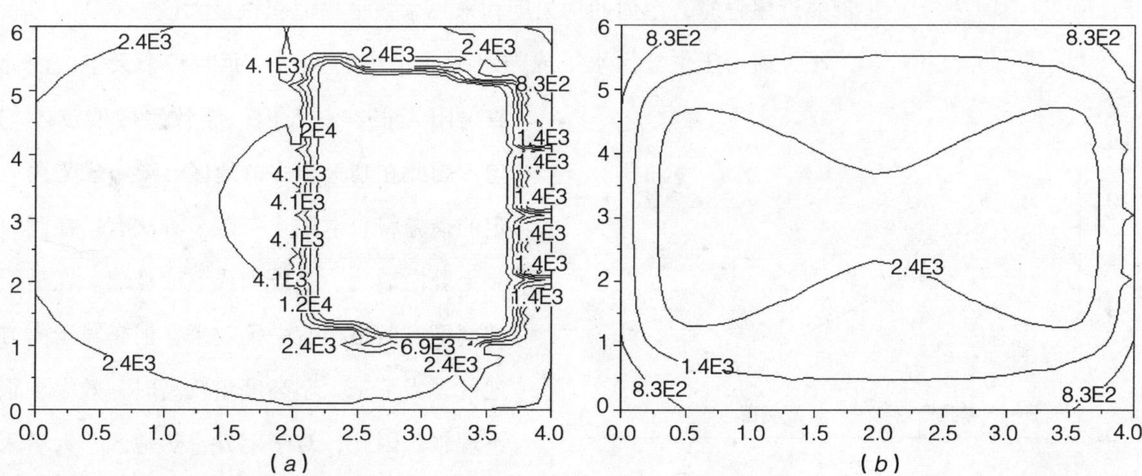

图7-15　双侧窗夏季室内照度分布图

(*a*) 双侧窗（东西）（晴）；(*b*) 双侧窗（东西）（阴）

图 7-15 是双侧窗的模拟结果，相对于单侧窗的东向（或西向）的模拟结果不难看出，在可见日光的上（或下）午，晴天的时段里单、双侧窗的采光效果相差不多，但双侧窗主要的优点在于：上下午时段里，它都能提供充足的光通量；同时在阴天的天气情况下，两侧开窗使得室内的照度更加均匀。

双侧窗因为两侧见光的特性，其采光系数的变化为两边高、中间低，但整体上要明显好于单侧窗。如图 7-16 所示。

（2）天窗采光

对于住宅而言，多数情况下的天窗采光采用的是平天窗方式，即在屋面直接开洞，铺上透光材料（钢化玻璃、铅丝玻璃、玻璃钢、塑料等），不需要特殊的天窗架，施工简便。平天窗可用在坡屋面（如槽瓦屋面），也可用于坡度较小的屋面上（如大型屋面板）。可做成采光罩、采光板及采光带。在构造上可以有多种变化，以适应不同材料和屋面构造。

平天窗不但采光效率高，布置灵活，而且照度容易达到均匀。实验表明：平天窗在屋面的位置影响均匀度和采光系数平均值。当它布置在屋面中部靠近屋脊时，室内的均匀度和采光系数平均值获得最大值。

平天窗由于位置为水平或与水平成很小的夹角，面向整个天空，因此直射阳光很容易入内，导致室内照度不均匀。因此在晴天很多的地区，要考虑采用一定的措施将直射阳光扩散。方法有：在洞口装上乳白玻璃、毛玻璃或上漆玻璃。在透明玻璃下方做格栅有一定效果，但是对于南方地区，当下午太阳高度角较高时，效果会很不理想。因此，对于南方炎热地区，天窗采光要谨慎采用。此外，对于北方寒冷地区，应采用高保温玻璃（双层中空玻璃或镀膜

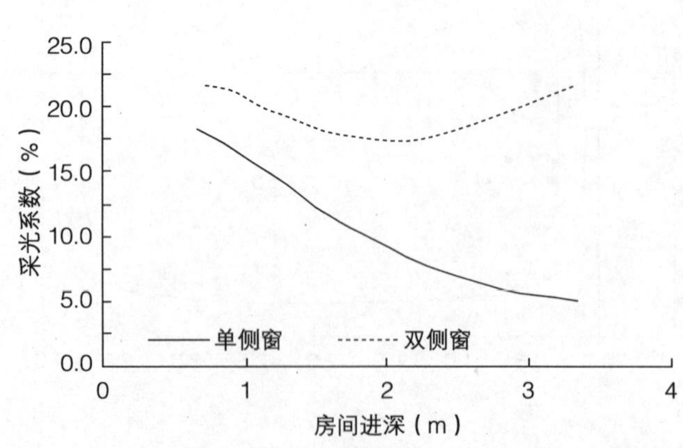

图 7-16　单、双侧窗采光系数比较图

双层中空玻璃等）作为天窗采光的透明材料，以避免在玻璃内表面出现凝结水的问题。

7.3.2　采光的调节与控制

住宅采光仅仅通过采光口往往达不到理想的采光状态，无论是侧窗还是天窗都无法阻挡太阳直射光的进入。同时，对于大部分住宅采用的侧窗采光，还存在沿着房间进深的方向上照度不均的问题。因此，结合采光口采用一定的装置和措施对采光进行控制，达到改善室内光环境和建筑节能，就显得十分必要了。

采光的调节与控制措施一般分为固定遮阳和活动板遮阳采光，而遮阳板根据采光口的朝向不同，一般又有水平百叶（南向）和竖直百叶（东西向）之分，以及这二者相结合的一系列形式灵活的遮阳形式；在遮阳板上面的处理上，也出现了区别以往实心材料，利用光衍射折散太阳直射的透过型遮阳板材；通过室外跟踪太阳光采集器收集太阳直射光—光纤传导—室内灯具照明的手段，能够很好地解决室内采光不利区域（例如：地下室等）的局部照明问题。

7.3.2.1　固定遮阳

目前，国内、外住宅建筑一般采用的固定遮阳形式主要有四种（如图 7-17 所示）：水平式、垂直式、综合式和挡板式。

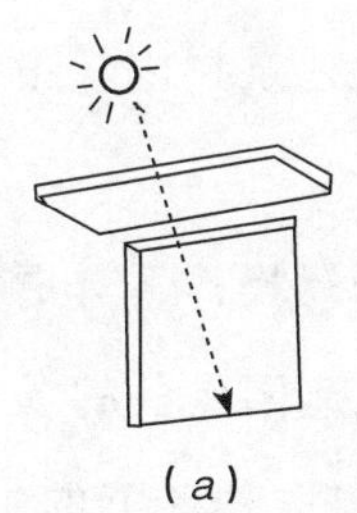
(a)

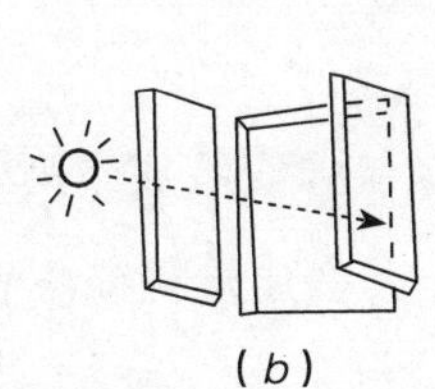
(b)

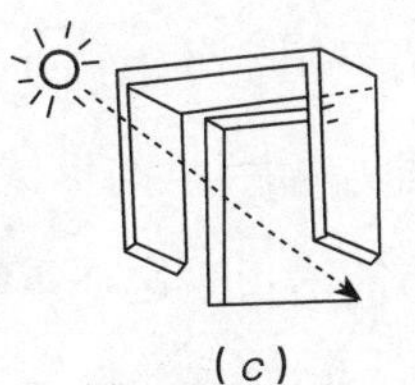
(c)

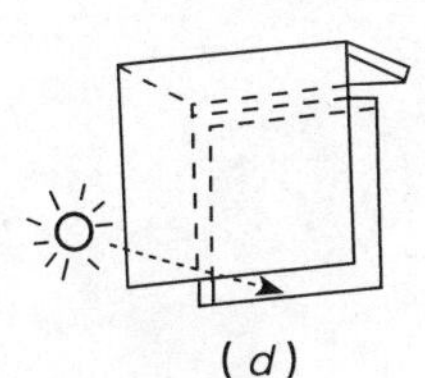
(d)

图 7-17　固定遮阳的基本形式
(a) 水平式；(b) 垂直式；(c) 综合式；(d) 挡板式

朝南的房间一般采用水平式遮阳，因为这时的太阳高度角很高。这样遮阳板只要伸出一定长度，就完全能够遮挡住太阳直射光，避免室内地面产生眩光现象。同时，它的遮挡作用可以极大地降低近窗处的照度，提高室内的照度均匀性。但其缺点是当房间进深较大时，内区的光环境由于遮阳板的遮挡变差，往往不满足照度要求而不得不使用人工照明来补充。

东西向的房间一般都会有“晨晒”和“西晒”之说，所以对太阳光的遮挡也是十分必要的。太阳在东西方位的时候一般高度角都相对比较低，使用水平遮阳板进行遮阳会对板的尺寸提出很高的要求，同时这样做的后果会由于遮挡的缘故使得室内的光环境整体变差，无法满足人的视觉要求。所以一般采用垂直式百叶来进行遮阳，通过对太阳方位的遮挡来改善室内照度均匀性，又不会过多影响室内的照度水平。

对于大多数非正南或正东、西向的住宅建筑来说，综合式的遮阳方式可以很好地降低遮阳板的尺寸，使得固定遮阳在遮挡太阳直射光进入室内的同时，对室内照度水平的影响降到最低。

7.3.2.2 活动板遮阳采光

这种方式能随天气变化和太阳位置的移动而调节遮阳角度，从全开敞以至全封闭，控制光线的灵活性大，节能效果好。

活动遮阳设备有用手操作和机械控制两大类。用手调节的遮阳设备（如图 7-18 所示）构造简单，成本低，但是操作费力，而大多数人往往不会在最适宜的时间调节它们，这就降低了节能效益。手调的活动遮阳百叶适用于家庭、较小的建筑物或控制直射日光要求不严格的大建筑物内。图 7-19 为采用室外铝百叶帘的例子。

图 7-20 所示的机械制动遮阳系统，安装成本高，但是容易操作，有更大的节能潜力。这种系统特别适于大型建筑物或不容易靠近遮阳设备的场合。由于电子遥控技术的发展和鼓励节能，现在已经研制出多种新型的、复杂的自动控制遮阳系统（如图 7-21 所示）。先进的系统能连续控制遮阳板，使它恰好将太阳的直射光束阻挡在窗洞范围以外。当不需要遮阳时，

（a）　　　　（b）

图7-18　C25型室内铝百叶帘

（a）英国Nottingham大学；（b）住宅中应用

图7-19　室外铝百叶帘

它们就自动地完全敞开。这类系统还控制着电气照明的自动调光，使灯光和天然光的配合始终处于最优状态。目前，自动遮阳系统的价格还比较贵，大约需要五到十年的时间才能从节能效益中回收投资。

(a)

(b)

图 7-20　活动百叶遮阳板
(a) 水平百叶遮阳板；(b) 垂直百叶遮阳板

3 月 23 日 P.M.1:30 内外空间的一体利用

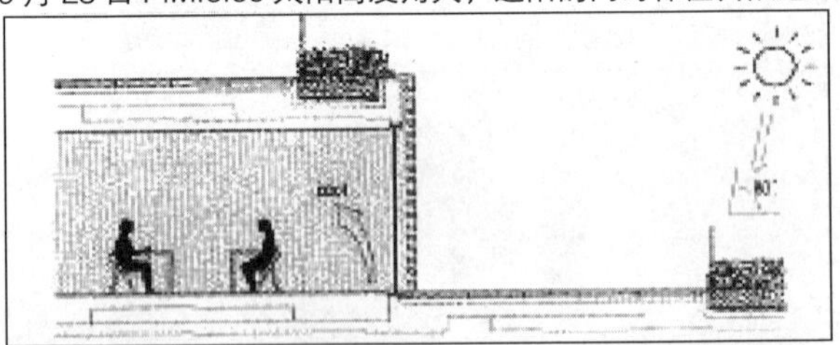
9 月 23 日 P.M.0:00 太阳高度角大，遮阳的同时保证自然通风

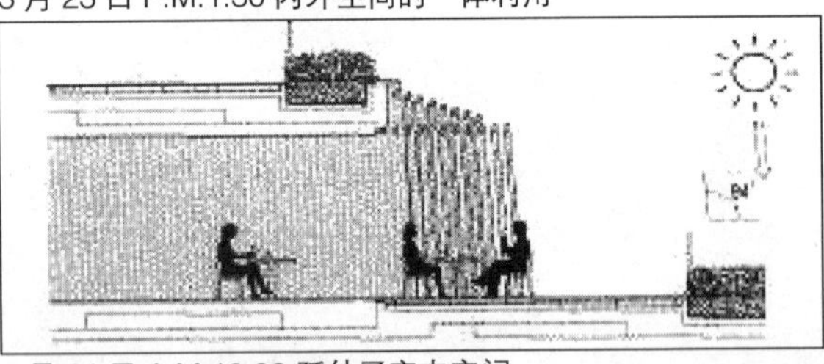
6 月 21 日 A.M.10:00 延伸了室内空间

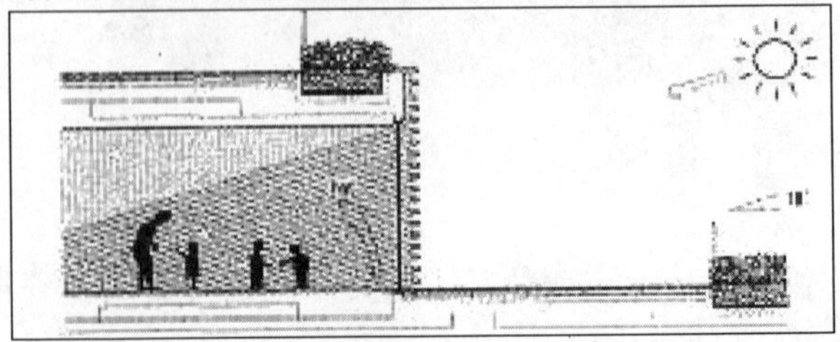
6 月 21 日 P.M.0:00 阳光被挡在室外，减小空调负荷

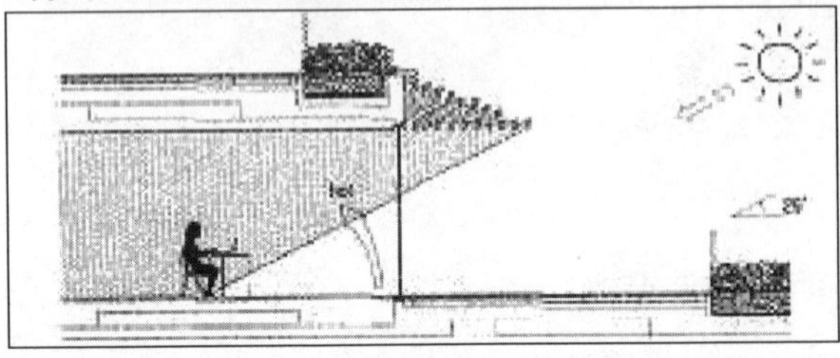
12 月 22 日 P.M.1:30 阳光进入室内，并防止台面眩光

12 月 22 日 P.M.3:00 太阳高度低，在室内投下长长的影子

图 7-21　可调节综合百叶遮阳

7.3.2.3 透过类型（利用材料的折射与散射）

图7-22 穿孔铝板遮阳

最简单的办法是在透明玻璃上喷涂薄薄一层油漆，或是挂上透光的窗帘来遮挡直射日光，也可以在窗子上装磨砂玻璃或折光玻璃，最好是在采光口的上部镶嵌玻璃砖，它能将入射日光折射到顶棚上，从而增加房间深处的反射光照度；采光口下相当于视线高度处，应设透明玻璃窗以沟通室内外视野，并进行自然通风。要注意，半透明的材料（如磨砂玻璃）在日光照射下可能有相当高的视亮度，同时它隔绝了对外界的视线，因此并不是很理想的控光材料。

图7-22所示的是另一种遮阳透过类型，通过衍射原理有效利用了部分太阳直射光对室内进行采光，同时又不会引起眩光。这种类型的透过体系与活动百叶相结合，在一定程度上使得室内的光照度水平和照度均匀性都达到了一个良好的水平。

7.3.2.4 跟踪采光技术

近年来，对于将更多的昼光引进室内的特殊方法，进行了许多研究，并且出现了一些以此为主要目标的建筑设计。有三个主要目的：第一，增加室内可用的昼光数量；第二，提高离窗远的区域的昼光的比例；第三，使不可能接受到天然光的地方也能享受自然光照明。

日本筑波宇航中心西侧的办公建筑进深较大，因此它在吊顶内采用了铺埋反射镜形成光导管的作法（图7-23）。并在每层吊顶外侧挑出部分利用平面镜引入太阳直射光，并利用相隔一定间距的玻璃向室内透光照明。

一个通过日本政府的绿色技术支持的餐厅，因为是建设在地下空间，采用了太阳光接收器并通过光纤传输太阳光的技术，对地下空间进行采光照明（图7-24）。

已经提出的方法大体有三类：1）利用镜反射表面，将日光反射到需要

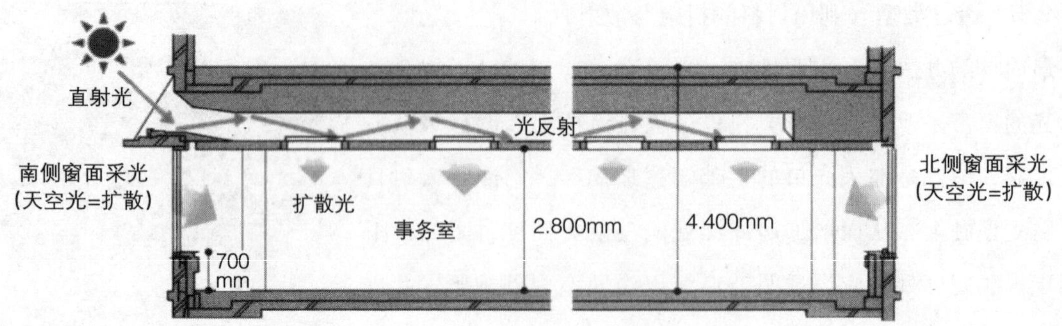

图 7-23　筑波宇航中心

图 7-24　日本某餐厅利用太阳光接收器

的空间。通常将这种平面的及曲面的反射装置设在窗外侧的中上部位置，也可以同遮阳设备合为一体；2）通过设在屋顶上的定日镜跟踪太阳，将获取的日光汇集成光束，经过光学系统的多次反射、折射后，引入需要的空间，再经过发散供室内环境照明。这种方法已在美国明尼苏达大学土木矿业馆作为试点，用作地下室的天然光照明（图 7-25）；3）通过光导纤维或输光管道，将日光传送到需要照明的空间（图 7-26、图 7-27），甚至可以借助光导纤维“看”到室外景物。这种用于建筑照明的光导纤维，要能有效地长距离传送高度集中的光通量才行。

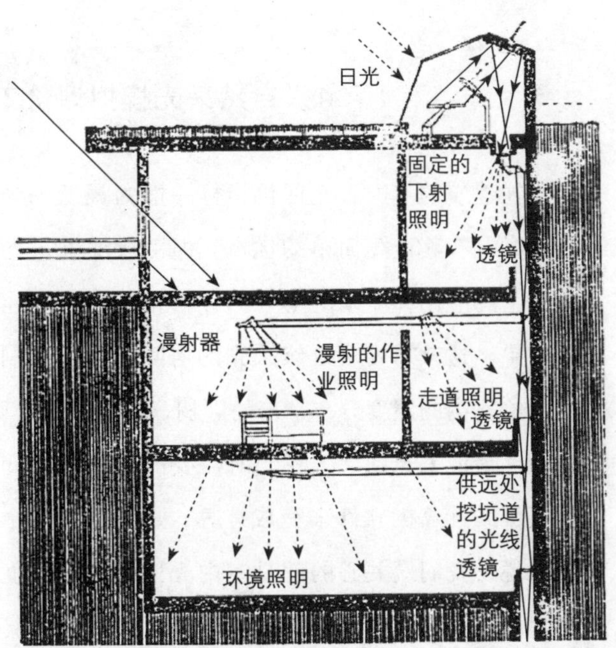

图7-25　美国明尼苏达大学土木矿业馆的太阳光学系统为地下室提供天然光照明

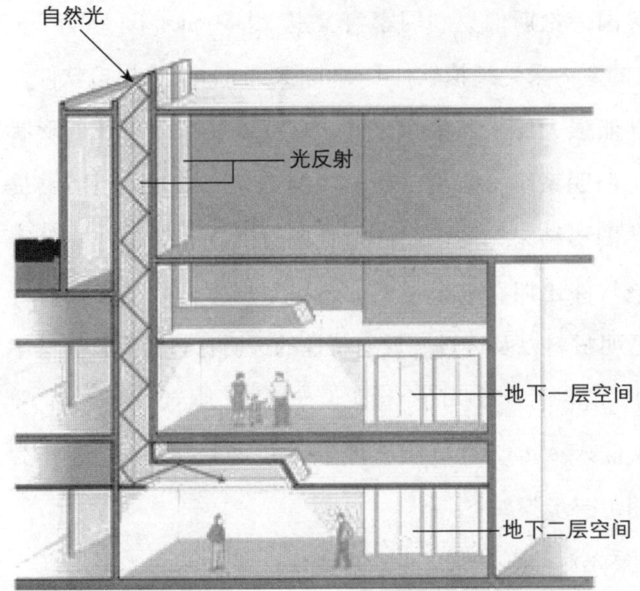

图7-26　地下空间采光

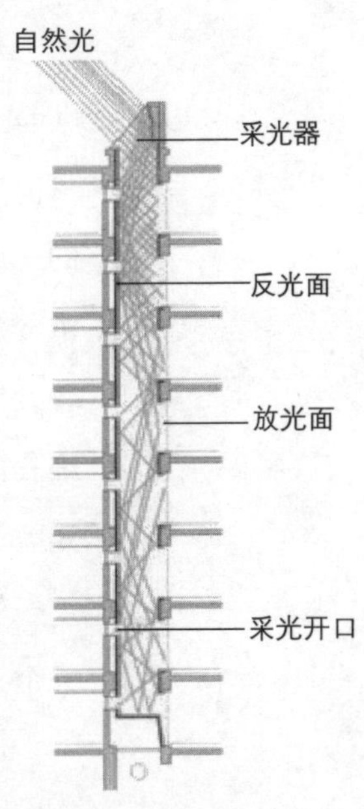

图7-27　住宅内区空间采光

7.4 自然采光模拟评价工具

以往建筑的室内采光评价指标一般为最低采光系数。这种标准在设计及评价时，有其计算简单的优点。但由于随着采光控制的要求的提出及许多工程上的应用，原来的单一的评价指标已经不能正确地给出建筑采光的实际效果。这就需要对自然采光的房间的照度影响有更深的了解，即对采光控制给室内的照度分布带来的影响，要有足够的认识。

相比最低采光系数，我们所需要的结果需要非常复杂庞大的计算，这就需要借助计算机软件来完成计算，从而得到一个全面的结果。对于住宅建筑来说，我们最关心的就是室内光照的水平照度分布，以及其照度水平能够保证房间全年中会有多少时间不需要人工照明。

7.4.1 模拟软件介绍

采光评价工具为美国劳伦斯伯克利国家实验室（Lawrence Berkeley National Laboratory）开发的室内采光模拟软件 Desktop Radiance。该模拟软件是目前国际上通用的、功能强大的采光模拟软件，它可以模拟分析任何形状的三维空间中的采光与照明系统，在给出计算数据结果的同时，还能够提供分辨率很高的可视化图形结果，便于设计师直接得到直观效果并重新完善设计方案。此外，该软件还拥有一个强大的材料数据库，数据库含有详细表面反射特性的非透明材料以及透过、反射特性的透明材料几千种，基本涵盖了所有的建筑材料，这也为设计师的个性化设计提供了强有力的支持。

软件在安装后直接嵌入 AutoCAD 绘图软件中（如图 7-28 所示），作为一个工具条存在。使用主要步骤如下：

1）在计算前，需要先对计算对象进行三维建模；

2）根据 Radiance 工具条里面的各属性选项，对所建模型的各边界进行赋值；

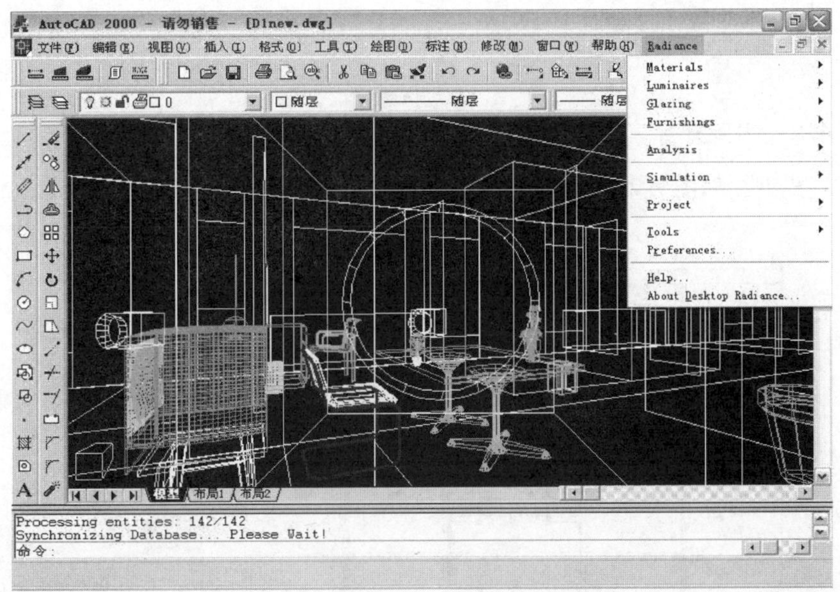

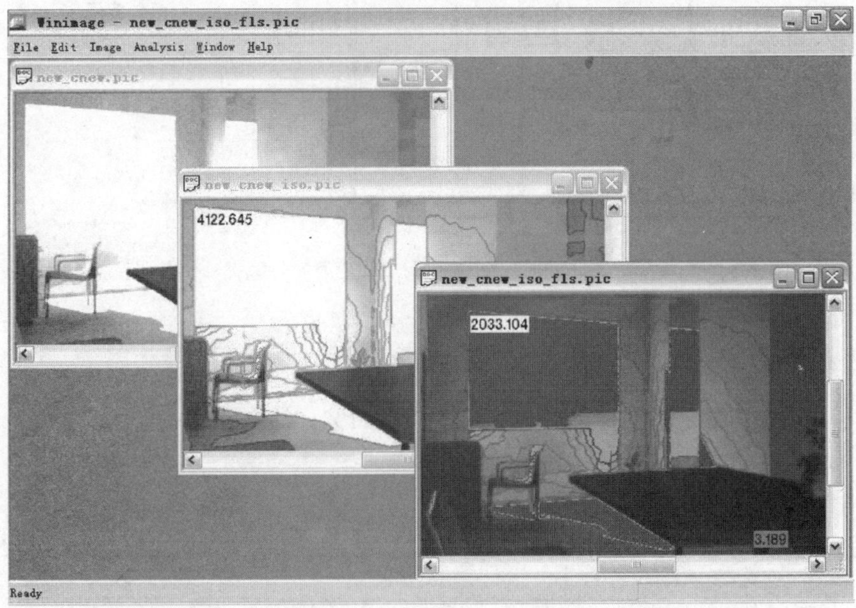

图 7-28 Radiance 软件介绍

3）输入需要计算的时间、地点经纬度和天气情况，通过计算得到室内照度分布的结果；

4）结果输出及整理。

7.4.2 实例分析

户型图如图 7-29 所示。

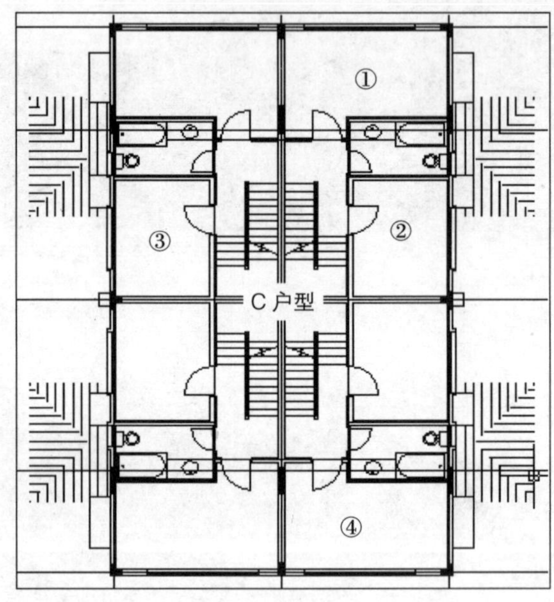

图 7-29 户型图

7.4.2.1 模拟参数设置

模拟参数设置如表 7-10 所示。经度：113°，纬度：22.6°。

室内表面材料表面特性参数设置 表 7-10

	材料颜色	反射率
内墙	浅黄色	68.0%
地板	蓝灰色	41.8%
吊顶	白色	67.5%

注：外窗的玻璃透过率（Transmmittance）：49.6%；反射率（Reflectance）：7.8%。

7.4.2.2　户型室内采光分析

模拟住宅户型平面及模型轴测图如图7-30、图7-31所示。

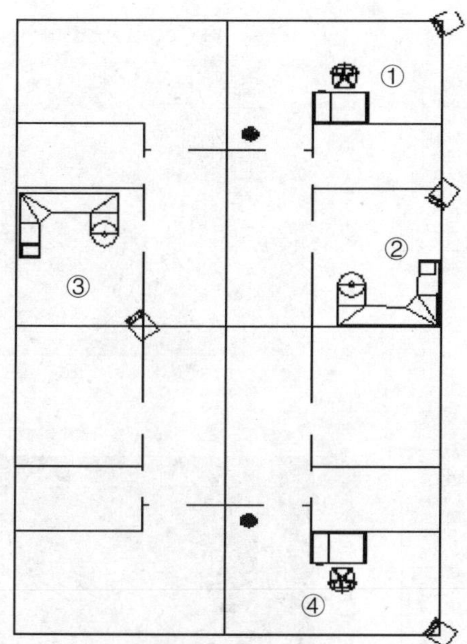

图7-30　户型房间模型平面图

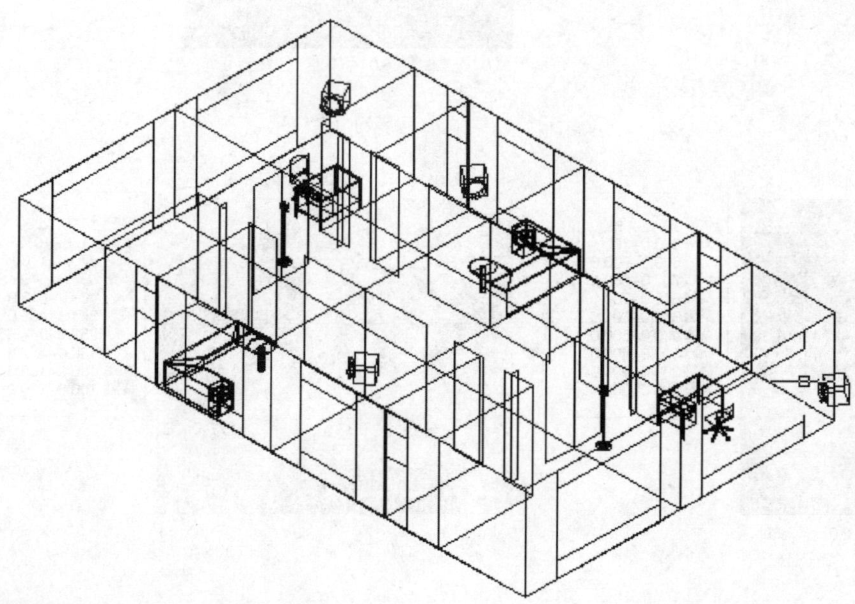

图7-31　户型房间模型轴侧图

(1) 夏季工况模拟

模拟得到的住宅内夏季照度分布如图 7-32 所示。

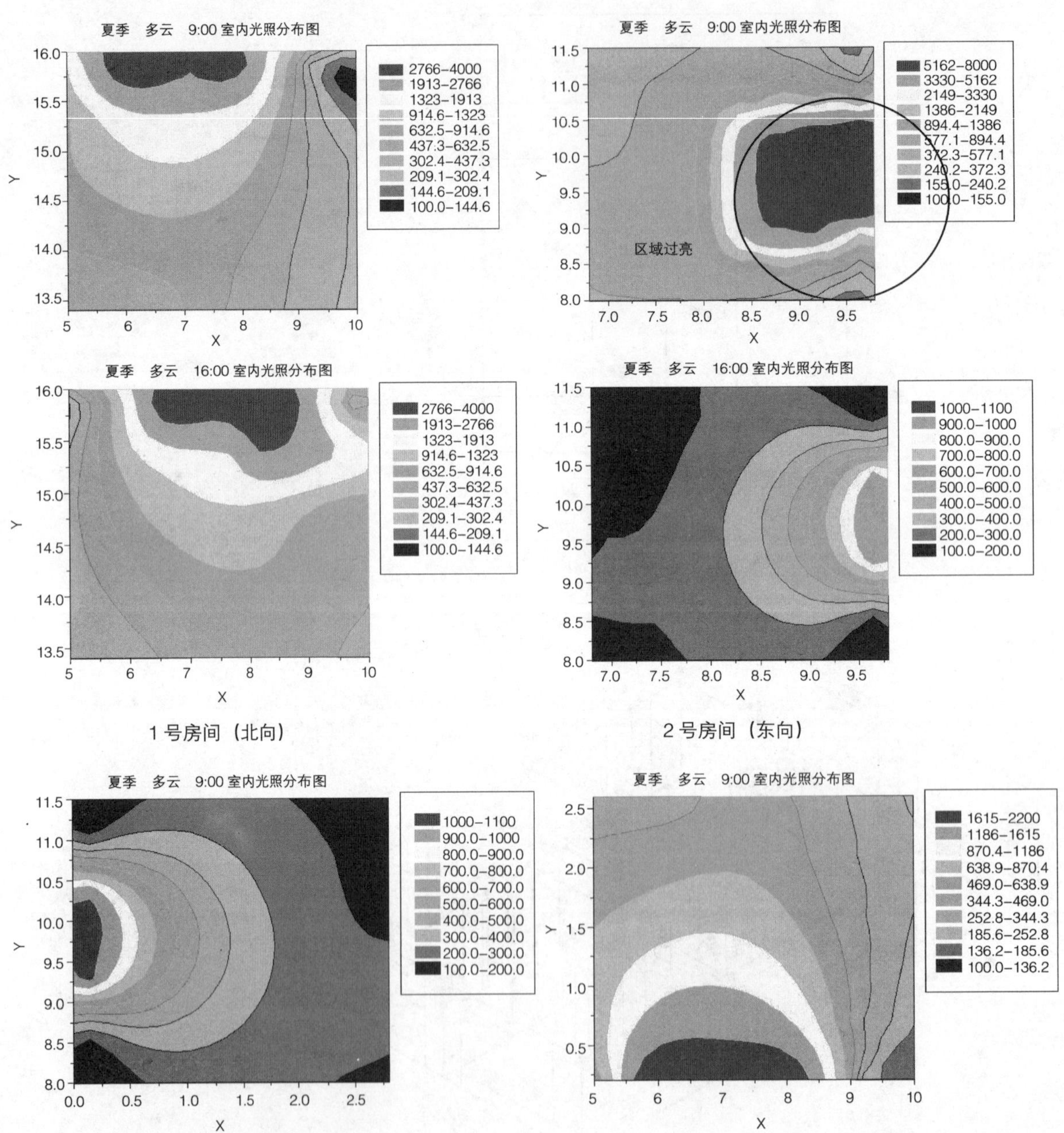

图 7-32 房间夏季照度分布图

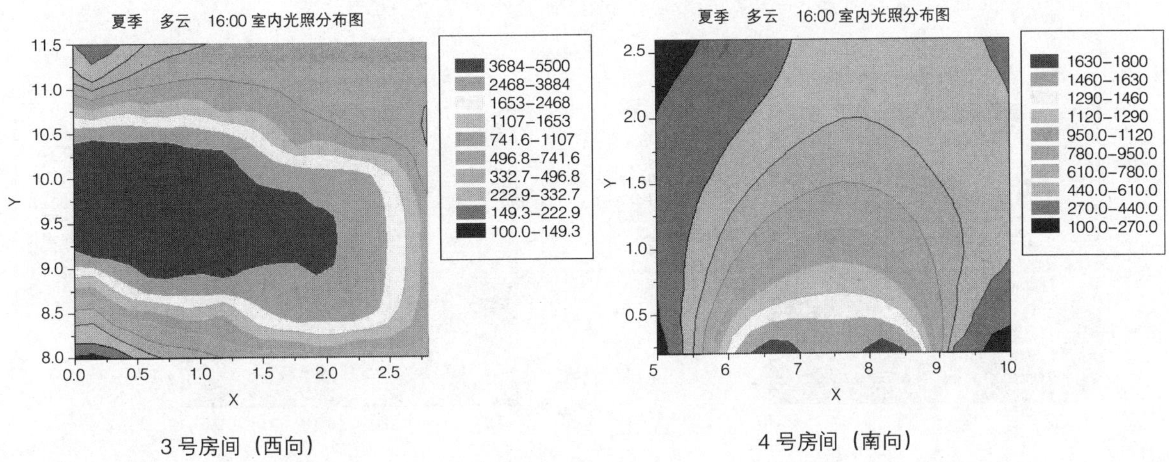

图7-32 房间夏季照度分布图（续）

分析：

1）在夏季模拟日，由于太阳几乎位于天空正上方（略偏北），对于南北向房间来说，直射的太阳光仅有少部分进入到室内，因此，室内的自然采光主要来自天空的散射太阳光，这使得室内的照度分布较为均匀。

2）在上午时段，南、北向房间的室内平均照度可达到800lx，相比之下北向房间的自然采光效果要略好一些；在下午时段，南向房间的室内平均照度要略高于北向房间，约500lx左右。

3）在上午时段的8:00，由于太阳直射的缘故，北向房间的窗户附近出现局部过亮情况，该局部的照度可达8000lx以上，这可能会引起眩光现象。

4）对于北向房间，在下午的18:00时段，室内局部的自然照度会低于100lx，这时应该采用局部的人工照明来满足室内照度的需要。

5）东向房间在上午会出现明显的“晨晒”现象，部分区域照度超过5000lx；而下午室内照度分布趋于均匀，平均照度在300lx左右。

6）西向房间在下午会出现明显的“西晒”现象，部分区域照度超过4000lx；而上午室内照度比较平均，一般在200lx左右。

（2）冬季工况模拟

房间冬季照度分布模拟结果如图 7-33 所示。

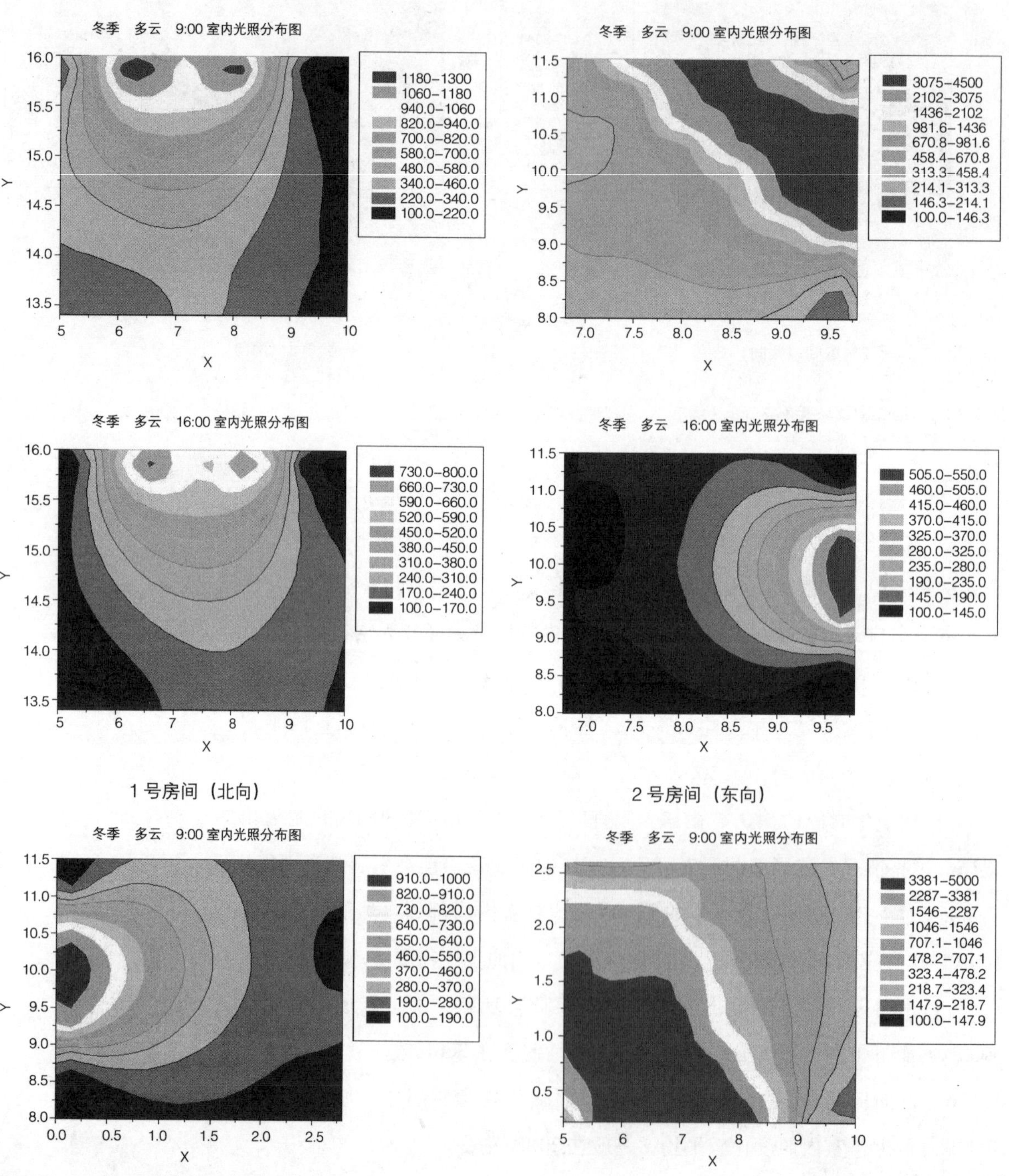

图 7-33 房间冬季照度分布图

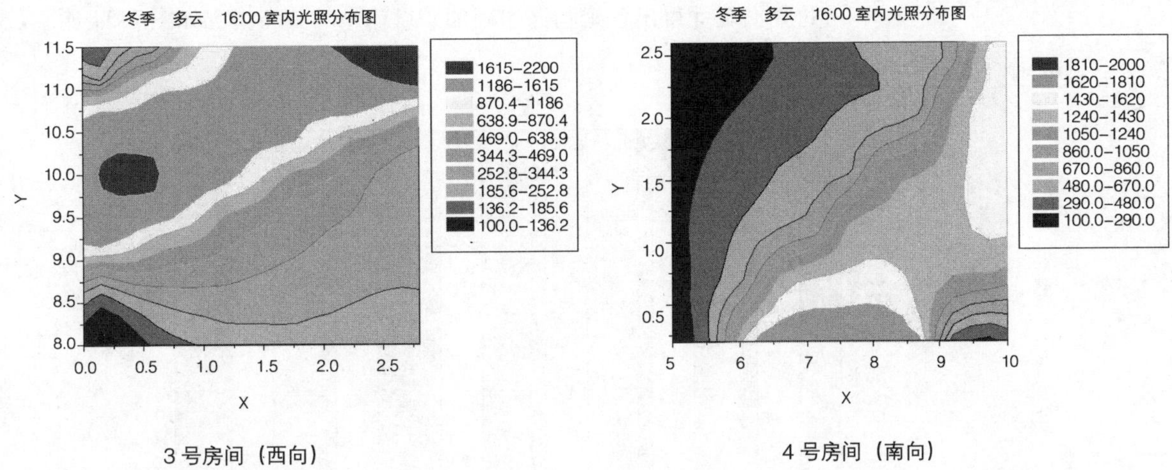

图7-33　房间冬季照度分布图（续）

分析：

1）与夏季模拟结果相比，东向房间上午室内的太阳直射光斑面积拉长了，同时光照的强度也有所下降，约3000lx左右，产生眩光的程度也相应大为降低。此外，在下午时段，进深大的周边区域光照度将低于100lx，尤其在5点以后需要人工照明补充。

2）西向房间同样存在“西晒”现象，但相比之下，冬季的西晒强度并不高，光斑处照度在1500lx左右，同时直射光斑因为太阳高度角低的缘故会投射到东北侧内墙上。此外，需要指出的是，南向房间由于太阳直射入射的缘故，房间部分空间出现过亮情况，照度水平可超过5000lx，可能会引起眩光现象。

7.4.2.3　全年室内照度分析

将室内照度等级做如下划分

照度水平很低：<30lx

照度水平较低：30～100lx

照度水平适中：100～5000lx

照度水平过高：>5000lx

由此我们统计得出各个朝向房间的照度的平均分布情况如图 7-34 所示。

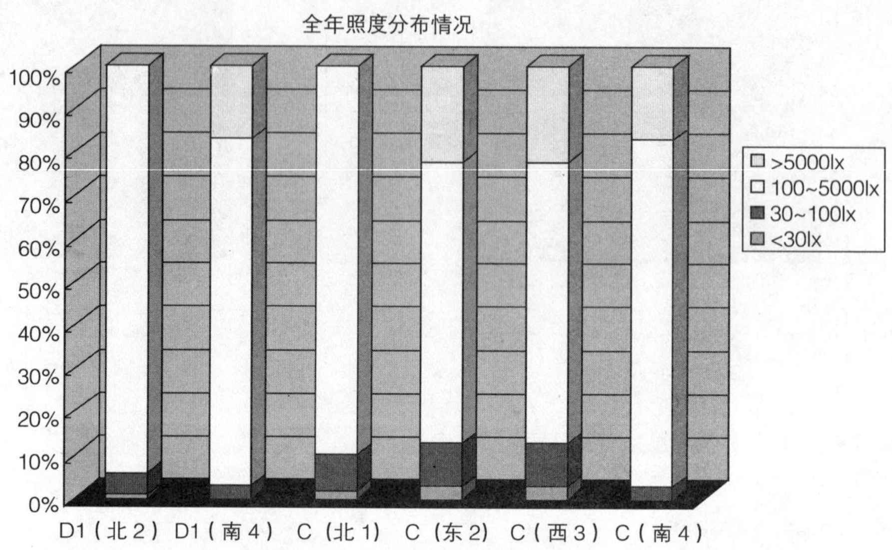

图 7-34 各房间全年照度分布图

7.4.2.4 总结

由以上模拟分析，可对房间的采光现状进行评价和建议。

1）D1 户型及 C 户型室内的自然采光效果总体来说比较好，全年 90% 以上白天时间（8:00 ~ 18:00）段内室内照度均大于 100lx。

2）相比之下，南北向房间的自然采光要明显优于东西向房间；南向房间的平均照度水平要大于北向房间，而空间上的分布较不均匀；由于 D1 户型南北房间相通，其北向房间的室内自然照度水平要略高于 C 户型的北向房间。

3）对于室内光环境，存在空间不均匀性与时间不均匀性。其中南向房间的空间不均匀性较为明显，而东、西向房间则存在“晨晒”与“西晒”问题，空间与时间的不均匀性更为明显。

4）为了改变室内光环境的空间与时间不均匀性，同时结合建筑物遮阳设计，建议在南向外窗设置水平挡板式的固定外遮阳装置，既可以有效遮挡太阳直射辐射入射，也使得室内光照分布更加均匀；而对东、西向外窗，则建议采用具有较好散射效果的织物帘式内遮阳，或者是遮阳效果更佳的卷帘外遮阳。

7.5　照明节能与节能灯具

7.5.1　照明节能

照明节能的重点是照明设计节能，即在保证不降低视觉要求的条件下，最有效地利用照明用电。其具体措施有：

1）采用高光效长寿命光源；

2）选用高效灯具，对于气体放电灯还要选用配套的高质量电子镇流器；

3）选用配光合理的灯具；

4）根据视觉要求，确定合理的照度标准值，并选用合适的照明方式；

5）室内顶棚、墙面、地面宜采用浅色装饰；

6）室内照明线路宜分细、多设开关，位置适当，便于分区开关灯。

7.5.2　节能灯具

顾名思义，节能灯具就是能够比原先产品更加节约能源，它包含了采用下述四方面手法的产品：

1）在老产品中，使用了节能的光源节能镇流器或高效的设备。

2）一种新产品，使用了新的被接受的照明原理，从而提高了光线的利用率。往往从研究照明设计原理着手，提高灯具的使用效能。

3）采用了新的设计思想或方法，创造了一种新的形式，得到了对光源光线利用率更高的或照明效果更好的灯具产品，研究光学设计新方法或新手段，提高灯具效率。

4）使用了一种新的材料或设计方法，使灯具的效率更高或光衰退更小，减少了维护，提高了灯具光线的利用效率。研究新材料或新结构，延缓光衰退，维持高效率，延长灯具寿命或提高了灯具效率（见表7-11）。

对荧光灯具综合进行新的节能产品替换后的性能的比较　表7-11

	光源光通量(lm)	灯具效率(%)	灯具出射光通量(lm)	镇流器功耗(W)	灯具的全部功耗(W)	灯具的综合光效(lm/W)
原灯具的数据	2500	65	1625	9	36+9=45	36.1
新灯具的数据	3400	70	2380	4	36+4=40	59.5
使用T5灯管的数据	2900	74	2146	4	28+4=32	67

近年来荧光灯技术得到飞速的发展，在研制生产三基色细管径荧光灯的基础上，又成功地开发出用高频电子镇流器点灯的高频荧光灯（简称Hf荧光灯），使荧光灯的光效由T12型的50lm/W提高到HfT5型荧光灯的104lm/W。

（1）高频直管型T8、T5荧光灯

高频直管型荧光灯主要有两大系统T8、T5型，分别见表7-12、表7-13。

其共同特点为均采用了三基色荧光粉、保护膜、新的电极和高频电子镇流器点灯，光效高，节能。

高频直管（T8）型荧光灯的性能（色温5000K）　表7-12

型号	尺寸(mm)		灯头	额定功率(W)	灯电流(A)	总光通(lm)	额定寿命(h)
	管径	长度					
FHF16	25.5	588.5	G13	16 23	0.255 0.425	1400 2000	8500
FHF32	25.5	1198	G13	32 45	0.255 0.425	3200 4500	12000
FHF50	25.5	1498.5	G13	50 65	0.355 0.550	5200 6400	12000

高频直管（T5）型荧光灯技术参数（IEC）　　　表7-13

功率（W）	14	21	28	35	49
长度（mm）	549	849	1149	1449	1449
管压（V）	84	123	162	205	194
电流（A）	0.17	0.17	0.17	0.17	0.26
光通量（lm）	1350	2100	2900	3650	5000
灯光效（lm/W）	96	100	104	104	102
系统光效（lm/W）	84	89	94	95	94

注：系统光效包括灯和镇流器组成的系统。

（2）高频环型荧光灯

环形荧光灯是将直管形的放电电路改为环形放电电路，使灯外形紧凑、美观，适用于室内装饰的照明。随着荧光灯技术的发展，环形荧光灯经历了灯管径细化<29mm细化至<20mm最近又细化到<16.5mm（T5型），并将单环形改为双环形使灯更加紧凑小巧，采用高频电子镇流器点灯，使灯的光效提高。

新型环形荧光灯与旧型号荧光灯电气特性比较　　　表7-14

规格		灯功率（W）	总光通（lm）	额定寿命（h）	光效（lm/W）
旧单环形 FCL40X-N/38		38	2940	6000	77.4
T5 单环形 FHC34EN	额定功率	34	3270	9000	96.2
	高功率	48	4250	9000	88.5
双环形（< 20mm）FHDI-OOEN		97	8800 (9600)	9000	95.0

从表7-14中可看出，T5单环型灯和双环型灯的寿命都为9000h，是旧型号单环型灯的寿命的1.5倍，减少了灯工作时更换的次数，节省了维护费用，有效地利用了资源。

随着高频直管、环形荧光灯灯具的技术发展，新的灯具具有高效、节能、节省资源、薄形化、紧凑化、易于维护和保养的特性。由于直管 T5 荧光灯具变短，可以很方便地嵌入标准天花板中应用，配置有新开发的等亮度控制（OLC）型格栅，体积减小 40%，组成的灯具不会产生直射和反射的眩光，特别适用于有计算机显示器的办公室照明。高频环形荧光灯更加薄形化、美观、紧凑、轻巧，可制成各种装饰用组合灯具，配之以壁开关或遥控开关，更加节能和方便运用。特别是新型高频荧光灯具有节能、节省资源和改善照明视觉效果的显著特点，是 21 世纪极具发展前途的绿色照明产品之一。

参考文献

1 詹庆璇．建筑光环境．北京：清华大学出版社，1994

2 黄永．智能百叶与建筑遮阳．华中建筑，第 21 卷，2003.5

3 章海骢．照明灯具发展之一——漫话节能灯具．灯具研究

4 王尔镇．高频荧光灯用节能灯具的进展．照明学报，第 24 卷第 5 期，10/2000

5 杨光鋆，罗茂羲著．建筑采光和照明设计．北京：中国建筑工业出版社，1980

第8章　太阳能利用与设计

随着国民经济的发展，能源需求量日益增加，能源利用情况紧张，而常规能源的大量使用必将对环境造成不利影响。太阳能作为可再生能源的一种，取之不尽，用之不竭，同时又不会增加环境负荷，将成为未来能源结构中的重要组成部分。我国属太阳能资源丰富的国家之一，住宅建筑单位建筑面积用能量不大，太阳能利用技术在住宅中的使用相对成熟，因此在住宅建筑中利用太阳能技术是经济可行且节能环保的有效措施，同时也是可再生能源利用的重要体现。本章将重点介绍太阳能被动式太阳房、太阳能被动式通风、太阳能建筑能耗模拟软件和太阳能生活热水系统等在住宅建筑中的应用。

8.1　太阳能资源分布

我国太阳年辐射总量大约在3300～8300MJ/(m^2·a)，全国2/3以上面积地区年日照小时数大于2000h，属太阳能资源丰富的国家之一。按太阳辐射年总量的不同，我国大致可以分为四个区（图8-1）：

（1）资源丰富带。主要包括宁夏北、甘肃西、新疆东南、青海西、西藏西等地区，全年辐射总量不小于6700MJ/(m^2·a)，年日照小时数为3200～3300h。该地区地势高，空气稀薄，水汽尘埃含量少，太阳辐射特别强烈，辐射得热明显高于同纬度的平原地区。

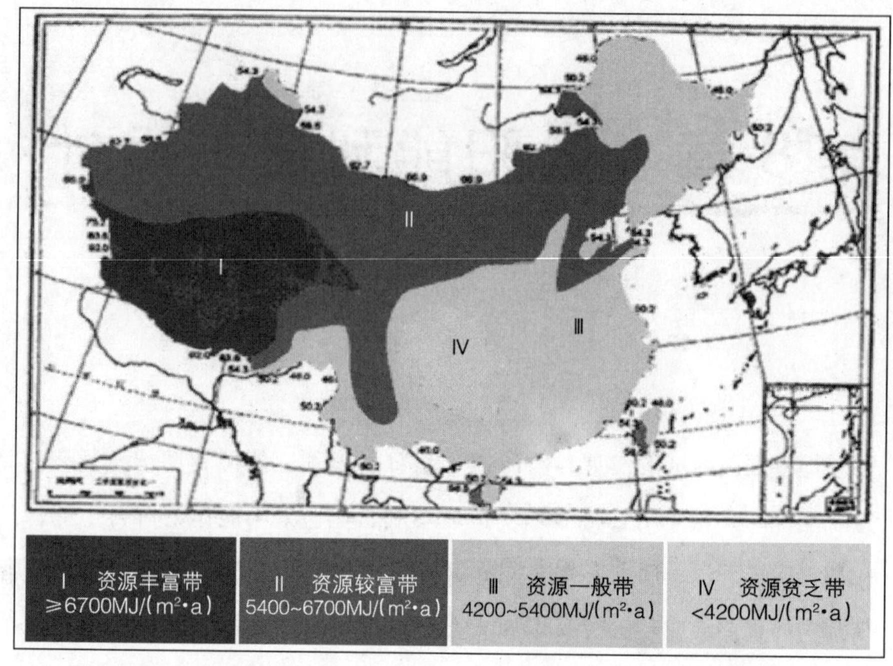

图8-1 中国太阳能资源分布图

（2）资源较富带。主要包括冀西北、京、津、晋北、内蒙及宁夏南、甘肃中东、青海东、西藏南、新疆南等地区，全年辐射总量在 5400～6700MJ/(m^2·a)，年日照小时数为3000～3200h。该地区处于我国西北干旱地区，云量少，晴天多，日照时数全国最长。

（3）资源一般带。主要包括东北大部、秦岭—黄河以北以及福建、广东、台湾、海南等地区，全年辐射总量在4200～5400MJ/(m^2·a)，年日照小时数为1400～3000h。该地区晴天多，云量少，日照时间长，但是冬季严寒，气温低，辐射强度较弱。

（4）资源贫乏带。主要包括川、黔、渝等地区，全年辐射总量在4200MJ/(m^2·a) 以下，年日照小时数为1000～1400h。该地区尽管纬度低，气温高，但由于受季风的影响，阴雨天气多，云量大，全年可利用的日照时数不多。

综上所述，我国太阳能资源分布情况呈现西高东低的趋势，西部地势较高、干旱少雨、太阳辐射较强，东部地势平缓、冬季严寒、太阳辐射较弱。太阳能资源最丰富地区为青藏高原，最贫乏地区为四川盆地，两者均处于北纬 22°～35°。除西藏和新疆两个自治区外，太阳能资源基本上南部低于北部，南方多数地区多云雾、常下雨，北纬 30°～40°地区太阳能分布情况与纬度变化规律相反。

8.2　太阳能在建筑中的应用

太阳光特有的波谱特性使得人们可以从光和热两方面对太阳能进行利用，其中太阳光可以直接用于采光或由太阳能电池转换为电加以利用，太阳热则可以直接采暖或经过转换后提供热量或冷量所需（图 8-2）。此外，按照利用方式的不同，又可以分为太阳能被动式利用和主动式利用。其中被动式利用是指不依靠任何机械手段利用太阳能直接满足人们需求，主动式利用则需要额外的机械功消耗。

太阳能生活热水系统是指利用太阳能集热器收集太阳辐射能量，加热生活热水后供住户日常生活热水所需。

太阳能制冷分为太阳能吸收式制冷系统和太阳能吸附式制冷系统。吸收式制冷系统需要与太阳能热水系统配合，利用太阳能集热器获得高温热水，然后通过热水吸收机制冷获得建筑所需的冷量（如图 8-3 所示）。单级热水吸收机在高温时候的效率较高，可以达到 0.6 以上，但在温度相对较低的时候效率较低，热源温度一般为 85～90℃，利用温差为 6～8℃。双级吸收式制冷尽管效率相对较低，但是在低温的时候也能保持较高的效率，热源温度在 65～80℃，利用温差为 12～17℃。目前，国内已有多个太阳能吸收式制冷示范工程。1987 年，中国科学院能源所与香港理工大学合作在广东深圳建成国内第一座太阳能空调系统，系统制冷能力 14kW，单级溴化锂吸收式制冷机，热源温度要求 88℃以上。广东江门市的一座 24 层综合大楼

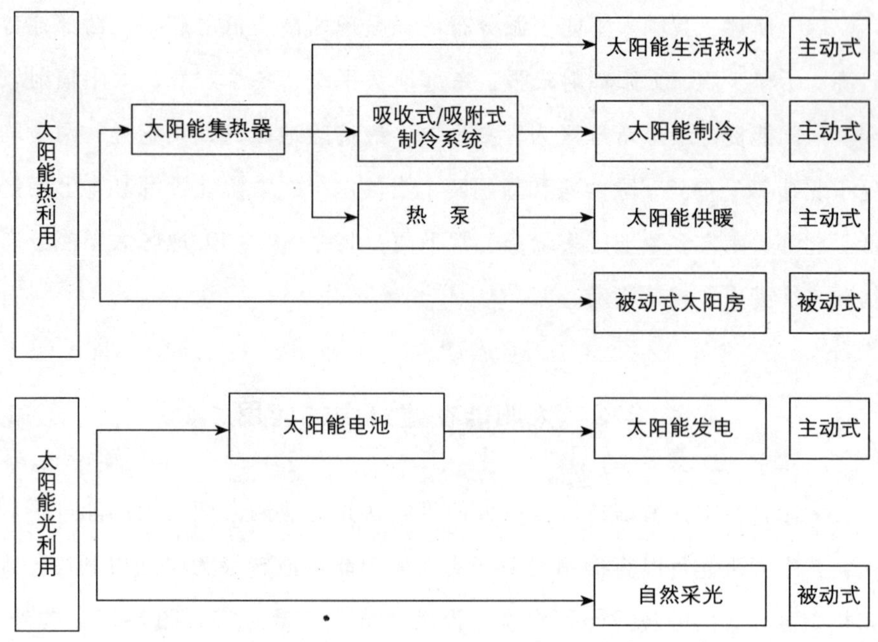

图 8-2　太阳能利用方式

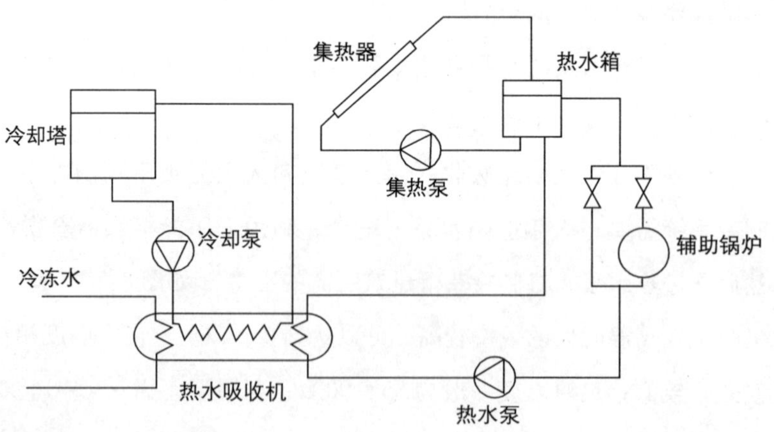

图 8-3　太阳能吸收式制冷系统

采用 100kW 太阳能空调热水系统，利用太阳能除提供全年大楼每天所需生活热水外，还在夏天利用太阳能制冷，供其中一层空调所需。北京太阳能研究所在山东乳山的太阳能制冷系统采用 2160 根热管型真空管高效集热器阵列，集热面积 540m²，提供 88℃高温热水，100kW 溴化锂单效吸收式制冷机，供应 1000m² 面积空调。该系统太阳能集热器平均日效率在夏季空调时超过 40%，冬季可达 35%，过渡季提供生活热水时可达 50%，溴化锂吸收式制冷机 COP 可达 0.7，太阳能制冷总效率可达 20% 以上。太阳能吸附式制冷采用沸石—水或者活性炭—甲醇作为吸附工质对，整个系统由太阳能吸附集热器、真空阀门、冷凝器、蒸发贮液器、风机盘管、水泵等组成（图 8-4）。白天利用太阳加热吸附器使制冷剂解析，经冷凝器冷却成液态进入蒸发贮液器，太阳能转化为代表制冷能力的吸附势能贮存起来，晚上通过自然冷却、吸附床降温，制冷剂通过阀 2 被吸附剂吸附，产生制冷效果。同时，通过吸附床内埋管，可利用辅助热源加热吸附床，补充太阳能不足，也可以在埋管内用冷却水回收吸附床显热及吸附热，提供 40～60℃热水。吸附式制冷系统将太阳能集热器和吸附器合二为一，系统简单，经济性好，一台家用吸附式空调系统总成本可控制在 4000 元左右。

太阳供暖系统是直接由集热器制取热水供采暖使用，也可以利用获得的热水作为热泵的低温热源，通过热泵系统满足供暖所需。由于通过太阳能获得的低温热水的品位较高，因此热泵可以在较高的 COP 下运行，节省运行能耗。

被动式太阳房是指不依靠任何机械手段直接利用太阳辐射采暖，可以通过开大窗户面积让太阳光进入室内，也可以利用其他蓄热手段强化利用效果。

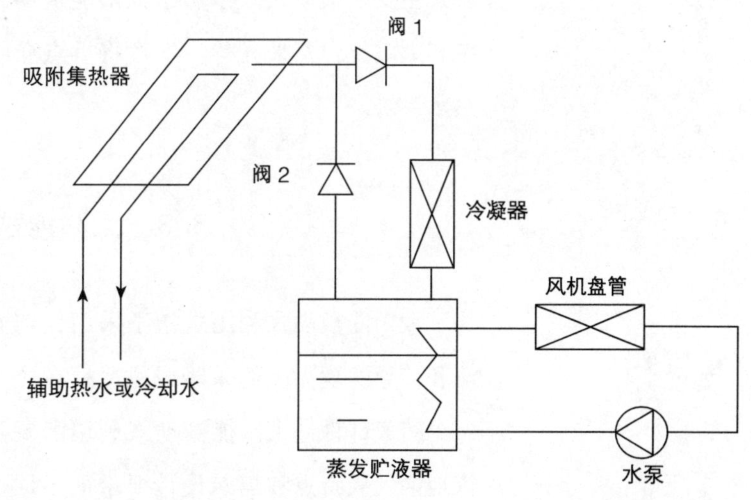

图 8-4　太阳能吸附式制冷系统

太阳能光利用主要有两类，一是通过太阳能电池获得电量（如图 8-5 所示），二是直接利用太阳能采光。至 1954 年，美

图8-5 太阳电池利用（德国柏林办公楼）

国贝尔实验室研制出第一块半导体太阳能电池以来，太阳能电池发展迅速，近几年太阳能电池市场几乎以每年30%的速度递增。20世纪90年代后期，商品化电池效率从10%~13%提高到13%~15%，生产规模从1~5MW/a发展到5~25MW/a，而光伏组件的生产成本降低到3美元/W以下。目前市场上常见的太阳能电池以硅晶片技术为基础，主要采用单晶体硅、多晶体硅及GaAs为材料。自然采光的利用主要是通过太阳光收集器、反光板、光导纤维、太阳光光井等方式将太阳光直接引入室内需要照明的地方，减少照明能耗。

根据住宅建筑的特点以及目前经济水平，住宅建筑中切实可行的利用方式主要是被动式太阳房、太阳能被动式通风机降温、太阳能生活热水系统和太阳能自然采光等，本章将重点介绍太阳能被动式利用和太阳能生活热水系统。

8.3 太阳能被动式利用

太阳能被动式利用是指不采用任何其他机械动力，直接通过辐射、对流和传导实现太阳能采暖或供冷，在这一个过程中，建筑本身就是系统的一个组成部件。太阳能被动式利用需要与建筑设计紧密结合，其技术手段依地区气候特点和建筑设计要求而不同，国内常见成熟的技术策略有被动式太阳房采暖和太阳能被动式通风降温。

8.3.1　被动式太阳能建筑设计

被动式太阳能建筑设计要求在适应自然环境的同时尽可能地利用自然环境的潜能，因此在设计过程中需全面分析室外气象条件、建筑结构形式和相应的控制方法对利用效果的影响，同时综合考虑冬季采暖供热和夏季通风降温的可能，并协调两者的矛盾。例如，冬季采暖需要尽可能引入太阳辐射热，而夏季则必须遮挡太阳辐射，以降低室内冷负荷。一般而言，被动式太阳能建筑设计由以下三个步骤组成：

1）掌握地区气候特点，明确应当控制的气候因素；

2）研究控制每种气候因素的技术方法；

3）结合建筑设计，提出太阳能被动式利用方案，并综合各种技术方案进行可行性分析，各种可能技术路线如图 8-6 所示；

4）结合室外气候特点，确定全年运行条件下的整体控制和使用策略。

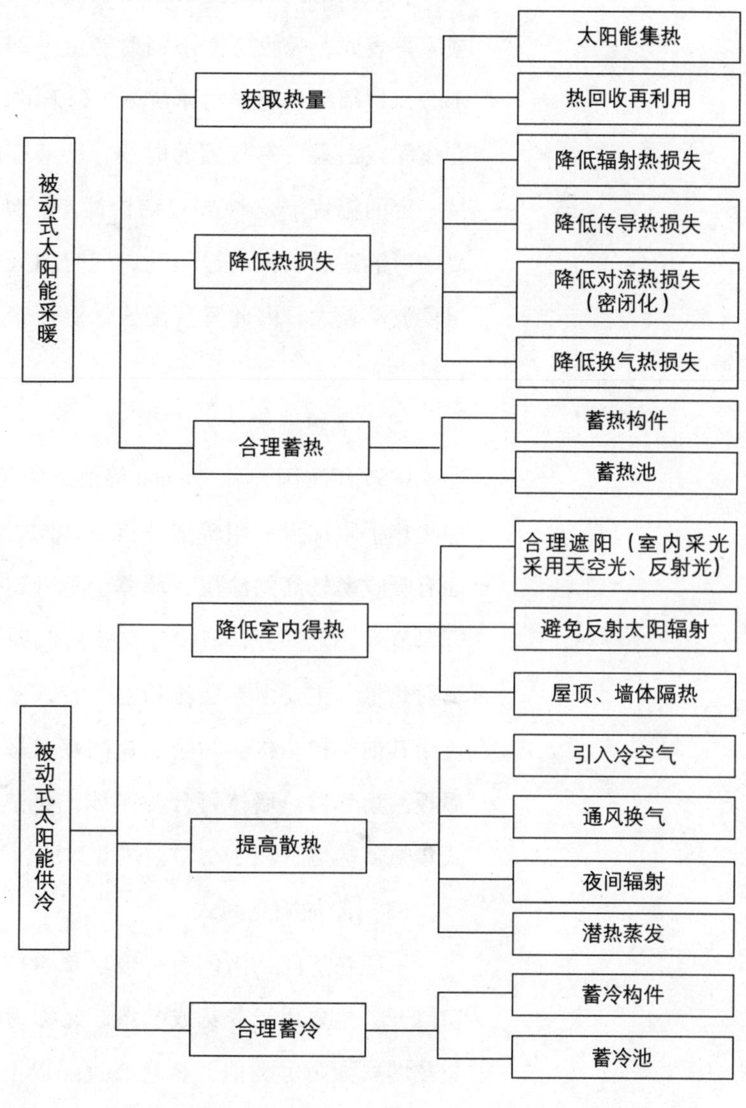

图 8-6　被动式太阳能利用技术

8.3.2　被动式太阳房采暖

被动式太阳房是指不依靠任何机械动力通过建筑围护结构本身完成吸热、蓄热、放热过程从而实现利用太阳能采暖目的的房屋，一般而言可以直接让阳光透过窗户直接进入采暖房间，或者先照射在集热部件上，然后通过空气循环将太阳能送入室内。按照结构的不同，被动式太阳房可以分为五类：直接受益式、集热墙式、附加阳光间式、屋顶池式和卵石床蓄热式。

（1）直接受益式

一般在南立面设置较大面积的玻璃，太阳光直接照射屋内地面、墙面或家具表面，吸收的太阳辐射能量一部分以对流的方式加热室内空气，一部分通过辐射与周围物体换热，剩下的以导热形式传入材料内部蓄存起来。在夜间或白天没有日照的时候，所蓄存的热量释放出来，使房间依然能维持一定的温度。这种方式结构简单，使用方便，但是由于窗户面积较大，夏季可能造成较大的冷负荷，同时白天光线过强容易引起眩光，并使室内温度波动较大。因此需要配置保温窗帘或设置遮阳构件，以避免夏季冷负荷过大。

（2）集热墙式

1856 年法国学者 Trombe 等由直接受益式发展而来，主要通过在室内增加集热手段加强太阳辐射获得量，同时避免太阳光直接射入室内。墙体表面有吸收率较高的涂层，墙体上下开口，夹层空气在热压的驱动下由下部开口流入，上部开口流出，自然形成循环（图 8-7）。墙体表面吸收的太阳辐射热量，主要由夹层流动空气带入室内，剩余的一部分通过导热和辐射传给其他围护结构。为防止夜间热量散失，玻璃外侧应设置保温窗帘和保温板。集热蓄热墙体可分为实体式集热蓄热墙、花格式集热蓄热墙、水墙式集热蓄热墙、相变材料集热蓄热墙、快速集热墙等形式。

（3）附加阳光间式

一般在房间的南侧有一玻璃罩着的阳光间，阳光间与主体房间由墙或窗隔开，主要用于养花或栽培，又称为温室式太阳房（图 8-8）。其原理与集热墙式太阳房类似，热量通过隔墙上的开口，由空气带入主体房间，但玻璃面积较大，散热较多。

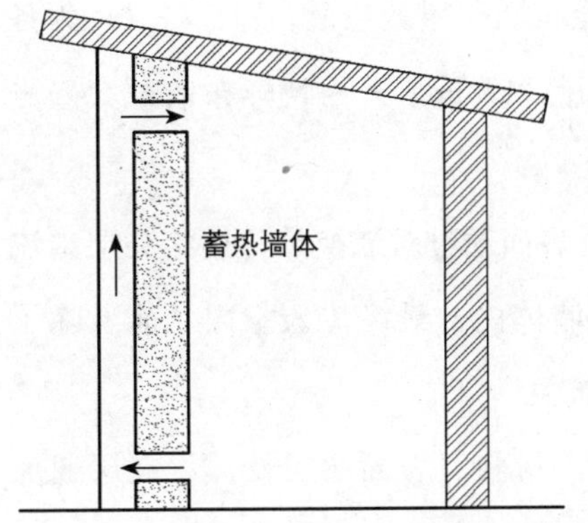

图 8-7　集热墙式

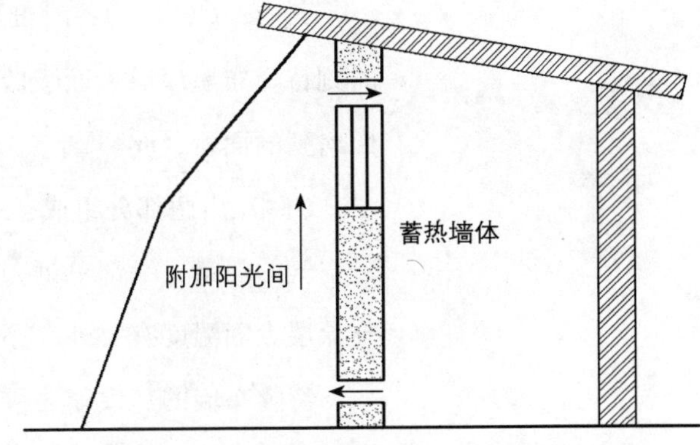

图 8-8　附加阳光间式

（4）屋顶池式

在屋顶池式太阳房中，吸收太阳辐射能的物质是水，采暖季白天水吸收太阳辐射能温度升高，蓄存热量，夜间通过导热传入室内，同时池水表面盖上隔热盖，避免热量散失。夏季，白天盖上隔热盖，相当于增加屋面热阻，降低从屋顶传入的热量，夜间打开隔热盖，利用天空辐射、长波辐射和对流换热降低屋顶池水温度，起到降温作用。由于屋顶需要蓄水，因此对防水要求较高。此外，隔热盖的操作相对来说比较麻烦，屋顶设置水池也会牺牲一定的屋顶空间，给建筑设计带来不便。

（5）卵石床蓄热式

由太阳能集热器和蓄热物质（通常为卵石地床）构成，安装时集热器低于蓄热物质，空气在集热器内被加热后，在热压驱动下流过蓄热物质，并存储热量。非日照阶段，由卵石床向室内供热。

以上为目前常见的太阳房方式，具体使用过程中需要结合建筑设计综合多种太阳房的特点进行一体化设计。

被动式太阳房的典型应用为特隆布墙，反映该类太阳能房热工性能的重要指标为全天集热效率 η，计算如下：

$$\eta = \frac{\sum Q(\tau)}{F \cdot \sum I_{\alpha}(\tau)} \tag{8-1}$$

其中：$Q(\tau)$ 为各时刻房间通过特隆布墙获得的热量，kJ；$I_{\alpha}(\tau)$ 为各时刻特隆布墙涂层表面吸收的太阳辐射量，kJ/m^2；F 为特隆布墙被太阳光照射到的面积，m^2。

$Q(\tau)$ 由两部分组成，一部分是涂层表面通过对流换热传递给夹层内流动空气的热量，一部分通过导热蓄存在墙体内，最终传入室内。前者除了与涂层表面温度有关外，还与空气流速有关。

特隆布墙的热效率主要由墙的厚度、材料、表面涂层性质、夹层通风量等因素有关。一般而言，同一种材料不同厚度的集热墙，外表面温度相差不大，内表面温度随墙厚度增加而降低。墙越厚，集热效率越低，白天获得热量较多，但蓄热能力随墙厚增加而增大，可以提高夜间墙体释放的热量，因此存在最佳墙厚。对我国大部分地区居住建筑而言，采用 240mm 砖砌、双玻特隆布集热墙比较合适。图 8-9 为不同厚度（120mm、240mm 和 370mm）集热墙体在其他条件相同时一天内的热工性能，由图可以看到外表面温度差异不大，内表面随厚度增加最大有 7℃ 温差。随着厚度的增加，对流得热差异不大，但传导得热明显降低，同时集热效率下降。

为减少白天传给室内的热量过多，集热墙体导热系数越大时，最佳墙体厚度越大，这样才能蓄存较多的热量以便夜间供热。不同材料推荐最佳厚度如表 8-1 所示。

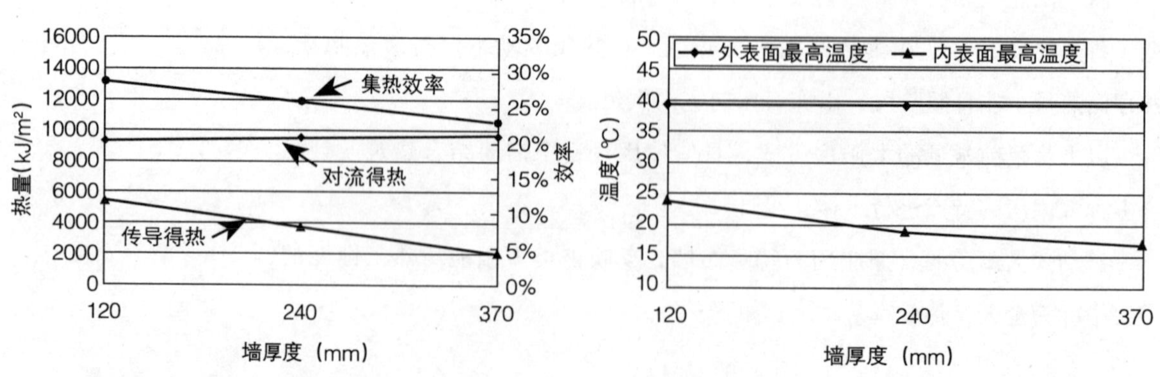

图 8-9 不同厚度集热墙体热工比较

不同材料集热墙体的最佳厚度　　表8-1

材料	土坯	普通砖	混凝土	水墙
推荐的最佳厚度（mm）	200～300	250～350	300～450	>150

8.3.3　太阳能被动式通风降温

太阳能被动式通风降温技术的具体实现方式有三种：

1）利用太阳房的温室效应。

2）利用烟囱效应。

3）两种方式的综合应用。包括太阳烟囱（Solar Chimney，SC）、太阳能屋顶集热器（Roof Solar Collector，RSC）、特隆布墙（Tromble Walls，TW）。特隆布墙既可用于夏季降温，也可用于冬季采暖。用于夏季降温时，室内空气从底部进入，经蓄热墙加热后，在浮力作用下上升，从风道顶部流出。冬季调整开口位置，按相反方向流动。在热带地区，由于外界温度过高，这种冷却方式不可行。但在类似英国夏季外界气温不是太高的地区，特隆布墙日夜都可以起到较好的降温作用。同时，可以通过节气闸控制进入房间的气流量（图8-10）。

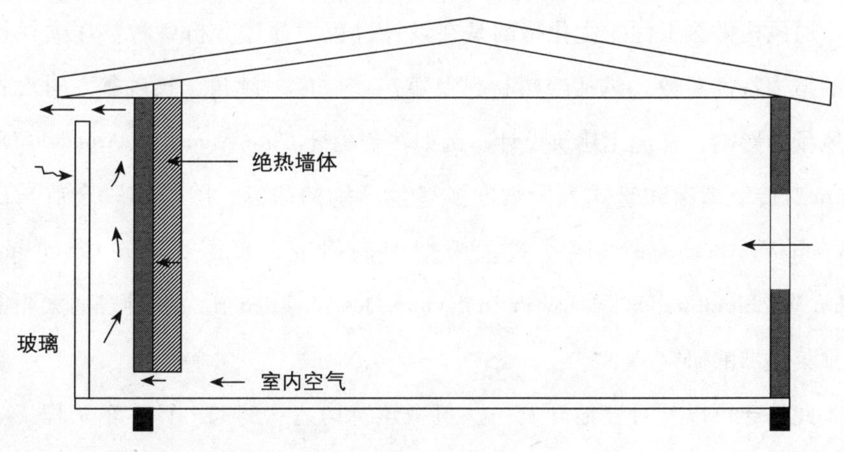

图8-10　被动式通风降温技术（特隆布墙）

此外，还可利用太阳能与其他被动式通风降温技术（地道通风降温）结合，通过在房间上方开口，由太阳辐射加热开口处空气形成热压，带动室外空气经地下管道冷却后进入室内，起到通风降温作用（图8-11）。

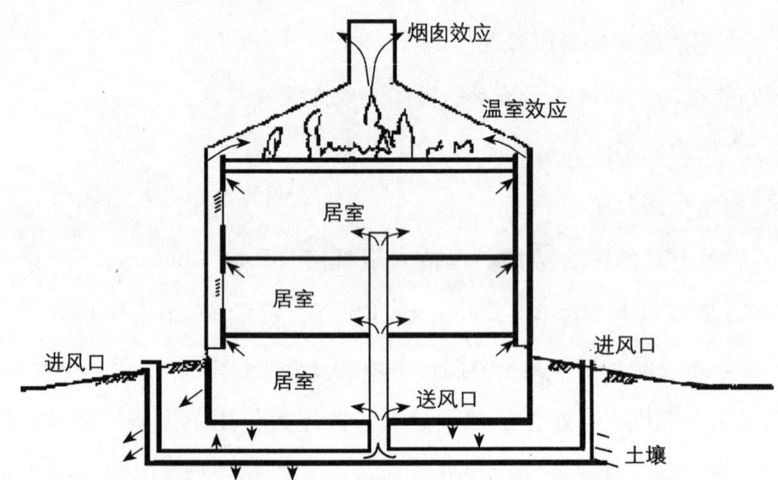

图8-11　被动式通风降温技术

太阳能被动式通风降温设计主要包括通风构件热工性能优化和建筑整体设计优化两部分。

通风构件热工性能优化指的是在设计过程中通过分析各种热压通风设备的结构特性参数，包括绝热材料及蓄热墙厚度、倾角、长度等，对设备通风量的影响，来优化建筑设计。例如，葡萄牙 Clito Afonso 和 Armando Oliveira 对传统烟囱和直式太阳烟囱换气量区别的研究，阿拉伯联合酋长国 Mohsen. M. Aboulnaga 对倾斜式太阳烟囱的研究，泰国 Jongjit Hirunlabh，Sopin Wachirapuwadon，Naris Pratinthong 和 Joseph Khedari 对各种普通太阳能屋顶集热器的研究。

此外还可以针对性地开发一些新型建筑构造。例如，日本东京理工学院 Hoyano et al. 发明的一种应用于太阳能集热器的新型墙体—呼吸墙（Breathing Wall）。Seonghwan Yoon 和 Akira Hoyano 将呼吸墙应用于建造倾斜屋顶，分析了呼吸墙单位开口面积对房间换气量及墙内水气凝结的影响。

根据国内外的研究成果，人们发现太阳烟囱（SC）、太阳屋顶集热器（RSC）、特隆布墙（TW）、改良特隆布墙（MTW）、带金属板的特隆布墙（MSW）等均会对太阳能利用、建筑通风及室内热环境有所影响，必须在设计中加以详细的研究优化。例如，泰国 J. Hirunlabh. W. Kongduang, P. Namprakai 和 J. Khedari 通过测试实验太阳住宅，研究了在热带气候下带金属板的特隆布墙（Metallic Solar Wall，MSW）的风道高度与间距对房间换气量的影响及 MSW 产生的热舒适性。实验结果表明风道高度 2m、间距 14. 5cm 时，实验住宅最大平均气体流量可达 0. 015kg/s。并且，当室外气温低于体表温度时，可保证室内热舒适性。泰国 Joseph Khedari、Boonlert Boonsri、Jongjit Hirunlabh 将 RSC、MTW、TW、MSW 综合应用，研究了综合后的室内外温差、产生的换气量。实验结果表明将多种被动式通风方式结合能明显增大房间换气量。

日本建筑师武藏小金井在新泽西设计的“零能耗”实验小屋（图8-12）采用地下冷源；利用屋顶太阳房形成热压，提供将地下管道里的冷空气带入房间的动力，实现房间降温。在冬季则利用地下热源加热房间。

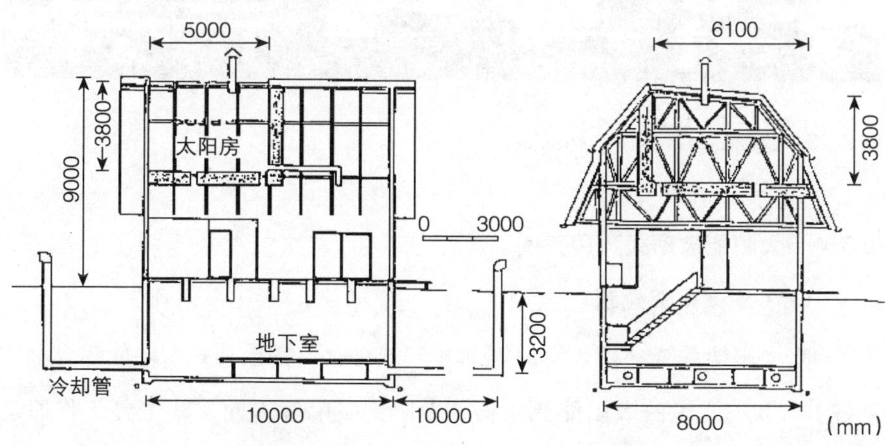

图8-12　“零能耗”实验小屋结构图

日本建筑师樱井美政设计的长野市饭纲高原疗养院采用埋深为1.5m处的地下管道进行空气冷却，利用屋顶太阳集热器的温室效应形成的热压动力将地下埋管里的冷空气引入室内进行房间降温，其实测效果是可将30℃的室外温度降到了24℃送入室内。

需要注意，太阳能被动式通风降温技术对房间热环境的调节效果很大程度上取决于当地的气候条件（也与室内发热量有部分关系），属于建筑适应气候的一种调节技术，其技术动力与当地气候条件密不可分。因此，在设计过程中要充分考虑气象条件的影响。图8-13为日本饭纲高原疗养院利用太阳能被动通风降温的例子。

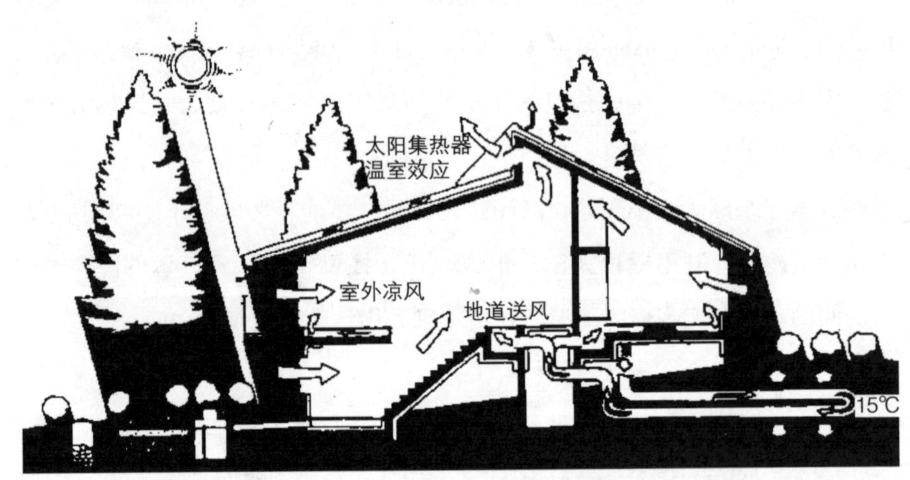

图8-13 饭纲高原疗养院结构图

8.3.4 太阳能被动式利用实例

(1) OM太阳能建筑

OM太阳能系统（图8-14）是日本建筑师提出的被动式太阳能综合利用系统，与我们常说的太阳能热水器、太阳光发电等不同，其主要工作原理为：冬天白天，室外空气在屋面被太阳能加热后，送入室内；冬季夜间，当室外气温降低时地板下蓄热混凝土释放热量，加热室内空气；夏季白天，利用被太阳能加热的空气制取生活热水；夏季夜间，室外冷空气经流过屋顶玻璃夹层，由夜间背景辐射冷却后送入室内。

OM 太阳能系统尽可能最大效率地使用能源，由于建筑本身的规模、用途的不同，建筑的热边界条件也各不相同，在设计使用 OM 系统时必须考虑建筑的设计和建筑的特性。OM 太阳协会开发了专门计算程序（SunSons）来对建筑的效果进行仿真计算。利用仿真计算程序，同时可以对住宅的节能效率、CO_2 的减排量做出比较准确的预测。

OM 住宅在阴雨天等日射量不足的情况下，集热量不够。在能够集热的场合下，也可能存在集热量不足，室温不能升到设定温度，所以为达到一定的室温，需要有辅助加热措施。

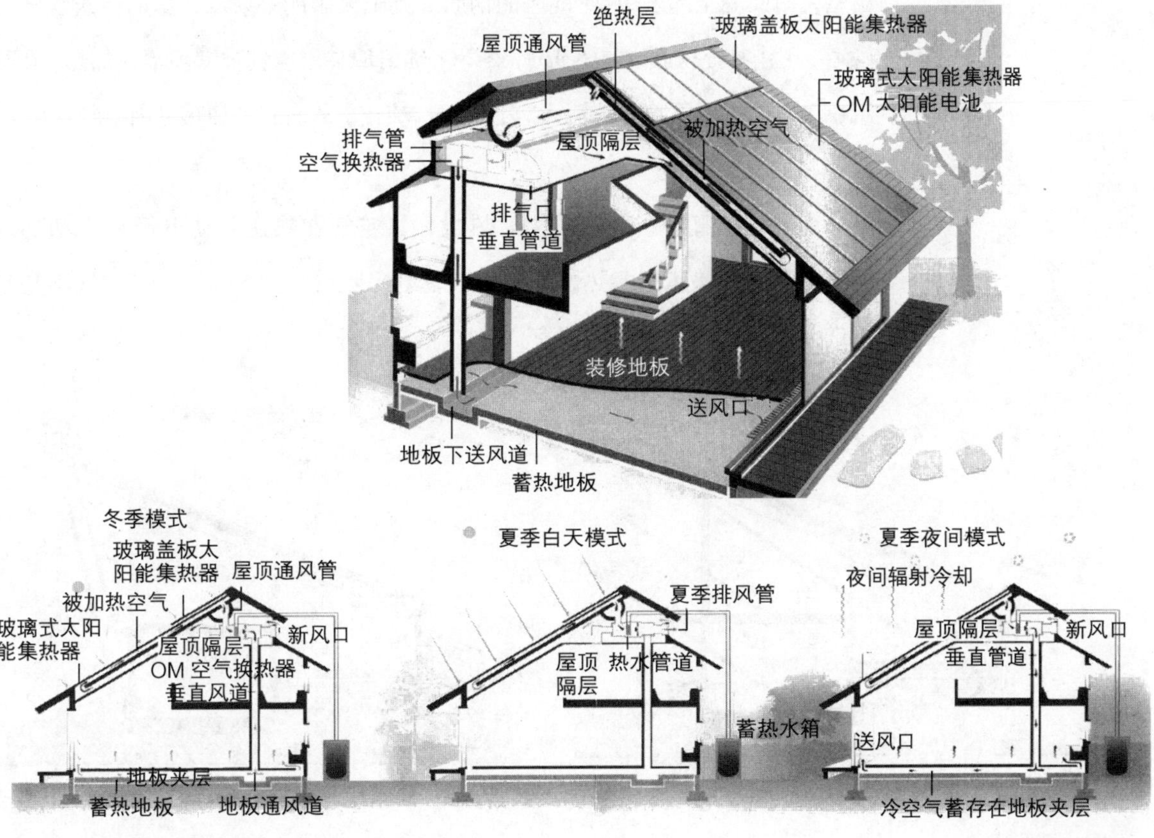

图 8-14 OM 太阳能建筑

OM 太阳能系统利用地板下多点热空气加热，赤足接触温热地板，能极大满足人员舒适性要求。冬季暖空气由地板送入室内，经天井传到二楼，使整个房间保持温暖的室内环境。

（2）南向大开口

南向开口加大，增大受热面积，冬季直接获得太阳辐射热采暖，并设置太阳能电池获取房间所需电量（图 8-15）。北向设计用大屋顶将北墙压低，再在北面的墙外堆土，降低北风影响，避免较大热损失。此外，南向热损失较大的开口部位采用双层玻璃窗，或在内侧安装隔热门。

（3）太阳能辐射墙

美国 G. 盖波尔在美国新泽西州设计的太阳能辐射墙，在一层东南角设有温室，南面墙全部采用 40cm 厚的钢筋混凝土太阳能辐射墙，里面浇筑煤气炉管道，用作补充采暖（图 8-16）。冬季，辐射墙夹层空气被太阳辐射加热，在热压驱动下由夹层下部开口流入，上部开口流出，从而起到加热室内空气作用。

（4）太阳温室

南向温室直接获得太阳辐射热量，热空气在热压驱动下循环流动到地板下面的岩棉垫床里蓄热，通过地板辐射采暖（图 8-17）。由于空气不是直接进入室内，因此不会将温室内异味带入房间。

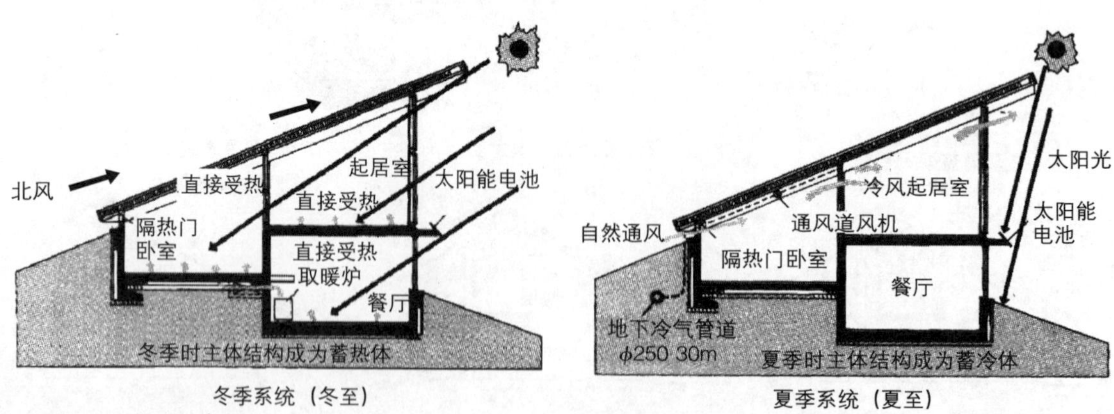

图 8-15　南向大开口建筑

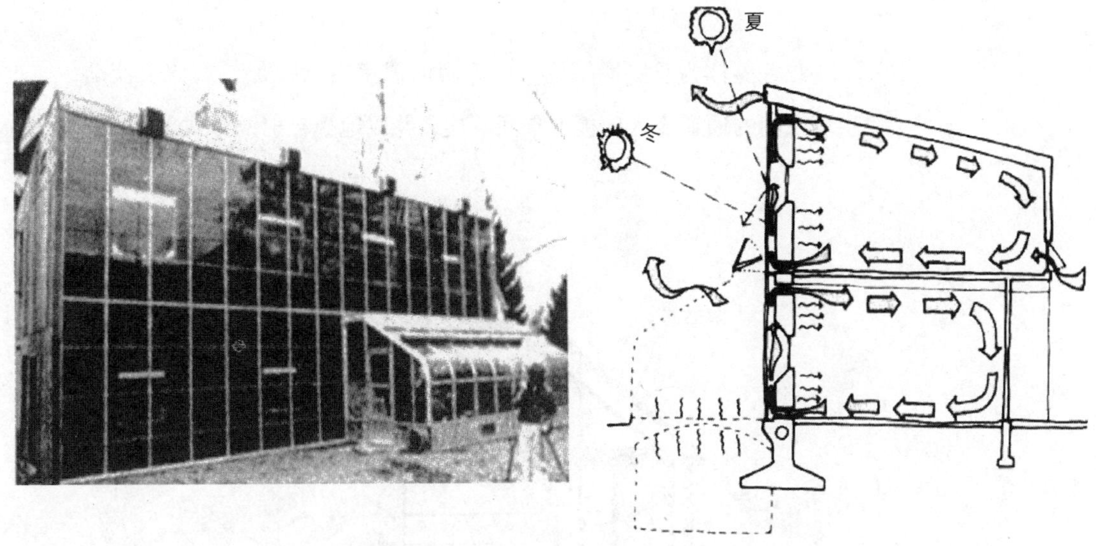

图 8-16　太阳能辐射墙

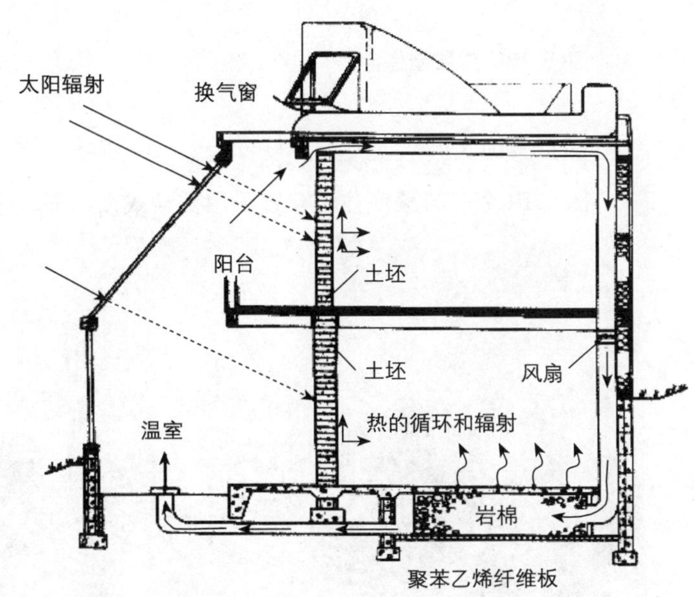

图 8-17　太阳温室

（5）双层墙住宅

住宅整体为双层墙结构，白天南向温室空气被加热后向上流动，经过双层墙之间的通道流入地板下空间蓄热，并以地板辐射的方式采暖（图 8-18）。

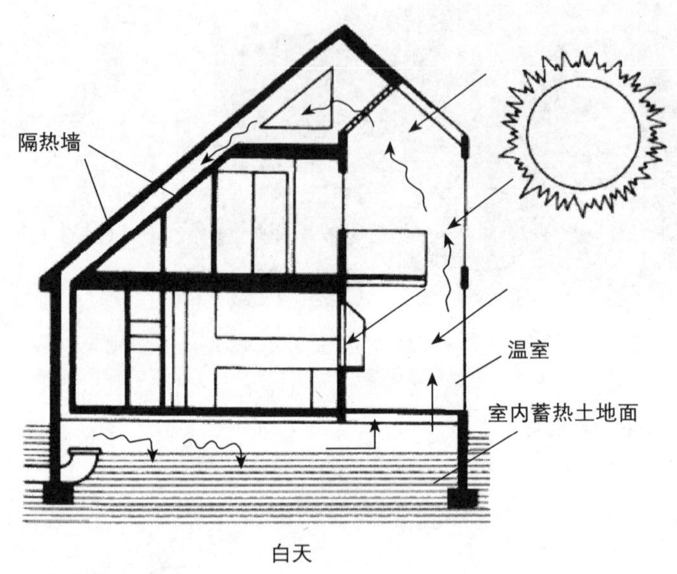

图 8-18　双层墙住宅

（6）其他实例

图 8-19 为阿科桑底住宅建筑采用被动式太阳能技术的例子。

图 8-19　阿科桑底住宅建筑

8.4　太阳能被动式建筑能耗模拟软件

在被动式太阳能建筑的研究方面，尽管从理论到设计、施工、试验及评价方法的整套太阳能建筑技术已经比较成熟，但是在实际的太阳能被动式建筑设计中，由于建筑的形式、所采用的材料的复杂性及多样性，以及从优化设计和研究角度出发，依然需要大量地比较、研究不同太阳能材料、建筑材料的热特性对太阳能建筑热状况及建筑能耗的影响，专门针对太阳能被动式建筑开发的能耗模拟软件也就应运而生。它可以在贯穿建筑设计和系统设计的全过程中发挥作用，对于材料选择、构件优化组合、建筑形式优化、系统形式优化、设备经济选择等方面均能提供量化结果。另外，利用太阳能被动式建筑能耗模拟软件还可以有其他用途，包括利用软件来研究、发展各种性能优良的功能材料，如反光材料、透过材料、选择性表面隔热材料和透光隔热材料等，从而为太阳能热利用材料的选择指明方向。

目前，将科学的建筑能耗模拟分析方法与太阳能建筑的研究成果结合起来，使用专门的服务于太阳能建筑的模拟软件在国内外已经非常普遍了。

8.4.1　国外软件介绍

在国外，有针对太阳能建筑开发的软件，如 PASOLE、SERI-RES。也有的研究者从建筑能耗模拟分析出发，同时在太阳能建筑的能耗计算方面投入了较多的力量，因此研究开发的软件在结构、功能、应用性方面都比前一类软件要好，如 TRNSYS。

（1）居住建筑通用热分析软件 SERI-RES

求解方法是热网络法，结合向前有限差分、雅各比迭代等，由美国太阳能研究所（US Solar Energy Research Institute，即 SERI，国际可再生能源实验室的前身）开发。SERI-RES 是一种建筑热模拟模型，它主要应用于建筑围护结构性能作为首要考虑因素的地方。

SERI-RES（SERI Residential Energy Software）的时间步长可以是一个小时或者更小。建筑的热物理参数和光学性能参数以及简单的几何描述是软件的输入，软件的输出包括温度和能流（热流）。软件的使用平台是 PC 机兼容的 DOS 系统，软件的开发语言是 FORTRAN77。

该软件能够用于被动式太阳能、建筑材料的动态模型的研究，所使用的热网络方法具有一定的灵活性。由于软件对建筑材料处理得比较细致，而对机械系统进行简化处理，因此该软件缺乏 HVAC 系统的模型。同时，该软件在使用平台、操作界面、数据库、系统模拟等方面存在着跟国内软件类似的不足。

（2）TRNSYS

该软件是一种模块化的瞬时系统模拟程序。这种模块化的结构有很大的灵活性，并且便于增加 TRNSYS 的标准模块库里没有的模型。它非常适合对依赖于时间过程的系统进行详细分析。系统是由一系列的构件为了完成一项特定的任务通过某种方式相互连接而成的。

该软件的特点是采用通用的模块接口和统一的非线性求解核心。首先把相互连接的各个部件都用数学模型表示出来，然后将它们组合在一起进行模拟。该软件只有当所有的条件都已知时，其模块化软件的优势（使用模块化的模拟系统很方便地建立起整个系统的框架并进行模拟计算）才能显现出来。但是实际的工程应用中，模拟分析软件的任务就是要帮助人们选择、优化部件和系统，此时模块化的模拟软件就显得不太适用。

同时，该软件的描述界面不够友好，描述工作非常繁杂，操作平台为 Linux，对于一般工程人员而言，操作十分不便。

8.4.2 国内软件

国内的软件开发者都是从太阳能建筑出发研究开发适用于此类建筑的专门程序，所开发的软件在建筑能耗模拟方面略为薄弱，应用受到一定的限制，软件结构还有待优化，配套的数据支持还存在一定的不足。常见的软件包括 FXD-PASOL、被动式太阳房 CAD 系统等。

甘肃省科学院自然能源研究所研制的《被动式太阳能采暖房（动态）热工计算软件》可用来计算国内外最常用的直接受益式、集热墙式（含集热蓄热墙和对流环路式集热墙）、附加阳光间式三种典型太阳房及其组合型太阳房的动态热工性能，预测其在不同地点、不同时间及不同气象条件下的逐时室温；计算房间在控温运行时所需的逐时辅助热量；优选建筑热工设计参数及设计方案，提高太阳房和节能房的适用性和经济性。

该软件和国内外同类软件比较，其主要优点是：在集热墙的不稳定传热计算中用反应系数法取代了传统的差分解法，便于由复合墙体构成的对流环路式集热墙的热工计算，显著地简化了输入格式，并改进了集热墙空气夹层流道的计算方法，给出了可用直接法求解的集热墙热平衡联立方程组。同美国著名的 PASOLE 和 TRNSYS 软件相比可节省大量数据输入的时间和运算机时，并提高计算精度。针对附加阳光间型太阳房模拟计算中的难点，提出了比较简便实用的阳光间和相邻房间之间通过门洞的自然对流换热计算公式和计算参数，并采用 J. A. Carroll 的平均辐射温度网络法进行室内各表面之间的辐射换热计算，大大简化了目前常用的辐射换热计算方法。

1991 年以来，原程序又作了多处改进，实现了同气象数据库、常用工程数据库、图形库的连接，解决了用于建筑物逐时热性能计算的气象数据处理问题，增加了太阳房经济优化软件，扩展了原有热工计算软件的功能，提高了计算精度和速度。1998 年和中国建筑科学研究院电子计算中心 ABD 系列软件开发部合作完成了和他们研制的 ABD 最新版建筑设计软件的数据接口，实现了热工软件和建筑设计软件的连接，较好地解决了原来向热工软件输入有关建筑参数需要耗费大量时间的缺陷。目前，已经初步实现了利用计算机辅助设计（CAD）技术将被动式太阳房设计中原来分散并独立进行的建筑绘图、（逐时）热性能预测、热性能优化以及有关数据库、图形库的调用，经系统集成为“被动式太阳房 CAD 系统”。

8.4.3 太阳能建筑能耗分析软件 DeST-s

清华大学开发的太阳能建筑能耗分析软件 DeST-s 是 DeST 用于太阳能建筑热环境模拟分析的专用软件版本。DeST-s 衍生于 DeST，因此它具有 DeST 所具有的基本特点，由于它是 DeST 专门为太阳能建筑模拟开发的软件版本，因此又具有一些自身的特点。

1）基本特点：在利用模拟技术辅助建筑和系统的分析、研究、设计时，采用逆向求解方法，恰当运用“理想化”模型，有机结合阶段性与整体性；

2）自身特点：能够提供太阳能建筑主体节能分析、太阳能建筑热环境评价、太阳能建筑常规能源体系的优化利用分析所需要的全年逐时数据和实用统计数据。

DeST-s 主要包括四个基本模块：建筑热物理性能求解模块、房间温度计算模块、房间负荷估算模块和太阳能建筑（主要是居住建筑）常见空调（供暖）方式的能耗计算模块。下面简要说明这些模块的功能。

（1）建筑热物理性能求解模块

该模块的核心是建筑物分析和模拟程序 BAS，它的任务是对建筑物热物性进行详细的逐时模拟，负责计算逐时的房间基础室温。逐时的基础室温反映了房间在被动热扰影响下的热特性，在初步设计阶段，建筑师可以通过基础室温来比较各种因素的影响，如围护结构的材料、朝向、建筑物的形状等等。同时，基础室温也是房间温度计算模块的基础数据。

（2）房间温度计算模块

房间的温度等于其各种热扰（包括非空调热扰和空调热扰）对其历史上的作用、本时刻投入该房间空调扰量的作用以及相邻房间通过导热和串风的作用的累加。该模块的任务即计算出房间在定义好的建筑物及其环控系统下的温度，这一温度体现的是房间的即时热状况。

（3）房间负荷估算模块

房间负荷指该房间在某一时刻达到要求的温度状态所需投入的冷热量，

该模块的任务即计算出房间在定义好对房间温度的控制要求时的逐时负荷，这一负荷体现的是要达到一定的房间温度控制要求所需要投入的冷量或热量。

（4）太阳能建筑常见空调（供暖）方式的能耗计算模块

该模块用于计算太阳能建筑常见的几种空调（供暖）方式的能耗，这一模块是对房间负荷估算模块的深化，负荷是形成能耗的基本因素，但能耗的大小还受系统形式的影响，该模块所计算的能耗即是考虑了几种太阳能住宅建筑常见的空调（供暖）方式所得到的。

8.5 太阳能生活热水系统

太阳能生活热水系统是目前常见的经济可行的太阳能热利用方式之一，在住宅小区的能源规划中，考虑使用太阳能集中或分户式生活热水系统，即充分利用清洁无污染、品质高、资源丰富的太阳能，以达到节约用热用电、节约一次能源的消耗、减少有害气体的排放、美化小区室外环境的目的。据统计，住宅日常能耗的 20%~30% 用于生活热水。一个典型的家用太阳能系统可以提供 40%~60% 的家庭生活热水所需。20 年来，我国太阳能热水器行业发展迅速，全国太阳能热水器年销售量持续增长，至 2001 年，我国已成为世界太阳能热水器年销售量第一的国家，全国从事太阳能热水器研制、生产、销售和安装的企业达 1000 多家，年产值 30 多亿元（图 8-20）。原国家经贸委在《新能源和可再生能源产业发展“十五”规划》中提出到 2005 年全国太阳能热水器生产能力将达到 1100 万 m^2，拥有量约 6400 万 m^2，可见我国太阳能热水器市场潜力巨大。

太阳能生活热水系统通过太阳能集热器吸收太阳能，水流过集热器被加热后蓄存在蓄热水箱中，热水循环水泵将蓄热水箱中被加热的热水输送给用户，并由供水管向蓄热水箱中补充自来水（图 8-21）。当太阳能加热能力不足时，由辅助再热装置补充热量。在太阳能生活热水系统利用中，关键的技术环节是太阳能集热器、水系统形式以及太阳能生活热水系统与建筑整体化设计。

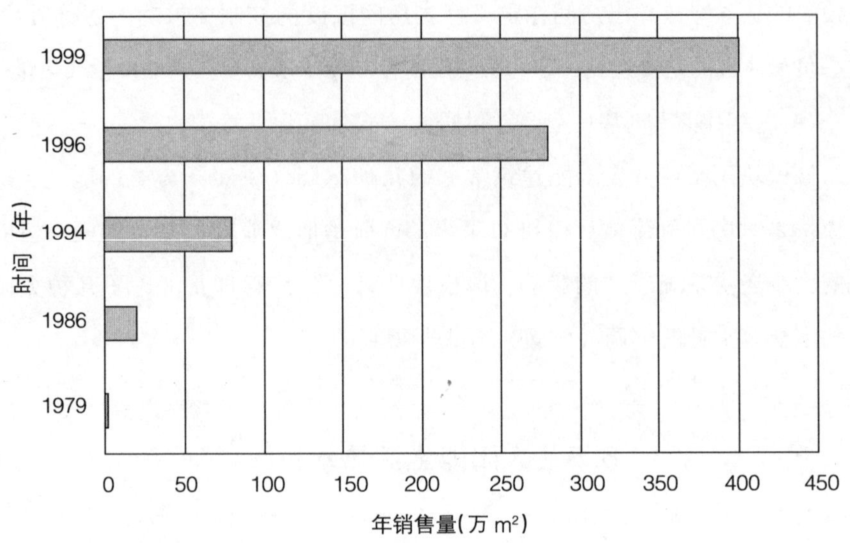

图 8-20　太阳能热水器年销售量

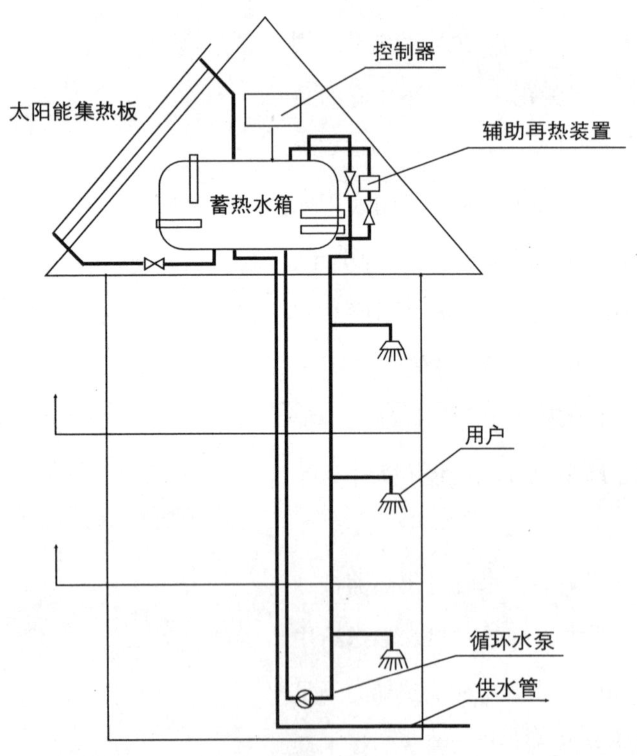

图 8-21　太阳能生活热水系统

8.5.1　太阳能集热器的选择

目前广泛应用的太阳能集热器基本上可分为平板型集热器和真空管式集热器，其中平板型热水器依然是全国市场的主导产品，约占总销售量的 55%，真空管集热器约占 45%。

1）我国平板型集热器种类很多，按吸热板的结构可分为普通单层玻璃平板式、双层玻璃平板式等。普通平板型集热器多在夏季或炎热气候下使用，双层玻璃平板式集热器能在春、夏、秋三季及最低环境温度高于零度时使用，但此类集热器在气温低于零度时须放水停用，否则将造成集热器冻坏。按吸热材料又可分为铜铝复合、全铜、防锈铝、不锈钢等。目前，全国生长量最多的是铜铝复合集热器。由于平板集热器冬季存在冻结危险，近年来已有多种“抗冻”技术面世，其中有利用吸热板内水的“顺序冻结”以达到抗冻目的；还有采用双循环，通过集热器内被加热的抗冻液通过热交换器将加热贮水箱内的水。平板式集热器一般采用自然循环运行方式，造价较低，热效率一般，有阳光时即可产热水；但散热较快，热损失较大，在阴雨天及冬季水温较难达到沐浴要求。

2）按真空管吸热体的材料，真空管式集热器可分为全玻璃真空管吸热器（玻璃吸热体如图 8-22 所示）和热管式真空管（金属吸热体），其中热管玻璃真空管式集热器，可以在全年任何气候条件下使用。热管内部工质在相变过程中具有极大的换热系数，热效率高；选用适当的工质集热器可在 -30℃或更低的环境温度下工作，抗冻能力强；不受水质造成的结构及腐蚀影响，工作性能稳定，使用寿命长。冬季寒冷地区的太阳能生活热水系统建议采用这种集热器。

图 8-22　太阳能真空管

集热面安装的最佳方位是正南方向，但由于施工现场条件的不同，必然会产生一定的偏差。在夏天，太阳入射角比较大，这种偏差造成的影响并不显著；在冬天，太阳入射角较小，这种偏差可能会造成集热量不足。综合各方面的因素，安装屋顶集热面时，最大允许偏差正南面 30°。

一般而言，污垢对集热效果影响不是很大。集热面上的污垢主要来自空气中的灰尘。在工厂和火山附近的房屋，集热面上的污垢有必要定期清扫；其他场合的污垢，则可以通过雨、雪等进行自然净化。

集热器的热性能指标一般用热效率表示，其瞬时热效率计算式如下：

$$\begin{aligned}\eta &= \frac{Q}{I} \\ &= F' \cdot \left[(\tau\alpha) - U_1 \cdot \frac{T_m - T_a}{I} \right] \\ &= C - D \cdot \frac{T_m - T_a}{I} \end{aligned} \tag{8-2}$$

式中 Q——工质获得的热量，kW/m^2；

I——太阳辐射得热，kW/m^2；

F'——集热器效率因子，定义为工质到环境空气的热阻和吸热板到环境空气的热阻之比；

τ——盖板的太阳透过率；

α——吸热板的太阳吸收率；

U_1——总热损失系数；

T_m——工质平均温度，℃；

T_a——环境空气的平均温度，℃；

C、D——与集热器相关的性能参数，常见集热器的性能参数如表8-2所示。

国内典型集热器性能参数 **表8-2**

序号	集热器形式	C	D
1	单层玻璃盖板，非选择性吸收表面	0.88	7.6
2	双层玻璃盖板，非选择性吸收表面	0.74	5.0
3	双层玻璃盖板，选择性吸收表面	0.69	3.1
4	双层玻璃盖板，选择性吸收表面	0.85	3.5
5	高性能吸收面	0.86	1.5
6	玻璃真空集热管，镀铬涂层	0.53	1.7

以北京市气象参数为例，各种集热器年平均效率和工质月平均得热量如图 8-23 和图 8-24 所示，集热器年平均效率得热在 0.45 ~ 0.8 之间，全年获得的热量为 2870 ~ 5100MJ/m²。

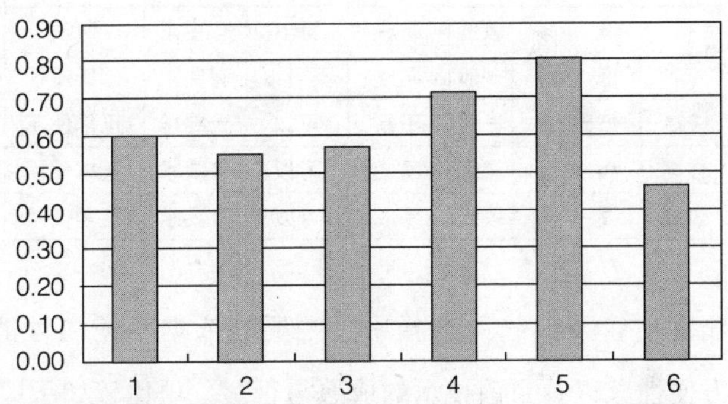

图 8-23　不同集热器年平均效率

1—单层玻璃盖板，非选择性吸收表面；2—双层玻璃盖板，非选择性吸收表面；3—双层玻璃盖板，选择性吸收表面；4—双层玻璃盖板，选择性吸收表面；5—高性能吸收面；6—玻璃真空集热管，镀铬涂层

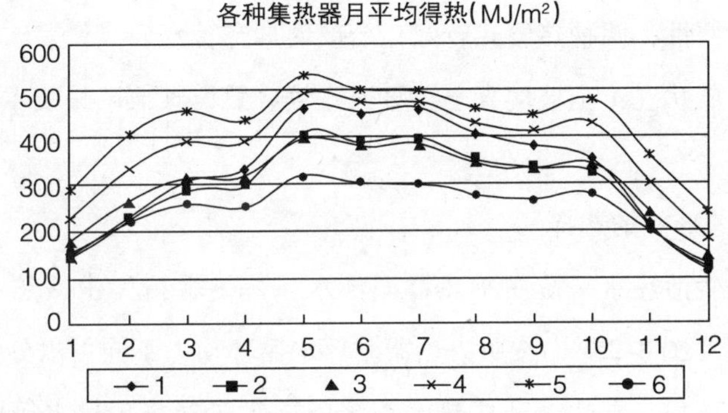

图 8-24　不同集热器月平均得热

1—单层玻璃盖板，非选择性吸收表面；2—双层玻璃盖板，非选择性吸收表面；3—双层玻璃盖板，选择性吸收表面；4—双层玻璃盖板，选择性吸收表面；5—高性能吸收面；6—玻璃真空集热管，镀铬涂层

各种太阳能集热器综合性能比较如表 8-3 所示，平板式集热器冬天不能提供生活热水，安全隐患大，且冬季需要放空处理，技术处理比较麻烦，处理成本也比较高。实际工程中小区全年均要求提供生活热水，故不推荐在住宅中使用。

各类太阳能集热器综合性能比较　　表 8-3

类型	成本	热效率（综合）		热阻	热辐射损失	故障率	结水垢情况	承压性	安装角度	集热器局部受损时系统工作情况	冬季能否使用	可维护性
		环境低气温	环境高气温									
平板式	低	低	高	低	多	较低	易成	可以	有要求	瘫痪	不能	差
全玻璃真空管直插式（闷晒）	低	一般	高	低	少	一般	易成	不可以	有要求	瘫痪	能	较差
玻璃一金属 U 形真空管式	高	一般	较高	低	多	一般	不易	可以	无要求	正常使用	能	一般
玻璃一金属热管式	高	较高	较高	高	多	较低	易成	可以	有要求	正常使用	能	一般
真空玻璃管间接金属热管式	高	较高	较高	高	少	较低	易成	可以	有要求	正常使用	能	较好

在各玻璃真空管及热管的选择中，主要的依据是使用性能、初投资、安全和维护方便性，以及目前技术的成熟与否。分项比较如下：

初投资：全玻璃真空管最低，其他均较高；

安全性能：热管式和玻璃金属 U 形真空管式较好，当某支管破裂时，集热板仍可正常工作，不会有因管裂而漏水的问题；

维护方便性：两种热管式较好，全玻璃真空管直插式最差；

技术发展状况：全玻璃真空管直插式较成熟，其他产品技术均比较新。

8.5.2　系统形式的选择

太阳能生活热水系统由集热器循环水、蓄热水箱和生活热水供水系统三部分组成（图 8-25），按照集热器循环水循环动力不同可以分为自然循环式和强制循环式。自然循环式热水系统依靠集热器与蓄热水箱中的温差形成系统的热虹吸压头，使水在系统中循环；强制循环系统以水泵为驱动力，使水在集热器与蓄热水箱之间循环，同时设有控制装置，以集热器出口与水箱间的温差控制水泵运转，在水泵入口处还装有止回阀以防止夜间系统发生倒流引起的热损失。

由于自然循环的驱动力较小，一般难以满足用户生活热水量需求，因此住宅建筑中常采用强制循环式，而强制循环式按照末端用户使用情况又分为分户式和集中式系统（模块化）。

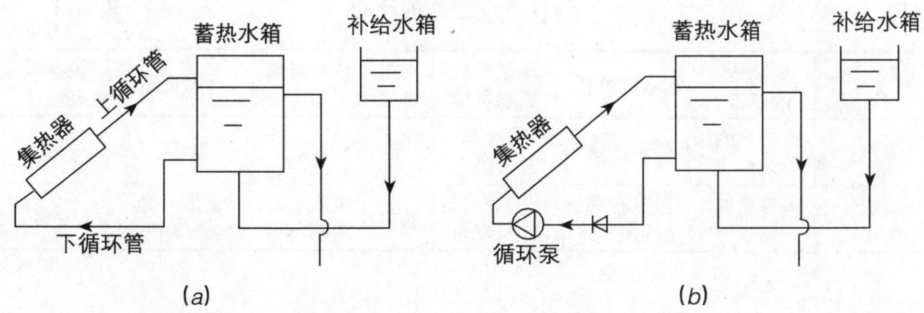

图 8-25　太阳能生活热水循环方式
(a) 自然循环式；(b) 强制循环式

分户式是目前最常见的做法，产品和技术比较成熟。系统的主要特点：各家各户自成独立的系统，太阳能集热器、蓄热水箱、辅助加热器等各户均独立使用；集热板置于阳台外侧，蓄热水箱置于室内；各户独立进行控制。

太阳能集中生活热水系统的具体做法为：结合小区内建筑的屋顶形式，统一布置太阳能集热管，并配合辅助加热装置，24 小时（或定时）向用户提供生活热水（保证生活热水温度，流量计量收费）。开发商负责一次性初投资，资金回收可通过提高住房售价以及生活热水收费实现。集中式系统一般每两个竖向住宅单元设一独立系统，承担相应住户的生活热水供应。每个独立系统有独立的水箱及控制系统（图 8-26）。由于各户不会同时使用，可相互错开用水高峰期，从而减少系统总容量；又比全连在一起的大系统简单，便于管理和维护。同时与分户式系统和全楼单做一套大系统相比，这种方式系统最简单，投资最省。

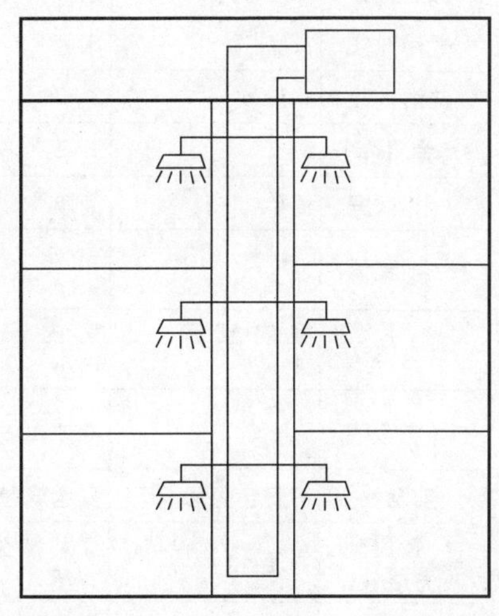

图 8-26　模块化太阳能集中生活热水系统的示意图

分户式和集中式两种系统性能比较如表 8-4 所示。综合以上比较，分户式系统，技术比较成熟，但可维护性、与建筑的结合情况比较差，同时，设备及初投资相对较高；集中式系统的缺点主要是技术不够成熟，国内工程实例不多，其次计费稍微复杂，但与建筑配合良好，管理维护比较方便。

两种系统性能的比较　　表 8-4

系统形式	集热板的位置	水箱的位置	对建筑立面的影响	可维护性	技术成熟与否	计费问题	设备及初投资
分户式	各住户的阳台	各住户的室内	很难与建筑融合	差	成熟	方便	一般
模块化集中式	每栋楼的屋顶	一般放在每栋楼的屋顶下	可较好的与建筑配合	较好	国内工程实例不多	多加一套水表，稍麻烦	较省

8.5.3 技术经济比较

目前住宅小区常用的获取生活热水的方式有燃气热水器、电热水器、锅炉和太阳能热水器。本节通过技术和经济性比较，说明太阳能热水器在实际应用中的优缺点。太阳能热水器与燃气热水器、电热水器以及锅炉的技术性比较见表 8-5。

不同生活热水系统性能比较　　表 8-5

装置类别 / 对比项目		燃气热水器	电热水器	太阳能热水器		锅炉	
				平板	真空管	燃油	燃煤
加热方式		即用即热	预热	蓄热	蓄热	蓄热	蓄热
适用对象		家庭	家庭	家庭，集体	家庭，集体	集体	集体
洗浴人数		1（/次）	2～3/台	2～4/台	2～4/台	5～300	10～300
寿命（年）		5	3～5	5～15	10～15	5～7	5～7
安装	家庭	简单	简单	较简单	较简单		
	集体			需大型水箱（水塔），较复杂	需大型水箱（水塔），较复杂	复杂，需审批	复杂，需审批
占地		室内安装，占地小	室内安装，占地小	室外安装，占地较大	室外安装，占地较大	室内安装，占地大	室内安装，占地大
环境影响		烟气排放，污染较小	本地无污染	无污染	无污染	烟气排放，污染较小	污染大
安全性		有安全隐患	安全隐患大	安全	安全	安全隐患大	安全隐患大
使用方便性		方便	提前预热，较不方便	冬季停用，不方便	阴天雨时较不方便	方便	方便
维护		定期除垢	需专业人员定期检修	需专业人员定期维护并除垢	需专业人员定期维护并除垢	需专业人员定期维护并除垢	需专业人员定期维护并除垢
运行操作		除老人及小孩外均能操作	除老人及小孩外均能操作	均能操作	均能操作	需专业人员操作	需专业人员操作

以 120L 容水量为例，太阳能热水器与电热水器、燃气热水器经济性对比如表 8-6 所示。

不同热水器经济比较　　**表 8-6**

	容水量（L）	投资金额（元）	日电气燃气费（元/天）	洗澡人数（人/天）	使用寿命（年）	年燃料费 300 天计算（元/年）	使用 15 年总投入（元）	不安全性	环境影响
0.87m^2 太阳能热水器	120	2100	**	冬 3 夏 6	15	70 **	3150 ***	很小	无
电热水器	120	1000	2.3	3	5	690	13350 ****	有可能	有
燃气热水器	120	1000	1.4	3	5	420	9300 ****	有可能	有

注：1. 表中，太阳能热水器的数据为普通住宅小区按户折算后，每户的指标数据；
2. ** 此处太阳能热水器无固定的日电气燃气费，但存在辅助电热器的电费，由于一年中辅助电热器的功耗不超过总设计功耗的 10%，所以太阳能热水器年电费可按电热水器年电费的相应比例估算，年费用约为 60 元；
3. *** 此处总投入包括太阳能热水器和辅助热源两部分的初投资，以及辅助热源年运行电费；
4. **** 此处总投入包括 15 年内电热水器或燃气热水器的多次投资，以及每年的运行费。

由以上的对比分析可得出如下结论：

1）电热水器、燃气热水器和太阳能热水器的综合性能均比锅炉强，但三者之间差别也很明显，电热水器和燃气热水器技术和经济性能较类似；

2）比较三种热水器的性能（将电热水器、燃气热水器归为一类，与太阳能热水器进行比较），太阳能热水器主要的优点是安全隐患小，易操作（老人和小孩均可操作），无污染，运行费低（不考虑水费时为仅 70 元/年），使用寿命长，但也存在一些缺点，遇到连续阴雨天气时使用不方便，且冬天平板式不可用，安装相对复杂，初投资较高；

3）考虑太阳能热水器相对于燃气热水器和电热水器的投资回收期，相同 120L 的容量下，三者的初投资为 2100 元、1000 元和 1000 元，三者的年运行费分别为 70 元、690 元和 420 元，太阳能热水器相对于后两者多付出的初投资为 1100 元，但年节约运费为 620 元和 350 元，所以投资回收期为 1.77 年和 3.14 年，对用户来说经济效益很明显。

8.5.4 太阳能生活热水系统设计

8.5.4.1 设计步骤

（1）热水用水定额

按《建筑给水排水设计规范》（GB 50015—2003）规定，各种建筑热水用水定额如表8-7所示。

热水用水定额 **表8-7**

序号	建筑物名称	单位	最高日用水定额（L）	使用时间（h）
1	住宅			
	有自备热水供应和沐浴设备	每人每日	40～80	24
	有集中热水供应和沐浴设备	每人每日	60～100	24
2	别墅	每人每日	70～110	24
3	单身职工宿舍、学生宿舍、招待所、培训中心、普通旅馆			
	设公用盥洗室	每人每日	25～40	24或定时供应
	设公用盥洗室、淋浴室	每人每日	40～60	
	设公用盥洗室、淋浴室、洗衣室	每人每日	50～80	
	设单独卫生间、公用洗衣室	每人每日	60～100	
4	宾馆客房			
	旅客	每床位每日	120～160	24
	员工	每人每日	40～50	24
5	医院住院部			
	设公用盥洗室	每床位每日	60～100	24
	设公用盥洗室、淋浴室	每床位每日	70～130	24
	设单独卫生间	每床位每日	110～200	24
	医务人员	每人每班	70～130	8
	门诊部、诊疗室	每病人每次	7～13	8
	疗养院、休养所住院部	每床位每日	100～160	24
6	养老院	每床位每日	50～70	24
7	幼儿园、托儿所			
	有住宿	每儿童每日	20～40	24
	无住宿	每儿童每日	10～15	10

续表

序号	建筑物名称	单位	最高日用水定额（L）	使用时间（h）
8	公共浴室			
	淋浴	每顾客每次	40 ~60	12
	淋浴、浴盆	每顾客每次	60 ~80	12
	桑拿浴（淋浴、按摩池）	每顾客每次	70 ~100	12
9	理发室、美容院	每顾客每次	10 ~15	12
10	洗衣房	每千克干衣	15 ~30	8
11	餐饮厅			
	营业餐厅	每顾客每次	15 ~20	10 ~12
	快餐店、职工及学生食堂	每顾客每次	7 ~10	11
	酒吧、咖啡厅、茶座、卡拉 OK 房	每顾客每次	3 ~8	18
12	办公楼	每人每班	5 ~10	8
13	健身中心	每人每次	5 ~25	12
14	体育场（馆）			
	运动员淋浴	每人每次	25 ~35	4
15	会议厅	每座位每次	2 ~3	4

（2）太阳能集热管面积计算

直接系统集热器总面积可根据用户的每日用水量和用水温度确定，按公式（8-3）估算：

$$A_C = \frac{Q_w C_w (t_{end} - t_i) f}{J_T \eta_{cd} (1 - \eta_L)} \tag{8-3}$$

式中

A_C——直接系统集热器总面积，m^2；

Q_w——日均用水量，kg；

C_w——水的定压比热容，kJ/(kg·℃)；

t_{end}——贮水箱内水的终止温度，℃；

t_i——水的初始温度，℃；

J_T——当地集热器采光面上的年平均日太阳辐照量，kJ/m^2；

f——太阳能保证率，无量纲；根据系统使用期内的太阳辐照、系统经济性及用户要求等因素综合考虑后确定，一般在0.30～0.80范围内；

η_{cd}——集热器年平均集热效率，无量纲；根据经验值取0.25～0.50，具体取值要根据集热器产品的实际测试结果而定；

η_L——管路及贮水箱热损失率，无量纲；根据经验值取0.20～0.30。

系统集热器总面积的精确计算也可根据国际上通用的F-Chart软件或类似的软件进行。

间接系统的集热器总面积A_{IN}可按式（8-4）计算：

$$A_{IN} = A_C \cdot \left(1 + \frac{F_R U_L \cdot A_C}{U_{hx} \cdot A_{hx}}\right) \tag{8-4}$$

式中

A_{IN}——间接系统集热器总面积，m^2；

$F_R U_L$——集热器总热损系数，W/(m^2·℃)；对于平板型集热器，$F_R U_L$一般取4～6W/(m^2·℃)；对于真空管集热器，$F_R U_L$一般取1～2 W/(m^2·℃)；具体数值要根据集热器产品的实际测试结果而定；

U_{hx}——换热器传热系数，W/(m^2·℃)；

A_{hx}——换热器换热面积，m^2。

在方案设计阶段，系统集热器总面积可根据建筑建设地区太阳能条件，按每100L热水量参照表8-8进行估算：

每100L热水量的系统太阳能集热器总面积推荐选用表　　表8-8

等级	太阳能条件	水平面上年太阳辐照量 [MJ/(m^2·a)]	集热面积（m^2）
一	资源丰富区	>6700	1.2
二	资源较富区	5400～6700	1.4
三	资源一般区	5000～5400	1.6
		4200～5000	1.8
四	资源贫乏区	<4200	2.0

(3) 贮水水箱容积计算

集中供热水系统的贮水箱容积应根据日用热水小时变化曲线及太阳能集热系统的供热能力和运行规律，以及常规能源辅助加热装置的工作制度、加热特性和自动温度控制装置等因素按积分曲线计算确定。

间接系统太阳能集热器产生的热媒用作容积式水加热器或加热水箱时，贮水箱的贮热量不得小于表 8-9 贮水箱的贮热量中所列的指标：

贮水箱的贮热量　　　　**表 8-9**

加热设备	以蒸汽或 95℃以上高温水为热媒		以≤95℃高温水为热媒	
	工业企业淋浴室	其他建筑物	工业企业淋浴室	其他建筑物
容积式水加热器或加热水箱	≥30min Q_h	≥45min Q_h	≥60min Q_h	≥90min Q_h

注：Q_h 为设计小时耗热量（W）。

(4) 辅助加热设备

使用原则：当出现不利情况时（如连续阴雨天气，最冷季连续阴天），太阳辐射能量不能满足设计要求，此时使用电加热器作为生活热水的辅助热源。

根据实际情况，对辅助加热设备的要求为：在一定时间内（如 2.5h），可将 80% 的全楼生活热水加热至设计温度（如 45℃）。可依此确定电加热器或电锅炉、燃气炉的型号。

8.5.4.2　其他问题

(1) 生活热水计量

用户生活热水计量可通过在每户生活热水管道上单独安装水表，根据用户实际使用的生活热水量分户收费。

(2) 人均生活热水量的影响

人均日生活热水量的改变会对初投资产生较大的影响。由于受给排水规范用水定额的限制，对于集中生活热水系统，必须按照相对较高的给水定额进行太阳能生活热水系统①设计。

经过分析计算可知，对于同一栋住宅楼，在不同的水量下，其初投资的差异非常明显，不论是投资总额或是折算到每户的初投资都随水量明显变化。例如，设计水量由60L/人提高到100L/人时，每户的初投资由原来的2500元提高到3600元，提高了约40%。可见，应该在设计允许的前提下，尽量取较小的设计水量。对于同一水量，不同的住宅楼，其折算每户的初投资差异也相当明显。例如，对于4.5层2户的住宅楼，水量为60L/人时，每户初投资为5986元；而对于14层12个单元，同一水量下，每户初投资为2270元，仅为前者的38%。这种现象说明，集中式太阳能生活热水系统的规模越大，初投资的节约效果越明显。

（3）倾角改变对集热板面积的影响

考虑集热板和屋顶设计结合，要求屋顶的倾角尽量与集热板的最佳倾角一致。但在小区住宅的实际设计过程中，建筑的立面设计要完全满足此要求有一定的困难。实际做法可以使屋顶与集热板不完全直接接触，而通过一个支撑连接。这样，在保证集热板最佳倾角的情况下，屋顶倾角可适当降低。

另外，基于一年太阳能得热的模拟分析，当集热板倾角由45°降低为35°时，全年（除夏季6、7、8三个月）太阳能累计值仅仅下降了6%。但是，倾角下降对于冬季集热板太阳辐射得热却比较明显的，所以一般情况下应尽量满足最佳倾角的要求。

8.5.5 太阳能热水系统与建筑一体化设计

建筑师往往对建筑外观的重视程度高于其能源利用情况，因此太阳能

① 由于目前尚未有针对住宅小区太阳能集中生活热水系统的设计规范，所以只能按照民用建筑给排水设计规范进行设计。但如果完全按照给排水设计规范设计太阳能集中生活热水系统，结果会导致初投资盲目增加，而运行时系统效率低下。设计时应该具体问题具体分析，不能拘泥于规范之限制。

热水系统的设计必须考虑与建筑设计配合，从而既节省能源消耗，又不破坏建筑美观。

8.5.5.1　集热板和建筑屋顶结合

当太阳能集热板放置屋顶时，主要考虑的问题为：

1）太阳能集热板与建筑屋顶如何结合；

2）屋顶承重的做法；

3）屋顶的保温问题。

太阳能集热板和屋顶结合设计，可将太阳能集热器与屋顶层面做成一体，层面对集热器起支撑作用，集热器又兼具有层面保温之功能；同时能兼顾建筑美观的效果。

以太阳能热水系统负责两个竖向单元为例，不同层数住宅采用太阳能集中生活热水系统时，太阳能集热板所占屋顶面积的比例如表8-10所示，由此可见太阳能集热器所占据的屋顶面积并不大，为建筑师留下了较大的设计空间。

太阳能集热板所占屋顶面积的比重　　表8-10

楼层数	3	4	5	9	12
每个单元所需的有效集热板面积（m^2）	5.2	7	8.5	15.6	20.8
集热管根数	52	69	86	156	208
集热板占坡屋顶面积的百分比	<20%	<25%	<30%	<40%	<60%

对平屋顶而言，安装比较简单，一般采用陈列式布置，使设备看上去整齐有序，规格统一。当批量安装时，为避免过大的集中负载，可先在屋面附加钢横梁，再把太阳能热水设备的支架固定在横梁上，以分散应力。

图 8-27　平屋顶集热器安装

太阳能热水器在与平屋顶的结合中，还可以利用其固有的深色与玻璃质感，与女儿墙、水箱、楼梯间、构架等元素自由组合，构成虚实变换的效果。图 8-27 为某住宅楼安装集热器的屋面效果，利用集热器与屋顶装饰构件融为一体，使倾斜升起的矩形集热器挺立于弧形的装饰构件之间，布置有序，色彩协调，视觉效果明显。

在坡屋顶安装太阳能热水设备时，应尽可能结合建筑的原有屋面坡度，构件色彩与建筑协调，排布时强调韵律感，管线统一置放，并采取加固措施防止构件脱落。对于住宅“平改坡”工程，可以将贮水水箱、管线等隐藏在新增坡屋面里面，既利用空间，又可以保护好太阳能热水设备不受风雨侵蚀，而且有利于太阳能装置的保温，不会因为冬季寒冷而冻坏。太阳能集热器则可以很好地结合在新添加的坡屋顶上，成为屋面的一个装饰（图 8-28）。此外，建筑师进行坡屋顶设计中，还可结合建筑造型，适当加大南向坡面面积，突破简单坡屋顶造型平淡的缺点，并利用死角安置水箱（图 8-29）。

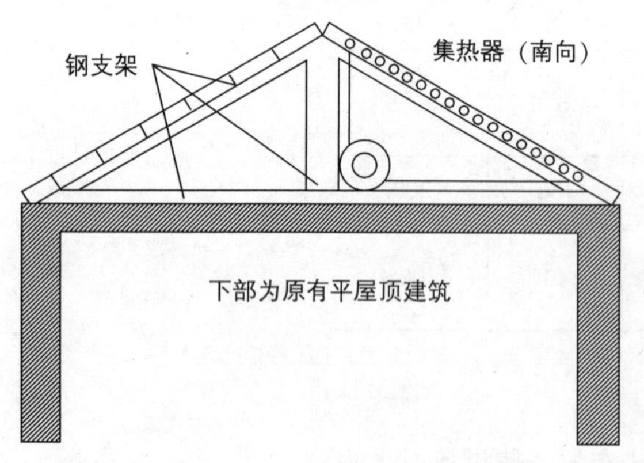

图 8-28　“平改坡”安装热水器屋面示意图

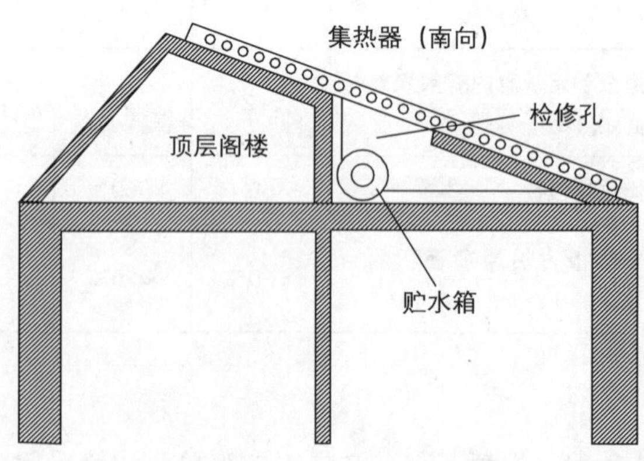

图 8-29　坡屋顶安装热水器示意图

8.5.5.2 跃层式住宅的处理

对于部分小高层，屋顶部分设计成跃层式，这时水箱的位置摆放和太阳能集热板的位置相对复杂。跃层式需要解决的问题是：

1）水箱的高度能否满足跃层住户的压力要求；

2）水箱搁置的位置如何确定；

3）太阳能集热板如何避开小高层跃层住户的窗子。

水箱的处理：对于小高层，各个模块单元的水箱容积均不大，一般均为 $1m^3$，占用空间较小，所以搁置的位置比较方便，可参照建筑图来决定；对于压力要求，原则上要求置于跃层的最高处，以保证跃层住户的出口水压。

对于太阳能集热板位置的处理：由于跃层住宅要求屋顶开设窗户，所以集热板的位置要避开窗户。由于集热板的面积相对很小（一般而言，对于7层以下住宅，太阳能集热板占屋顶的面积可控制在40%以下），所以通过屋顶设计、集热板的位置布置和错开窗的方法解决问题。

8.5.5.3 高层住宅

对于高层住宅尤其是小高层住宅（如8~12层），能否采用太阳能生活热水，需要论证解决如下问题：

1）太阳能集热板的面积是否过大，超过可能提供的屋顶面积。

2）由于高差较大，太阳能集热管的将会有承压问题。

小高层住宅虽然层数较多，但如果设计的太阳能系统只提供生活热水而不承担冬季采暖，且选用的集热管的效率较高，则需要的太阳能集热板完全有可能在屋顶上布置（如12层住宅楼，其集热板面积不超过屋顶面积的60%，见表8-10）。高层建筑则可以将集热器安置于南向窗间墙和阳台，或者利用局部的西向墙面，安装时可以采用垂直壁挂式集热器（图8-30）。

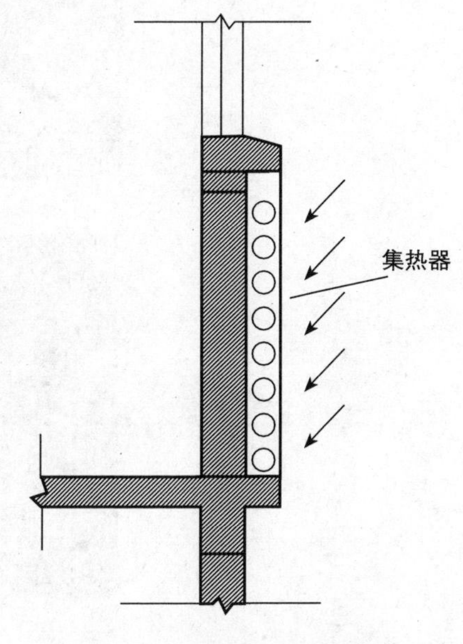

图8-30 高层住宅集热器安装示意图

对于太阳能集热管的承压问题，目前市场上太阳能真空管技术比较成熟，不少产品均可以解决承压问题，但可能会增加一部分初投资（增加幅度比较小）。同时，多高的建筑需要做承压处理，需要和厂家联系决定。

8.6 太阳能热水系统工程实例

（1）一体化设计（图8-31）

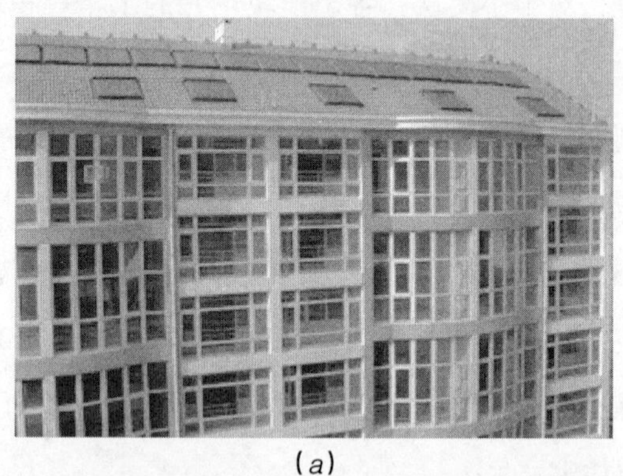

(*a*)

(*b*)

(*c*)

(*d*)

图8-31 太阳能与建筑屋顶南立面一体化设计实例

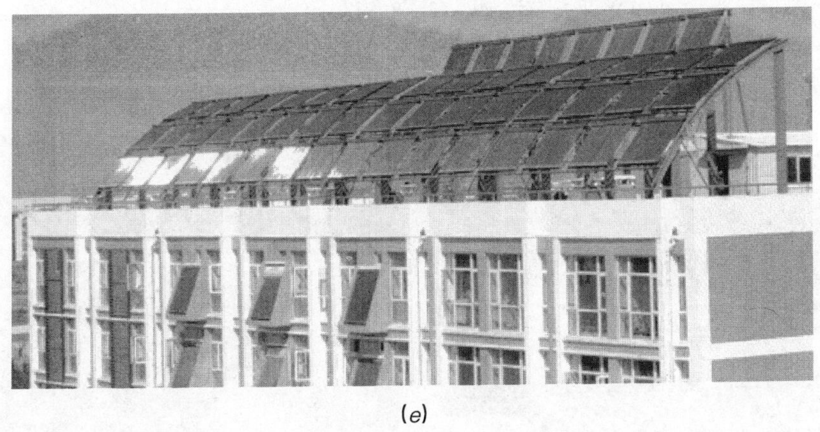

(e)

图 8-31　太阳能与建筑屋顶南立面一体化设计实例（续）

（2）斜屋顶安装（图 8-32）

(a)　(b)　(c)

图 8-32　家用太阳能生活热水系统（净吸热面积 2.8m^2，供水能力为 300L/d）

（3）平屋顶安装（图8-33）

（4）南立面安装实例（图8-34）

(a)

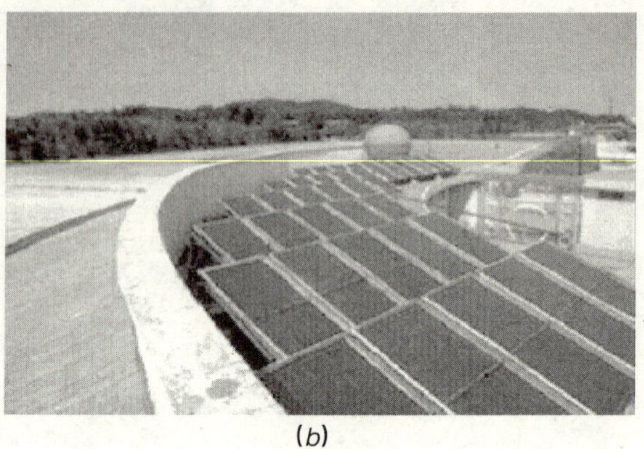

(b)

图8-33 平屋顶安装实例

(a) 热管式，平铺于建筑屋顶上的公用生活热水系统，净吸热面积100m^2，供水能力4000L/d；(b) 太阳能热水器大型工程(平板式)

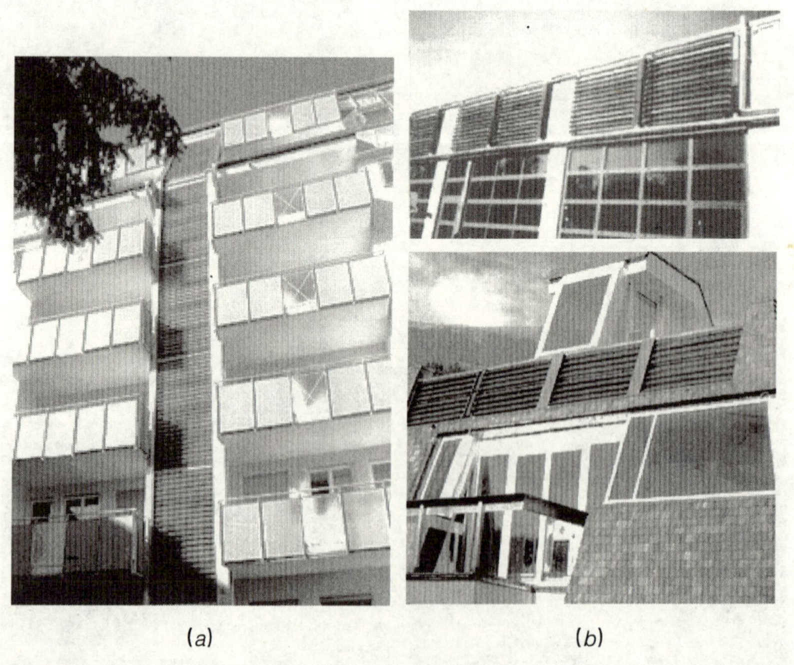

(a) (b)

图8-34 南立面安装实例

(a) 热管式，多层建筑南立面的公用生活热水系统，净吸热面积95m^2，供水能力5000L/d；(b) 房屋南墙上的家用热水、采暖系统，净吸热面积8.4m^2，供水能力为500L/d，供热面积200m^2

(5) 国外实例 (图8-35)

(a) (b) (c)

图8-35 国外住宅安装太阳能光电板的实例

参考文献

1 马伟斌等. 太阳能空调系统性能分析. 制冷学报, 2000.4

2 赵玉文. 21世纪我国太阳能利用发展趋势. 中国电力, 2000.9

3 李元哲, 狄洪发, 方贤德. 被动式太阳房的原理及其设计. 北京: 能源出版社, 1989

4 J. Hirunlabh. W. Kongduang P. Namprakai J. Khedari, Study of natural ventilation of houses by a metallic solar wall under tropical climate, Renewable Energy 18 (1999) 109 ~ 119

5 彰国社（日）编. 任子明，庞玮等译. 国外建筑设计详图图集 13——被动式太阳能建筑设计. 北京：中国建筑工业出版社，2004

6 何梓年. 我国太阳能热水器及其在住宅建筑中的应用. 建筑给排水，2001. 11

7 岑幻霞. 太阳能热利用. 北京：清华大学出版社，1996

8 加藤义夫著，吴耀东译. 被动式太阳能建筑设计实践. 世界建筑，1998 年 1 月

9 太阳能建筑模拟软件 DeST-s 技术手册

10 北京回龙观 C06 生态住区设计技术研究报告（内部科研报告）. 清华大学建筑学院. 2002. 10

11 杨维菊，蔡立宏. 太阳能热水设备与住宅建筑的一体化整合的探讨. 中国建设动态——阳光能源，2004. 10

第9章　采暖空调系统

采暖空调能耗是住宅能耗的主要部分，对于北方地区而言，照明及家电占能耗的25%，采暖能耗占75%；对于夏热冬冷地区而言，住宅建筑能耗中采暖空调电耗占总电耗的30%左右[①]；夏热冬暖地区空调电耗据估计占总电耗的40%左右，并伴随着人们生活水平的提高不断增加。因此，采暖空调系统是住宅能耗中最有节能潜力的部分，而采暖空调系统也是目前住宅能耗中问题最多也最直接影响居住质量的系统。

伴随着城市能源结构的调整，住宅采暖方式也必然会受到巨大影响。例如，基于“蓝天工程”而进行的“煤改气”工程，使得燃煤锅炉在很多城市纷纷被限制。但是对于采暖地区而言，集中供热方式是否就应该简单地利用大型天然气锅炉代替煤锅炉？是否应该大范围地推广电采暖？如何选择能源转换效率最高，同时也能有效改善环境的采暖系统，依然需要仔细研究。此外，集中供热实施收费的方式也有待改革。改按面积收费为按热量收费的意义无疑是重大的，但是必须在系统形式设计上给予配合。而能否分户计量，户内（分户）调节也成为选择方式的重要出发点。

针对上述问题，本章着重介绍包括天然气在采暖、空调领域的合理应用，电驱动新型采暖空调方式，不同能源需求和能源结构条件下采暖空调冷热源及系统形式的选择，住宅采暖空调新途径和案例分析等内容。

---

① 上海建科院2003~2004年调研数据。

9.1 天然气应用

天然气具有成本高（同样热量，为燃煤价格的3~5倍）、清洁的特点。例如，按照燃煤300元/t、燃气1.8元/m^3、电0.6元/度计算，则相同热量下，煤:气:电的价格为1:4:14。天然气燃烧后的排放物仅为CO_2、NO_x，是一种清洁的能源。此外，天然气采暖的效率与排放及规模无关，另外由于直接对天然气进行计量，还便于收费。因此，在利用天然气进行采暖时，要注意发挥上述特点，提高天然气的利用效率，降低运行成本。

目前，利用天然气进行采暖，主要有大型集中燃气锅炉、小型（楼宇式）燃气锅炉、户式壁挂燃气炉以及热电冷联产等几种方式。

9.1.1 区域燃气炉采暖及楼栋燃气炉

多个相邻的使用性质相同的建筑使用一个燃气锅炉房采暖称为分散式区域燃气炉集中采暖（简称区域燃气炉采暖），一个建筑单元或者一个建筑使用一个燃气锅炉房采暖称为楼栋式燃气锅炉采暖（或单元式燃气采暖），二者都采用一次热网直供。

（1）优点

建设灵活，燃气锅炉集中管理，方便维修。每个系统供热面积小，便于调节和控制。对于使用性质相同的建筑，特别是学校、办公楼等公用建筑，采用这种采暖方式根据建筑的使用特点，来调节控制采暖温度和采暖时间，特别是对不需防冻或防冻时间短的地区，根据作息时间控制采暖时间非常有效。在节假日或无人的夜间可降低采暖温度或停止采暖，节约燃气和运行费用。采用一次网直供，外网数量小，热损失和动力损失小，易克服水力失调，节约能源。烟气可集中排放。

（2）缺点

占用单独的锅炉房，锅炉及锅炉房散热损失不能利用。对住宅楼不能直接实现分户计量，末端无调节装置。当室内过热时，用户开窗散热而不是关暖气，有部分热量损失，但低于区域燃气锅炉采暖，供热效率低于单户采暖，高于区域锅炉采暖。锅炉数量多，管理分散。NO_x 的排放总量高于家用燃气锅炉采暖。

耗气量：由于有外网的热损失，平均的采暖温度也高于家用燃气锅炉单户采暖，目前一般不会设有末端控制装置，产生一定的热量损失。北京地区采暖的耗热指标为 9 ~ 11m^3/m^2。不同的建筑耗热指标不同的原因主要有室内温度、围护结构的保温性能、建筑的外墙面积大小、外网的热损失、采暖系统运行调节方式以及锅炉的热效率等。

9.1.2 分户燃气炉采暖

分户燃气炉一家一户自成系统，同时解决采暖和热水供应问题。这一方式在欧美已有几十年历史，目前为这些地区的主要采暖方式，我国之所以没有广泛应用，是由于燃煤为主的历史形成必须集中供热的传统观念，以往居住面积狭小也限制了这种方式的采用。长期依赖住房分配制，集中供热设备的投资，包含在市政和建筑中。而家庭燃气锅炉却要个人出资，为另一原因。目前随住房改革和燃料结构的改变，这三个原因都不再存在，因此，在新建住宅区当不存在热电联产集中供热的条件并准备使用天然气为采暖燃料时，家用燃气小锅炉应为首选方案。

其优点有：

家用燃气锅炉效率高、功能多。一家一户自成系统，同时解决采暖和热水供应问题。单户燃气热水采暖具有很大的调节灵活性，使用完全独立，采暖温度可以自主调节，采暖时间可自行控制，各个房间温度可自如的控制，无锅炉房和外热网热损失。符合按热量收费的原则，可准确计量，用量可由用户自主控制，因而能促进能源的节约使用，加上这种供热系统的热效率高（一般在90%以上），避免了集中供热按面积收费造成的能源过度浪费，节约燃气，从而为使用优质的洁净燃料创造了条件。同时采暖循环的动力消耗低，节省电能。

在家用燃气锅炉的推广使用过程中，还存在一些问题，影响用户的正常使用。主要包括：采暖管道接头漏水问题、燃气炉噪声大、室内温度比集中供热低、采暖费用高等。其中，采暖管道接头漏水问题反映的人数最多，超过了调查总人数的五分之一。另外，少数住户还反映了其他相关问题：燃气锅炉有时出现故障维修不到位，墙角渗水，结露发霉，燃气炉排气污染，门窗封闭不严，系统防冻浪费燃气，燃气锅炉有安全隐患，容积式燃气锅炉占地面积大，散热器布置不合理，燃气炉频繁启动等。

出现这些问题的主要原因是新建小区在刚开始入住时，由于一些单户采暖系统不进行水压试验，所以刚开始用时接头漏水现象较多。在冬季开始时由于入住率低，一些用户的邻居未入住，所以围护结构的散热损失大，又因刚装修过，需经常开窗通风，这就造成用气量较大，用户又不舍得用，因此位置不好的用户（邻居未入住的用户）室内温度低而感觉较冷。此外由于房屋刚入住，在室温提高后，用石灰抹灰的墙面就会有水气析出，所以墙角渗水，结露发霉。当系统稳定时，系统防冻浪费的燃气用量很少，为了减少防冻燃气量，可以关小水循环系统的阀门，减少水流量，以减少燃气用量。当外出时间比较短时（1～2 天），把锅炉设置在防冻状态即可。如果是在严寒地区长期外出，放锅炉的地方又会结冰，可以把系统的水放掉，再次使用时重新充水即可。燃气炉频繁启动属于炉子的自身特点，只要按规程生产、安装和使用，家用燃气锅炉不会有安全隐患。容积式燃气锅炉占地面积大，可选用快速式的。散热器布置不合理，可通过改进设计来解决。

2001～2002 采暖季，清华大学对北京市使用分户燃气采暖方式的两个小区共 98 户人家进行了整个采暖季的测试和跟踪调研。结果发现：

1）2001 年 11 月 17 日到 2002 年 3 月 16 日，实际测得的平均单位建筑面积的采暖燃气耗量为 $5.85m^3/(m^2 \cdot a)$，测得的室温平均值为

18.0℃。考虑温度修正后①，分户燃气锅炉采暖方式单位面积燃气耗量折合为7.4$m^3/(m^2 \cdot a)$；

2）在调查得到的82个有效样本中，认为该种采暖方式由于温度可调，感到舒适和比较舒适的比例高达84%。而对其安全性感到担忧的住户只占极少数，约为5%；

3）大多数用户（约61%）感觉分散排烟没有什么影响，只有极少住户（约4%）对此感觉不好。此外，使用烟气分析仪对小区中一些住户（不同锅炉）的排烟情况进行了现场测试。结果表明，从对环境和人体健康的危害的角度来看，这种分散排烟的采暖方式是完全可以接受的。

参照北京市部分燃气炉采暖的调研结果，对于不同方式下利用天然气进行采暖的经济比较，如表9-1所示。考虑室内采用地板辐射采暖，以100m^2的采暖建筑面积作为分析单位。分析过程中考虑了锅炉及附属设备的备用。

三种天然气锅炉采暖方式的投资分析（单位：元/m^2）　表9-1

项目	分户燃气炉	楼栋燃气炉	区域燃气锅炉
室内采暖设备	60	60	60
热计量与温控阀	/	20	20
锅炉房	/	10~20	10~15
锅炉	35~65	15~20	10~15
设备	/	10~15	5~10
外管网	/	10~15	15~25
合计	105~155	135~160	130~150
平均	110	137.50	132.50

9.1.3　建筑热电冷联供系统（BCHP）

当天然气为城市中主要的一次能源时，与简单的直接燃烧方式相比，

① 2001~2002年整个采暖季（119天）中，室外平均温度为+2.5℃，比标准年高出约4.1℃。

采用动力装置先由燃气发电（40%），再由发电后的余热（40%~45%）向建筑供热或作为空调制冷的动力，可获得更高的燃料利用率。这就是所谓的热电冷三联供（BCHP：Building Combined Heating & Power generation）。这种方式通过让大型建筑自行发电，解决了大部分用电负荷，提高了用电的可靠性，同时还降低了输配电网的输配电负荷，并减少了长途输电的输电损失（在我国此损失约为输电量的8%~10%）。我国实现“西气东输”后，这种方式可以作为东部大城市的天然气应用的一种形式。尤其对于具有大型公共建筑和住宅小区的居住区，如果对用电可靠性要求高、全年存在稳定的热负荷或冷负荷，电热可实现较好的匹配，这种方式具有较好的节能效果和经济效果，优化的系统配置可在3~5年收回投资。

美国为解决其电力输配和供电安全问题，近年来大力推广这一方式。美国能源部预测到2020年新建建筑的50%、现有建筑的20%都将采用这种方式解决建筑物内的能源供应。目前正在支持一大批研究单位和企业研究相关技术、政策，并开发相关产品。我国长沙远大公司由于其在燃气直燃式吸收机方面的技术领先地位，也属于美国能源部组织的关键设备研究单位之一，其产品已用于美国的几个主要的BCHP示范项目中。

此种方式目前需解决的问题之一是怎样有效地充分利用好发电机的余热，实现能量的梯级利用，获得较高的能源利用效率，同时满足建筑物热、电、冷负荷变化的需求。优化BCHP的一个重要思路是使热电冷负荷的彼此匹配。当建筑物电力负荷出现高峰而无相应的热负荷或冷负荷时，发动机由于排热量无法充分利用而不能充分投入运行满足电负荷要求。当建筑物出现电力负荷低谷而热负荷或冷负荷高峰时，如果不能发电上网，发动机也由于电力无处使用而不能充分投入来满足热量的需求。其结果就导致BCHP仅能承担电负荷与热负荷相重合的这一小部分负荷，这时需要考虑采用能量蓄存装置。

此外，采用何种燃气发电装置也对BCHP节能与否的影响较大。根据分析，只有其发电效率达到40%，BCHP才真正具有节能意义。目前的几十至几百千瓦的微燃机发电效率不足30%，兆瓦级内燃机发电效率可接近40%，但排放的氮氧化合物高于燃气锅炉，不符合环保要求。而采用固体氧化物燃料电池（SOFC），可彻底解决发电效率和 NO_x 排放的问题。采用燃料电池，余热温度在800℃左右，非常容易实现高效率的热制冷。如果采用内燃机，则有约一半的余热是以80℃左右的冷却水形式释放的，用其进行高效制冷有一定困难。此时可考虑采用溶液除湿方式，利用这部分热量再生浓溶液，从而可解决建筑物的新风处理并承担湿负荷，节能效果明显。同时制备好的浓溶液还可以高密度储存，满足高密度、高转换效率的蓄能装置的要求。这应是发展以内燃机作为动力方式时建筑空调制冷的解决途径。

例如，对于内燃机驱动的BCHP系统，废热由400~600℃的高温烟气和温度在60~90℃范围内的缸套水两部分组成，高温的烟气可用于驱动吸收式制冷机（COP约为1.2）去除建筑的显热负荷，低温缸套水可用于驱动溶液除湿系统（COP大于1.0）以去除建筑的潜热负荷，BCHP发电量直接用于建筑供电。由于实现了不同品位能源的梯级利用，BCHP系统的总体效率在80%以上。对于溶液除湿系统而言，由于其能量是以化学能的形式存储的，蓄能能力很大，利于整个系统的优化运行与调节，是BCHP推广时值得考虑的一种末端系统方式。

9.1.4 燃气热泵

燃气在采暖、空调领域的应用包括燃气蒸汽锅炉+蒸汽吸收式制冷机、燃气蒸汽锅炉+蒸汽透平驱动离心式制冷机、燃气发动机驱动热泵、直燃型溴化锂吸收式冷热水机组、直燃型小型氨-水工质对吸收式冷水机组、燃气吸收式热泵、燃气辅助电力驱动空调、用天然气做燃料的热电冷联产等多种形式。下面着重介绍未来可能在住宅领域获得较大应用的燃气热泵系统。

燃气热泵与电动热泵相比，主要是以燃气发动机代替了电驱动压缩机。此外，还有以下不同：

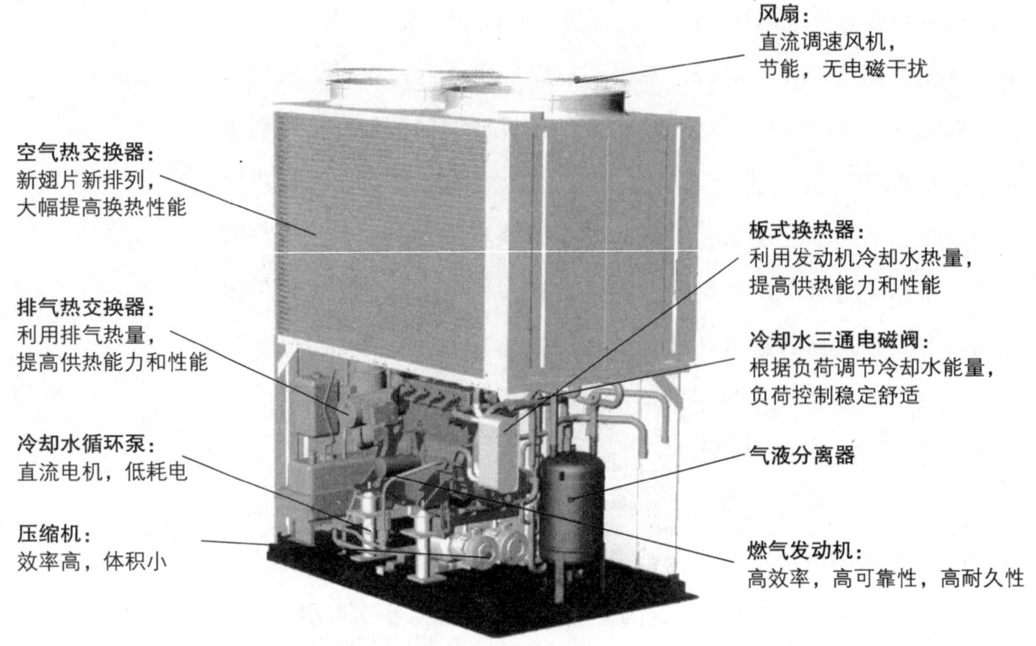

图 9-1　燃气热泵室外机内部构造图

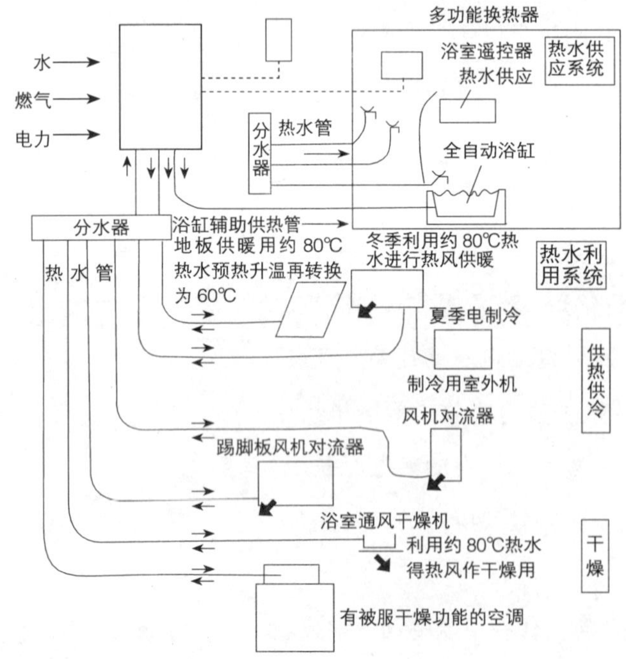

图 9-2　燃气型户式热泵机组流程

1）可回收的发动机的排热使热泵的输出增高，提高了整个装置的性能系数，还可将回收的排热驱动吸收式制冷机制取冷水；

2）发动机驱动极易进行转速控制，实现能量调节，可保持部分负荷时的高效率；

3）吸热源为大气的场合，因发动机的排热基本不受大气影响，即使在严冬，输出也变化不大；

4）除霜过程可用发动机的排热加热，输出热水温度降低较小。

图 9-1、图 9-2 给出了燃气型热泵机组室外机构造及工作流程图。

燃气发动机驱动热泵机组在日本与欧美国家已有大量应用实例，被广泛利用在商场、医院、宾馆、学校、别墅等场所。国内也已经有多家厂商开始生产燃气发动机驱动热泵机组。据目前不完全统计，大连三洋制冷有限公司、三菱重工海尔（青岛）空调机有限公司已有系列产品上市，上海林内有限公司正在关注此项产品，上海交通大学燃烧与环境技术中心与制冷研究所也已研制出成功样机。北京市燃气工程设计公司则在北京及周边地区推广销售日本洋马热泵式燃气空调（YANMAR GHP）最新的F系列产品。

采用燃气热泵，可以直接利用户式燃气管道输送能源，便于计量，灵活可调。但是目前主要的问题是冷量大、价格高。此外，大量用于住宅时还需要注意高密集的近距离低空污染物排放问题（与户式壁挂燃气炉相似），以及比电力空调还要大（燃气发动机是往复式机械）的运行噪声。

目前市场上产品主要是相对较大的冷量和规格的机组，冷量范围在28～56kW，综合COP（PER）为1.2。这样的规格比较适合于高档公寓、别墅等大房型、低密度、高档次住宅，1台室外机带多台室内机。伴随着城市能源结构的调整，以及机组规格的不断小型化和价格的不断降低，未来燃气热泵必将飞入寻常百姓家，获得较好的推广应用。

9.2 电驱动采暖空调方式

9.2.1 电采暖

随着夏季空调的广泛使用，我国用电高峰已逐渐从冬季转到夏季，从而使冬季电力供应能力过剩。增加冬季用电负荷，减少冬夏电负荷差，这是近年来各地推行电采暖的实质原因。

直接电采暖指在室内采用各种电暖气、电热膜等方式进行采暖。目前市场上常见的有电暖气、电热膜、电热风机……电热膜将导电油墨印刷在两层聚酯膜之间制成的纯电阻式发热体，配以独立的温控装置。多采用上贴于吊顶，形成热辐射板向下部房间采暖，占空间高度 3 ~ 5cm。运行时表面温度为 40 ~ 50℃，根据热负荷的不同，实际膜片的铺设面积有所变化。但其铺设膜片面积一般约占吊顶面积的 30% ~ 40%。电热膜运行采用温控启停控制，当温度超过设定温度时，停止采暖，一般每天工作 6 ~ 8 小时。

需要注意，直接电采暖电力来自燃煤发电，其效率仅为 33%，如此把高品位电能直接转换为热，是很大的能源浪费。即便是燃煤锅炉效率，一般也可达到 70%，其能耗也仅为直接电热采暖的二分之一。此外由于目前电力峰谷价格差别较小，所以直接电热在运行费上无法与其他采暖方式竞争。即使电力峰谷差价达到 0.20 元/度以下，电采暖在运行费上具备一定竞争力了，但从环境保护的角度看，也不推荐直接电热采暖。因为目前我国还是以火电为主，采用电热方式实际上要比锅炉房直接供热增加两倍的污染物排放量。

只有采取了非常好的保温，热负荷小于 $10W/m^2$；同时为了减少集中供热系统的输配能耗和输配损失，直接电采暖才有可用性。需要注意，由于直接电热锅炉效率低，且存在管网热损失大、冷热不均、调节不灵活、难以计量管理等问题，因此必须坚决禁止大型电锅炉，包括蓄能电热锅炉。

采用家用相变蓄热电暖气，利用夜间低谷期电力蓄热，白天供热，是电采暖未来发展的方向。相变蓄热器采用热容大的金属如硅铝合金作为相变材料，一般设计为长方体形状，体积与通常的铸铁暖气相同，却可在 5 小时内蓄存一天的供热量，真正实现削峰填谷，其放热量又可随时人为控制，不需要采暖时可随时关闭，应该是末端电蓄热采暖的最佳解决方案。目前的问题是设备投资高，约 150 元/m^2，电力峰谷价格差别小。只有由电力部门对这种采暖设备适当补贴，并且使谷间电价降至 0.20 元/度以下，这种方式才能与个人燃气锅炉竞争。目前清华大学等单位已经成功开发了高温相变材料电采暖散热器和常温相变材料电采暖散热器。

9.2.2 热泵技术

通过热泵技术从低温热源中取热，提升其温度后，为建筑物提供热量，解决采暖和生活热水的热量供应，是直接燃烧一次能源而获取热量的主要替代方式（图9-3）。采用热泵技术，只要其电热转换效率大于3，就应是最节省一次能源的产热方式。因此当推广冬季用电采暖时，应该着重推广热泵方式。由于热泵在夏天又可用作空调制冷，随着空调的大范围应用，就使得采用热泵并不比直接燃烧燃料方式增加一次投资。

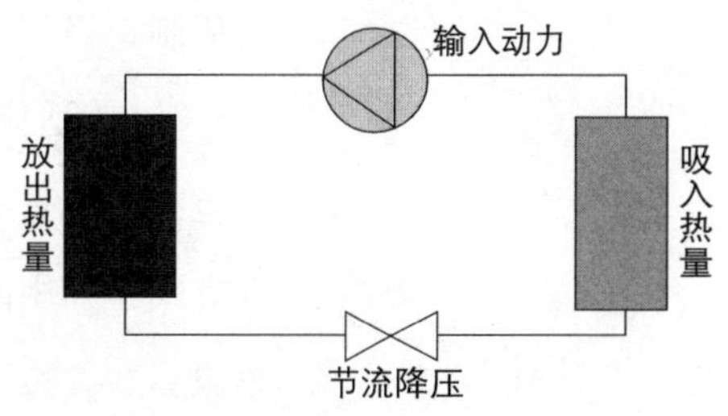

图9-3　热泵原理

热泵方式的主要问题是从哪种低温热源中取热，怎样使低温热源能够提供足够的热量，同时热泵又能高效提取。依低温热源不同，主要有如下形式。

9.2.2.1　空气热泵

空气热泵使空气侧温度降低，将其热量转送至另一侧的空气或水中，使其温度升至采暖所要求的温度。由于此时电用来实现热量从低温向高温的提升，因此当外温为0℃时，一度电可产生约3.5kWh的热量，效率为350%。考虑发电的热电效率为33%，空气热泵的总体效率约为110%，高于直接燃煤或燃气的效率。该技术目前已经很成熟，实际上现在的窗式和分体式空调器中相当一部分都已具有此功能。具有热泵功能的房间空调器与单冷型房间空调器价格差异并不大，因此考虑到空调器的普及，采用热泵并不增加投资。

这种方式的问题是：

1）热泵性能随室外温度降低而降低，当外温降至-10℃以下时，一般就需要辅助采暖设备进行蒸发器结霜的除霜处理①，过程复杂，耗能较大。但是此问题最近已有国内厂家通过优化的化霜循环、智能化霜控制、智能化探测结霜厚度传感器，特殊的空气换热器形式设计以及不结霜表面材料

① 模拟分析的结果表明，此时用电热作为热泵辅助手段，也远比整个冬季全部直接电采暖效率高。使用辅助电采暖后，北京地区热泵采暖电耗约为直接电热方式的一半。

的研制，得到了陆续的解决。

2）为适应外温在 -10～5℃范围内的变化，需要压缩机在很大的压缩比范围内都具有良好的性能的要求。这一问题的解决需要通过改变热泵循环方式，如中间补气、压机串联和并联转换等，在未来10～20年内有望解决。

3）房间空调器的末端是热风而不是一般的采暖散热器，许多人感觉不舒适，这可以通过一些措施来改进。如采用户式中央空调与地板采暖结合等，但初投资要增加。

例如，国内有公司成功开发出具备自主知识产权的在 -12℃仍可高效运行的低温空气热泵。它采用独特的化霜循环、智能化霜控制、智能化探测结霜厚度传感器技术，有效解决了除霜不彻底的问题；保证机组可在 -12℃正常运行，且COP达到2.3左右。该项技术在2004年荣获北京市科技进步二等奖。

1）以空气作为热源，可在室外温度低于 -5℃仍可高效工作的低温空气热泵（图9-4）；

2）以土壤或地下水、地表水作为冷热源的热泵方式，最近几年在国内得到了较快的发展，包括深井回灌水源热泵、土壤源热泵等（图9-5）。

图9-4 低温空气热泵

9.2.2.2 深井回灌水源热泵

解决空气热泵外温低时效率下降的最好方案就是采用深井回灌方式的水源热泵系统。它由热泵、地下水井（抽水井和回灌井）、闭式水循环回路辅助设备组成。从30～200m深的地下取水，冬季经换热器降温后，再回灌到另一口深井中。换热器得到的热量经热泵提升温度后成为采暖热源。夏季则将地下水从深井中取出经换热器升温后再回灌到另一口深井中，换热器另一侧则为空调冷却水。由于取水和回水过程中仅通过冷凝器或中间换热器，属全封闭方式，

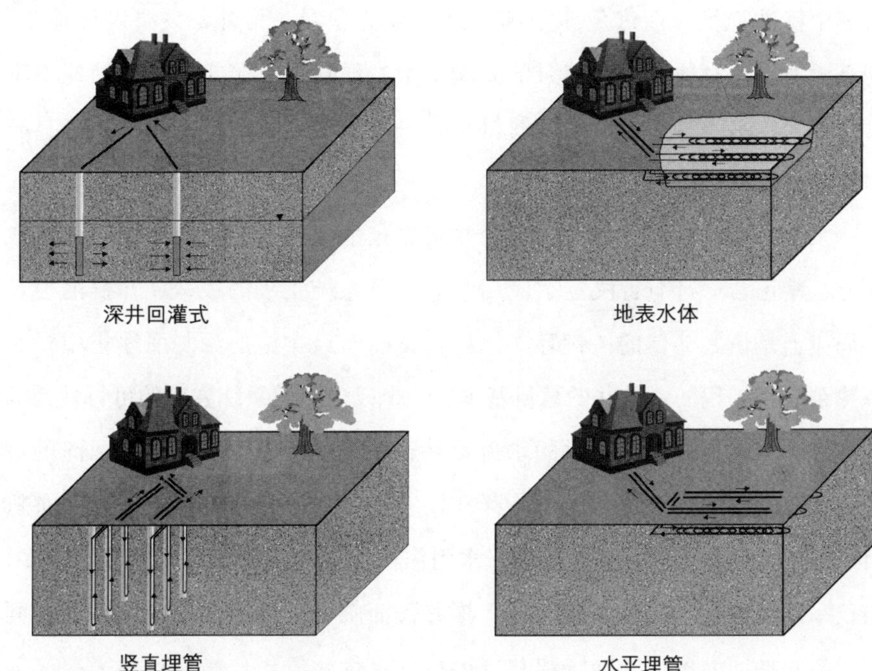

图 9-5　地源热泵的各种形式

因此不使用任何水资源也不会污染地下水源。由于地下水温常年稳定，采用这种方式整个冬季气候条件都可实现一度电产生 3.5kWh 以上的热量，运行成本低于燃煤锅炉房供热，夏季还可使空调效率提高，降低 30%～40% 的制冷电耗。同时此方式冬季可产生 45℃ 的热水，仍可使用目前的采暖散热器。

影响水源热泵的主要因素为当地的地质条件，即所用的含水层深度、含水层厚度、含水层砂层粒度、地下水埋深、水力坡度和水质情况等。一般地说，含水层太深会影响整个地下系统的造价。但是含水层的厚度太小，会影响单井出水量，从而影响系统的经济性。因此通常希望含水层深度在 80～150m 以内。对于含水层的砂层粒度大、含水层的渗透系数大的地方，此系统可以发挥优势，原因是一方面单井的出水量大，另一方面灌抽比大，地下水容易回灌。所以国内的地下水源热泵基本上都选择地下含水层为砾石和中粗砂地域，而避免在中细砂区域设立项目。另外，只要设计适当，地下水力坡度对地下水源热泵的影响不大，但对地下储能系统的储能效率影响很大。水质对地下水系统的材料有一定要求，咸地下水要求系统具有耐腐蚀性。

系统井群及其周边含水层是深井回灌式水源热泵系统的一个关键组成部分，其正常运行与否决定了应用水源热泵系统工程的成败，井群的设计布局应当是慎之又慎的关键环节。尽管目前已经实施的深井回灌集中式水源热泵应用工程的，其井的数目基本在5个以内，但系统方案的可行性判据基本取决于当地打井可提供的水流量是否能满足要求，且抽水和回灌的运行决策并不明朗。随着商用建筑群和住宅小区集中式或分户式水源热泵机组的推广，利用深井井群开采地下水用作机组冷热源的工程必然日渐增多，与仅采用少数几个井的工程相比，深井群面临的问题更加复杂。井群井间距、各井抽回灌角色的确定和井群运行调度优化等工作是设计中需要充分考虑的问题。系统井群与容积率情况见表9-2。

图9-6为一典型双井承压深井回灌式水源热泵系统，在良好回灌的前提下，由于两井的抽水与回灌角色在不同运行工况下的轮换，两井将维持其温度的相对差异，可以根据井水水温的高低将其区分为“热水井”和“冷水井”，热泵机组制热运行期间将抽取热水井井水，将降温后的冷水回灌至冷水井，制冷运行期间将抽取冷水井井水，将升温后的热水回灌至热水井。从空间角度可将深井回灌式水源热泵系统分为地面以上部分（建筑物、热泵机组）和地面以下部分（井群及其周边含水层）。从时间角度看，系统的运行工况点是随建筑物负荷、系统流量及当地含水层水文地质条件等外部因素的全年变化而不断改变的。

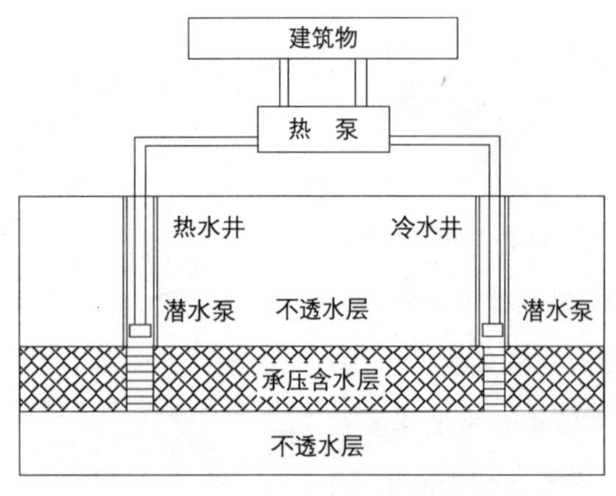

图9-6 深井回灌式水源热泵系统示意图

GWHP 系统井群与容积率情况　　表 9-2

项目名称	建造用地（m^2）	空调面积（m^2）	井群占地（m^2）	容积率（空调面积与井群占地之比）	井群概况
哈尔滨市道外区某商业街	21665	72523	20000	3.63	共 12 口抽水（回灌）井，单井井深 45m
北京海淀区蓝靛厂住宅小区	6000	19000	2500	7.6	共 3 口井，1 抽 2 灌，井深 100m，出水量 120m^3/h，井间距 60m，存在地下原始流动
沈阳某住宅小区	24000	80000	20000	4.0	共 12 口井，井深 100m，出水量 120m^3/h，井间距 60m
北京嘉和丽园住宅公寓	14175	70000	14000	4.94	共 4 口井，2 抽 2 灌，井深 170m，出水量 200m^3/h，井间距 120m，存在地下原始流动

（1）地下水抽灌方式

地下水的抽取与回灌形式分为“一井抽水，多井回灌”和单井抽灌方式等。

由于向地下回灌比取水要困难，因此，可以采用“一井抽水，多井回灌”的方式。可行的方案为打三口井，一口取水，两口回灌。同时，定期交换，使每口井都轮流工作于取水和回灌两种状态。这样相当于定期洗井，而且还在个别水井堵塞时可进行回扬①处理，从而可以使深井长期高效、可靠地工作。为保证抽取出的水温长期温度稳定，三口井间要保证足够的距离。例如，在不存在原始地下流动的条件下，北京地区住宅典型双井 GWHP 系统的安全井间距在 100 ~ 120m 左右，最小井间距不应小于 60m。

最近几年，国内有厂家发明了“单井抽灌”的新方式，可以较好地解决移砂、地面不均匀沉降和水量损失问题。需要注意，单井抽灌方式不同于国外的单井循环方式。单井循环方式是一种半开式系统，单井循环系统

① 对于中、细砂的含水层，压力回灌每天需回扬 2 ~ 3 次，真空回灌每天需要回扬 1 次。回扬时间的确定以每次抽完浑浊水后出清水为限，一般需要 15 ~ 30min。在停用期，20 ~ 30 天需要回扬 1 次。

起到换热器的作用。而单井抽灌系统是取水和回灌水在同一口井内进行，通过隔板把井分成两部分，一部分是低压（吸水）区，另一部分是高压（回水）区。当潜水泵运行时，地下水从低压区被抽至井口换热器中，与热泵低温水换热，地下水释放完热量，再由同井返回到回水区。以此作为热泵的低位热源，向热泵提供低位热量。一般说来，标准单井抽灌井的结构参数为：井孔直径 800mm，井管直径 500mm，井深 85m，抽水和回灌水管直径 *DN*100；井位于建筑物的距离及井与井之间均应大于 10m。

单井抽灌技术由于抽水和回灌水温度的不同，会引起地下水和含水层固体骨架温度的变化。地下水与地下水、地下水与固体骨架、固体骨架与固体骨架、含水层与相邻的顶、底板岩土层之间会发生复杂的传热与传质的过程，含水层参数、热泵负荷、热弥散等会对井的出水温度和含水层温度场有所影响。

此外，单井抽灌水源热泵系统设计中还应注意地下水热贯通问题①，原因是由于抽水井和回水井均在一起，虽然在一定程度上有利于回灌，减少了场地，但增大了热贯通的可能性。从控制热贯通角度来说，合理的渗透系数比（水平渗透系数/竖向渗透系数）的大小是同井回灌热泵工程成败的关键，大的渗透系数比能显著减轻热贯通。

（2）小流量、大温差

为了降低深井投资并节省水泵运行能耗，应尽可能减少深井回灌回路循环水量，为此就需要尽量加大此回路的供回水温差。

取逆流换热器温差为 1℃，则地面进入建筑物的循环水在冬季最大负荷时参数为供水 14℃、回水 4℃，夏季则为供水 16℃、回水 26℃，这时就要求各户的水源热泵在 10℃ 的大温差下工作。然而热泵侧却不希望如此大的温差，这将给冬季作为蒸发器、夏季作为冷凝器的换热器设计带来困难，

---

① 由于回灌水温与原始含水层温度存在的差异，在导热和对流等作用下，回灌井水“温度锋面”会导致邻近抽水井出水温度有不同程度的升高或降低，通常称为“热贯通”现象。

并且会降低热泵的COP。为此考虑可采用如图9-7所示水侧串联的方式，将6～8台水源热泵的水侧串联，水经过每台水源热泵温降（冬季）1.3～1.7℃。这样使循环水总体上实现“大温差小流量”，而每台热泵机组却为“小温差大流量”，同时满足了循环水和热泵机组对流量和温差的彼此对立的要求。对热泵机组来说，温差小可使热泵高效工作，提高其COP。

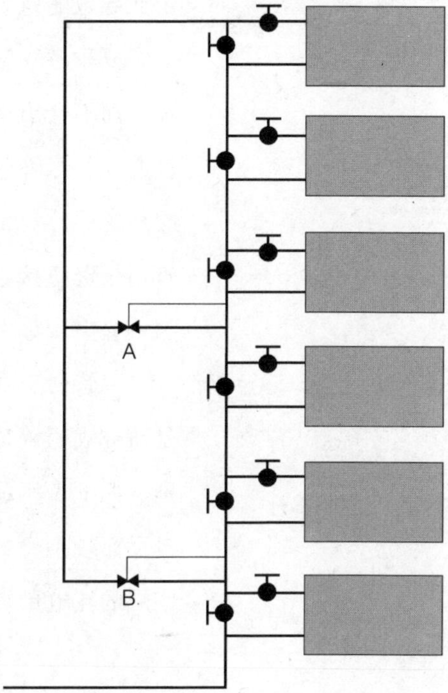

图9-7　单双管混和式水源热泵系统

采用上送下回方式时，从上向下热泵的制热量和COP逐台下降，最下面一台蒸发器侧水温将工作在5.3～4℃间。其性能比9～4℃的水温时有些下降，但竖向各台平均，总的效率要远高于每台都工作于14～4℃时，或一半工作于14～9℃、一半工作于9～4℃时。当然，必须采用专门的低阻力换热器，否则水侧压降会过大直至由于流动阻力过大而无法工作。

一般适合于此方式的多层建筑层高不超过8层，因此仅在各户卫生间内设一立管，将各户的热泵机组串联，水系统可非常简单，类似于目前的单管串联暖气系统。这样既降低了楼内配管投资，还使水系统的流量分配较容易调整，避免了并联系统各用户水量分配不均匀的现象。图9-7中的旁通阀一般总为关闭，除非热泵机组拆除维修时，才打开旁通阀，以免影响其他用户的使用。

当某一立管流量较小时，会导致温差加大，在冬季会导致回水温度过低直至出现在图9-7的A、B处冻结。为此在各立管回水处（图9-7的A、B处）装自立式温控阀，温度低时自动将阀门开大，增大流量，温度高时则自动将阀门关小，以减少流量。此阀门应仅工作在3～7℃范围内。当温度大于7℃，阀门将不再动作，这样才能不影响夏季工况的正常运行。利用双金属片温控器的非线性特性，这种要求实现起来并不困难，实际上在冬季上送下回，立管流量偏小的管内水温偏低，而立管流量偏大的水温偏高，由此导致的重力差可自动使流量偏小的加大流量，从而得到较好的平衡。

夏季各立管流量分配不均匀仅会使流量偏小的热泵性能变差，耗电增加，而不会出现结冻事故，因此不需采用更多的调节和保护措施。采用这种方式，尽管总的循环水量为5kg/(m²·h)，比2~3kg/(m²·h)的热水采暖系统循环流量大，但因为一户一立管而不是一组暖气一立管，因此楼内管道投资应接近于一般采暖的管道系统。管道也无保温，防结露等要求。与中央空调集中供冷水系统比较，楼内管网投资要低得多。

尽管由于单管串联形式的特点使得上下层用户水侧进口温度不一，但是研究表明（以4户串联为例，如表9-3所示）热泵机组运行中基本没有差别。如下表所示，夏季由于一层的负荷比四层负荷小许多，尽管COP耗电量反而较小，冬季顶层和底层的负荷都比较大，但由于底层的COP较小，底层的耗电量较大，各层耗电量相差并不太大。

四层串联不同楼层采暖、空调耗电量比较　　表9-3

夏季（立管流量0.7kg/s）					
楼层	水源热泵进水温度（℃）	单位面积负荷（W/m²）	每户负荷（W）	每户COP	耗电量（W）
四层	15	38.87	5597.28	5.5	1022.9
三层	18.3	25.55	3679.2	5.2	708.3
二层	19.9	25.55	3679.2	5.0	734.4
一层	21.4	15.52	2234.88	4.8	463.2
冬季（立管流量0.6kg/s）					
楼层	水源热泵进水温度（℃）	单位面积负荷（W/m²）	每户负荷（W）	每户COP	耗电量（W）
四层	15	32.35	4676.19	4.1	1140.5
三层	13.6	24.84	3590.62	4.0	905.3
二层	12.5	24.84	3590.62	3.9	932.3
一层	11.5	31.84	4602.47	3.7	1238.7

采用燃气直燃型吸收式热泵是另外一种解决方案。这样设计的单效机制热COP为1.7~1.8，用燃气量为燃气锅炉的一半，用水量为电动热泵的

一半；如果使用双效机，则制热 COP 为 2.1 ~ 2.2，用燃气量为燃气锅炉的 37%，用水量为电动热泵的 68%。

深井回灌分户水源热泵的系统示意如图 9-8 所示，投资估算如表 9-4 所示。

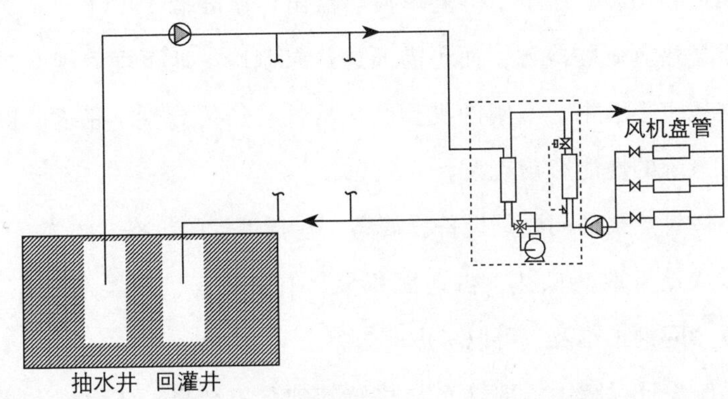

图 9-8　深井回灌式分户水源热泵系统

水源热泵投资估算　　表 9-4

项　目	价　格
水源热泵机组	12000 元/户，约 100 ~ 120 元/m²
抽水、回灌井群	单井费用 3 万元，约 20 ~ 30 元/m²
室内风机盘管末端（含室内管线及安装费用）	60 ~ 80 元/m²
室外管线（管道、保温及挖沟埋设费用）	按 30 ~ 40 元/m²
其他	约 10 ~ 20 元/m²
合计	220 ~ 290 元/m²
平均	255 元/m²

不同水源热泵系统的初投资存在一定的差异，主要取决于：

1）系统形式，如是分户式还是集中式，是直供式还是间接换热式。

2）系统配置，如是否采用自控系统。

3）设备生产厂家，如选用国内品牌或国外品牌。

4）当地水文地质条件，如单井出水量为多少，打井费用是多少。

9.2.2.3　地下埋管型土壤源热泵

通过在地下垂直或水平地埋入塑料管，通入循环工质，成为循环工质与土壤间的换热器，单管产热量为 30～50W/m。在冬季通过这一换热器从地下取热，成为热泵的热源；在夏季从地下取冷，使其成为热泵的冷源。这就实现了冬存夏用，或夏存冬用。在华北、东北地区，由于住宅和一般性非住宅建筑的冬季用热量远大于夏季用冷量，这种方式可使地下平衡温度低于当地年均温，从而使得夏季换热器出口温度低于 15℃，成为可直接吸取夏季显热负荷的冷源，而不需通过热泵制冷。地下埋管换热器处于地壳的浅层地表土壤中，土壤的类型、热特性、热传导性、密度、湿度等对地源热泵系统的性能影响较大。

地下埋管热泵的问题是设备投资高（包括埋管的价格，约为 60 元/m），需要大量从地下取热储热，占地面积大。但是对于别墅类高档住宅而言，由于市政热网鞭长难及，可以考虑此方案。

该系统设计过程中需要注意与建筑基础有机结合，从而进一步降低初投资；提高传热管与土壤间的传热能力，以减少工质与土壤间温差，提高热泵效率。同时可以考虑在末端辅以有效的独立除湿方式，如此可高效地解决夏季空调问题。

9.2.2.4 污水源热泵

以地表水和城市污水作为冷热源的污水源热泵，直接从城市污水（未结冰的水）中提取热量，投资小，见效快，是污水综合利用的组成部分。据测算城市污水全部充当热源可解决城市近 20% 建筑的采暖。

目前的方式是将污水处理到二级出水水质，从处理后的中水中提取热量，则可以解决污物堵塞、附着、腐蚀等问题。但是，污水作为热泵冷热源应用时，取得热量的价值在 0.4 元/t 左右，由此推算解决该问题的应用工艺成本不应高于 0.1 元/t。而二级出水处理需要 800 元/（t・天）的初投资，0.7 元/t 以上的运行费。这就大大限制了其应用范围，并且不能充分利用污水中的热能。

为解决污水冷热量的有效传递和转换，必须克服污物对换热设备的堵塞和污染问题，为此需要采取特殊的系统工艺设备。国外应用很成熟的两个工艺形式为淋水式和壳管式，如图 9-9 所示。

（1）淋水式系统

经粗效过滤处理后的污水与制冷剂直接换热，将污水喷淋在板式换热器外侧，污水呈膜状流动换热。运行3～5天后用高压水冲洗换热器，以去除附着在上面的污物。

（2）壳管式系统

日本1983年开发，主要采用具有自动防护功能的壳管式换热器实现污水的流动及换热（图9-10）。污水在管内流动，清水在管外壳体内流动，使用现有的水源热泵机组，通过二次换热实现蒸发或冷凝过程。

哈尔滨工业大学最近研制成功污水换热器，可直接大规模从污水中提取热量，并在哈尔滨实现了高效的污水热泵供热。进一步完善和大规模推广该系统，将能成为我国北方大型城市建筑采暖的主要构成方式之一。

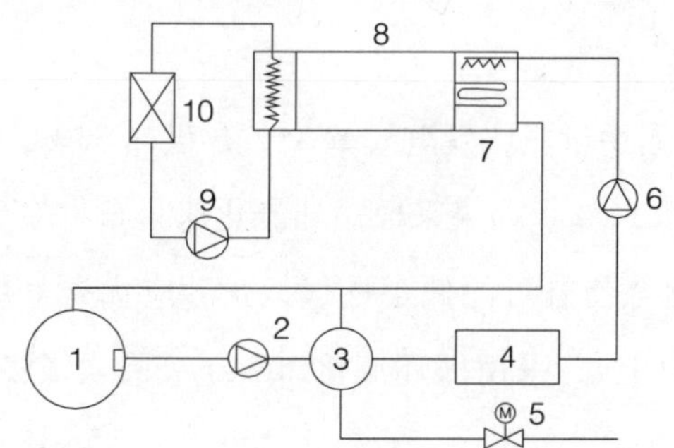

图9-9　淋水式蒸发器系统工艺流程图

1—污水干渠；2、6—污水泵；3—自动筛滤器；4—积水池；5—反冲洗控制阀；7—淋水式换热器；8—热泵机组；9—末端循环泵；10—末端设备

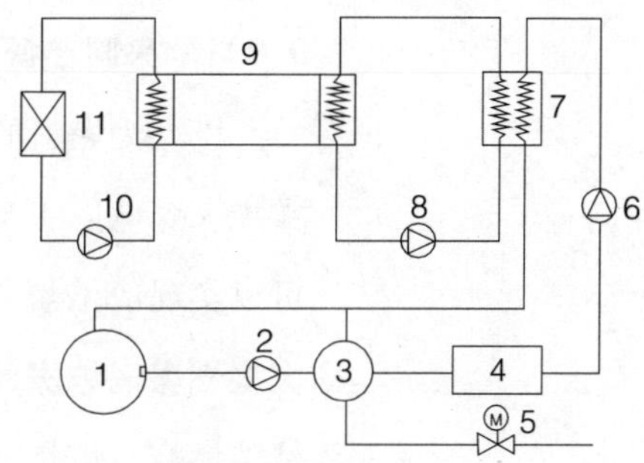

图9-10　壳管式蒸发器系统工艺流程图

1～6同图9-9；7—壳管换热器；8—中介循环泵；9—热泵机组；10—末端循环泵；11—末端设备

9.2.2.5　热泵型家庭热水机组

从室外或室内空气中提取热量制备生活热水，可使电到热的转换效率达3～4。日本推出采用二氧化碳为工质的热泵型热水机，并开始大范围推广。当没有余热、废热可利用，并可承担较高的初投资时，这种方式应是提供家庭生活热水的最佳方式（图9-11）。

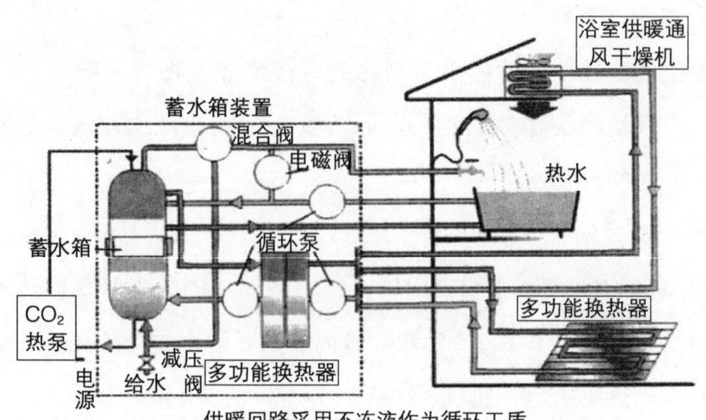

图 9-11　CO_2 热泵型热水机组与地板采暖空调系统

9.3　采暖空调系统设计原则

9.3.1　采暖热源的选择

以煤为燃料的大型热电联产集中供热，发电效率 25%，供热 60%，与常规燃煤电厂 33% 比，供热效率 250%。如果采取循环流化床 + 布袋除尘，可以实现清洁燃烧，排放氮氧化合物有可能低于燃气锅炉，应优先采用。大型燃煤锅炉房（80 蒸汽吨/h 以上），采用循环流化床 + 布袋除尘，实现清洁燃烧，也是一种值得推广的方式。

当有天然气供应时，可以考虑燃煤燃气联合供热与末端调峰方式（图 9-12），即利用大型集中供热网，以燃煤作为燃料，提供采暖的基础负荷，整个供热季稳定运行。在末端采用天然气为燃料的小型调峰锅炉根据负荷需求补充不足的热量。天然气调峰锅炉可根据各自的末端状况及时准确的调节，避免调节不当造成的浪费，燃煤热源又可稳定运行，保证清洁与高效利用燃煤热电联产或大型锅炉承担基本负荷。一次管网定流量，定参数运行，承担 45%～55%

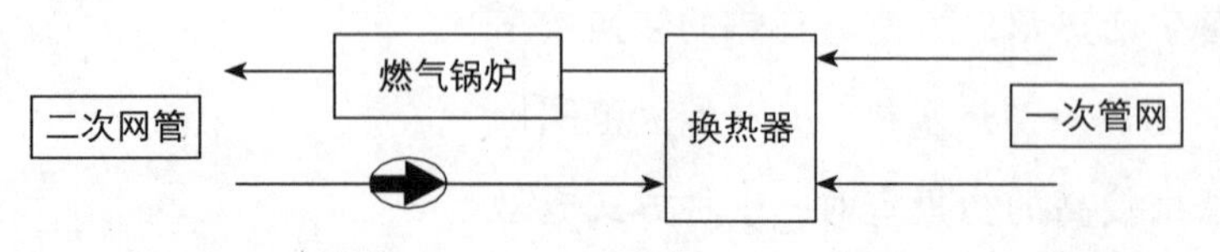

图 9-12　天然气末端调峰原理图

的设计负荷，热力站内设小型燃气调峰锅炉，根据末端要求补充热量的不足，满足供热需求。

天然气末端调峰方式具有如下优点：

1）燃煤全冬季均匀燃烧，设备利用率高，同样瞬间大气排污量下，燃煤总量最大，经济性好；

2）燃气锅炉启停速度快，可调性好，可实现准确灵活的调节，避免过冷，过热；

3）按二次网分小片调节，可满足不同需要；

4）实现“煤气混用”，避免供热同质不同价的现象。

这种方式还缓解了目前燃煤供热与燃气供热间巨大的成本差，实现燃煤燃气联合供热，有益于社会公平；整个冬季均匀地使用燃煤也可缓解严寒期高负荷时由于燃煤用量高峰导致的大气污染高峰；此外，由于改善调节，并提高了集中热源的效率，还可以使集中供热系统的能耗降低20%～30%。此方式应是今后北方地区大中城市燃煤燃气共同构成一次能源时应首先采取的供热方式。

当只能采用天然气时，应尽量避免大型燃气锅炉，因为这样会继承燃煤集中供热的所有缺点与问题，摒弃了燃气的优点和特点。应该尽量争取户式小锅炉，采用宜小不宜大的原则；同时条件成熟时可考虑采用燃气水源热泵。

此外，尽可能采用各种新型热泵方式。在冬季最低温度5℃以上地区，热泵是最佳方案。必须用电时，尽可能采用热泵方式。

9.3.2 集中还是分散

无论空调或采暖，是否集中设置冷热源都需要仔细权衡冷热源效率和输送热损失的得失，不能盲目认定集中冷热源效率高，系统运行就节能。以采暖为例，如图9-13所示给出各种供热采暖方式可能造成能量损失的环节。各种供热采暖方式的能耗及损失可参见图9-14。

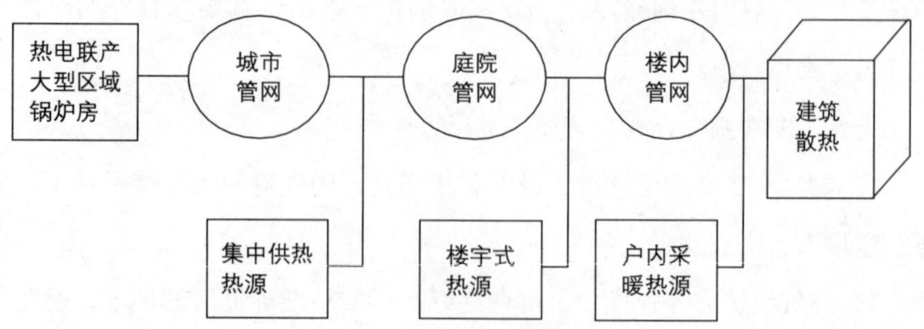

图 9-13 各种供热采暖方式可能造成能量损失的环节

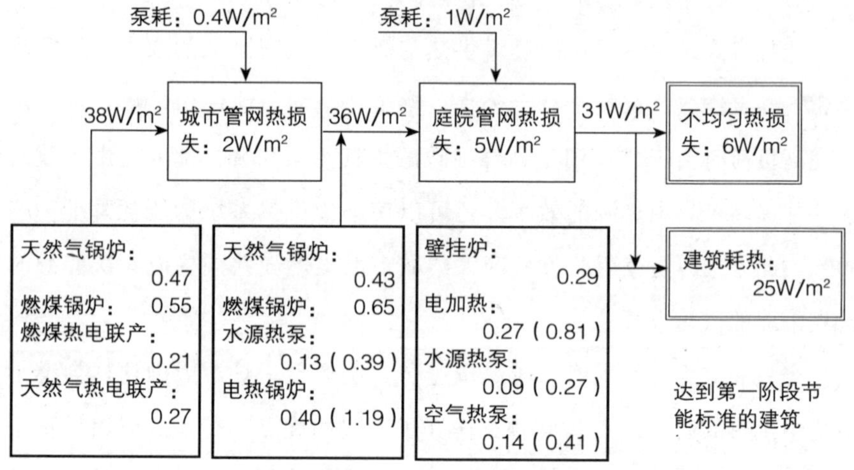

图 9-14 各种供热采暖方式的能耗及损失（单位 GJ/m^2）

注：图中热源部分单位为 GJ/m^2。热源以燃煤或燃气作为动力时，直接给出单位采暖面积所耗燃料热值，当以电为动力时，第一个数据为热源消耗电能的热值，括号内给出电力折合的燃煤热值。

从图中可看出，供热规模越大，供热环节越多，供热能耗和损失越大。分散采暖的能耗仅以建筑耗热为主，区域集中供热的能耗则由建筑耗热、不均匀热损失和室外管网损失组成，而城市集中供热还包括高温热力管网损失。

随着供热系统规模的增大，供热环节增多，各种热损失也相应增加，所以集中供热应优选转换效率高的热源，如热电联产。同时集中供热，应充分重视管网热损失和不均匀热损失，目前其占供热能耗的比例很大。根据上图，对于城市集中供热，建筑能耗占供热能耗的66%，各项损失占34%。当仅改善了建筑保温水平，虽然建筑耗热减少了，但如果管网保温和调节没有得到相应的改善，不均匀热损失和各种管网损失就显得越来越突出了，所占比例将增大。这样，对于集中供热，怎样减少管网热损失和不均匀热损失变得越来越重要。随着建筑围护结构节能推广力度的不断加大，对这点就必须充分重视。

虽然输配环节热损失很大，燃煤热电联产依然是各种供热方式能耗最低的，在环保条件允许的条件下，应坚持燃煤热电联产集中供热。煤的燃烧效率随锅炉的吨位增加，而且大型燃煤锅炉房有利于管理和污染处理，因此燃煤锅炉房供热应以大规模集中为宜。而天然气锅炉的热效率普遍较高，且天然气的成本很高，应尽量接近用户，避免管网输配环节损失，宜以小规模分散为佳。直接电热采暖消耗高品位的电能，能源利用极不合理，特别是电热锅炉集中供热的能耗在各供热方式中是最大的，应禁止电热锅炉集中供热，并限制分散的直接电热采暖。如由于环境和电力调峰等原因而要求电力采暖时，应采用各种热泵技术供热。

传统方式采用集中供热方式的原因，是因为燃煤热源必须集中，以有利于管理，有效地实现供煤、输渣，同时煤炉越大效率越高，污染越小。但是集中供热存在一些缺点，即管网投资高，约50~100元/m^2建筑；管网运行费与能耗高。其中维护管理费约2元/(m·a)；电耗约0.5~1W/m^2；管网热损失约折合为18~15W/m^2，还存在着调节不好导致的不均匀，造成部分末端过热，造成损失约20%以上，此外不易实现分户计量和分户调节。

当使用燃煤热源时，不集中别无他路。当采用燃气，电动热泵等新方式时，热源应尽量分散，而完全不应该集中，否则将继续继承集中供热的全部缺点。尽管集中大型热泵机组的效率略高于分散热泵，但是依然存在系统调节不灵活、输配能耗高、不均匀损失大、不易计量等问题。例如，从计量收费的角度来讲，集中水源热泵系统需要增加空调冷热量的计量装置，这些装置在技术实施方面还有较大难度。特别地，对于同时存在公共建筑和居住建筑的情况下，如果面临同时需要冷热供应时，集中热泵系统将无能为力。而分散式（如户式）热泵系统通过统一供循环水，户内安装热泵，按电表计量，随意调节，无输送热损失，无不均匀损失，可以同时解决小区内冷热负荷需求，是值得推广的方向。

中央空调无室外机，美化环境，但是需要统一管理，难以实现个性化服务，并且计量困难。分户空调的特点与中央空调完全相反，可以通过统一供循环常温水，集中冷却塔或地下水，分户安装水冷机。这样，也没有室外机，美化环境；可以自由启停，实现个性化服务；电表计量，自由调节；可统一收循环冷却水费，例如北京地区可以考虑2元/($m^2 \cdot a$)。

同样的道理，应该尽量避免集中供冷，区域供冷更是弊远大于利。否则尽管集中冷源的COP较高，但是由于管网的热损失、末端的不平衡以及难以调节、计量等问题的出现，结果整个系统的COP可能还不如分散式制冷系统。

9.4 住宅采暖空调新途径

9.4.1 改革室内末端装置

人对热环境的感觉，65%取决于表面温度，只有35%取决于空气温度。同时，室内的相对湿度在65%以下，否则必须降温。此外还不希望过大的机械风造成的吹风感。

在过去，室内采暖之所以普遍采用暖气片，除了体制、经济水平等原因之外，符合舒适性要求（对人体热舒适的影响一半通过辐射实现）也是一个重要原因。然而，暖气片要求水温高，要占用室内空间，也存在不足。末端采用风机盘管或风口进行采暖空调，存在气流组织不好，容易带来吹风感的问题。此外，由于表面靠空气加热或冷却，冬季风温高于室内壁面温度，夏季低于室内壁面温度，不符合室内人体热舒适65%由壁面温度影响的规律。此外还容易带来噪声问题。

采用辐射板供热/供冷是一种可改善室内热舒适并节约能耗的新方式。其具体方式包括地板辐射供热供冷、天花板辐射供热供冷、垂直辐射供热供冷等。供热时水温 23 ~ 30℃，供冷时水温 18 ~ 22℃。同时辅以置换式通风系统，采取下送风、风速低于 0.2m/s 的方式，换气次数 0.5 ~ 1 次/h，实现夏季除湿、冬季加湿的功能。

这样在冬季适当降低室温、夏季适当提高室温的情况下，可降低能耗并获得等效的舒适度；同时，室内湿度得以有效控制，并消除吹风感的问题。冬夏共用同样的末端，可节约一次初投资；提高夏季水温降低冬季水温，有利于使用热泵而显著降低能耗。设计中可根据室内人数调节新风量（分档控制），并依靠辐射维持值班采暖/空调，前者可依据室内新风机的用电量来对新风计量收费，后者可按照平米收费折算到物业费中，有利于节能和计量。

采用辐射板采暖/空调的另外一个好处是，由于夏季水温较高，而且新风独立承担湿负荷，还可以避免采用风机盘管时由于水温较低容易在集水盘产生霉菌而降低室内空气品质的问题。由于辐射板是安装在楼板内，因此基本上不占室内空间，效果也比较美观。

在西欧和北欧等发达国家，辐射冷却系统近年来得到了充分发展。例如：按辐射板结构划分，出现了“水泥核心”型、“三明治”型、“冷网格”型等不同辐射板形式；按冷辐射表面的位置划分，出现了辐射顶板供冷、辐射地板供冷和垂直墙壁供冷等不同系统形式。另一方面，不同的通风方式，例如传统的混合送风、新型置换通风或个体化送风等，分别与辐射冷却系统配合，构成特点不同的室内环境控制系统。此外，从应用于辐射冷却系统的冷源形式看，也逐渐趋于多样化：除传统的制冷机之外，以地下空间所蓄存的能量作为冷源、由深井抽取并回灌的深井水系统，或是利用环境中不饱和湿空气所蕴涵的能量、经由冷却塔直接蒸发得到冷水的系统，逐渐被关注或试用，其节能效果非常明显。

（1）“水泥核心”结构（Concrete Core，简称C型）

“水泥核心”结构是沿袭辐射采暖楼板思想而设计的辐射板，它是将特制的塑料管（如高交联度的聚乙烯PE为材料）或不锈钢管，在楼板浇注前将其排布并固定在钢筋网上，浇注混凝土后，就形成“水泥核心”结构（图9-15）。这一结构在瑞士得到较广泛的应用，在我国住宅建筑中也有少量的试点应用。这种辐射板结构工艺较成熟，造价相对较低。由于混凝土楼板具有较大的蓄热能力，因此可以利用C型辐射板实现蓄能；但从另一方面看，系统惯性大、启动时间长、动态响应慢，有时不利于控制调节，需要很长的预冷或预热时间。

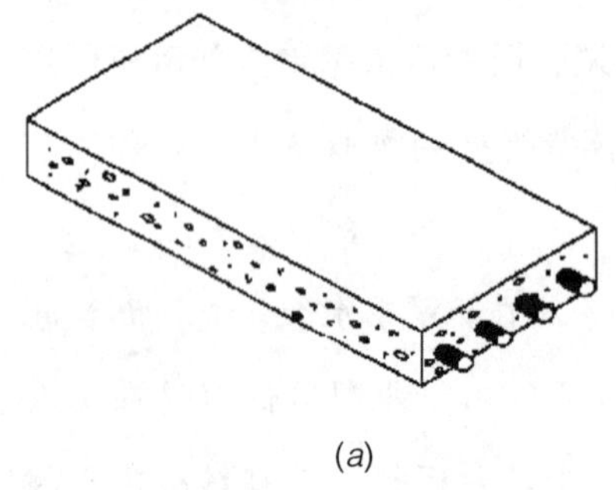
(*a*)

(*b*)

图9-15　C型辐射板结构
(*a*) 示意图；(*b*) 浇注混凝土前的情景

（2）“三明治”结构（Sandwich，简称S型）

“三明治”结构是以金属如铜、铝和钢为主要材料制成的模块化辐射板产品，主要用作吊顶板。从截面看，中间是水管，上面是保温材料和盖板，管下面通过特别的衬垫结构与下表面板相连（图9-16）。

由于这种结构的辐射吊顶板集装饰和环境调节功能于一体，是目前应用最广泛的辐射板结构。其安装的室内场景见图9-17。S型辐射板质量大、耗费金属较多，价格偏高，并且由于辐射板厚度和小孔的影响，其肋片效率较低，用红外热成像仪对S型辐射板表面温度分布进行测量时发现，表面温度分布不易均匀。

图9-16　S型辐射板样品

图9-17　S型辐射板安装后室内场景图

（3）“冷网格”结构（Cooling Grid，简称G型）

“冷网格”结构一般以塑料为材料，制成直径小（外径2～3mm）、间距小（10～20mm）的密布细管，两端与分水、集水联箱相连，形成“冷网格”结构（图9-18）。

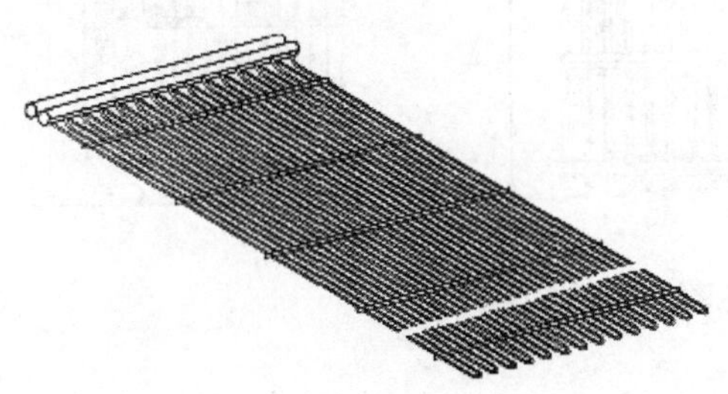

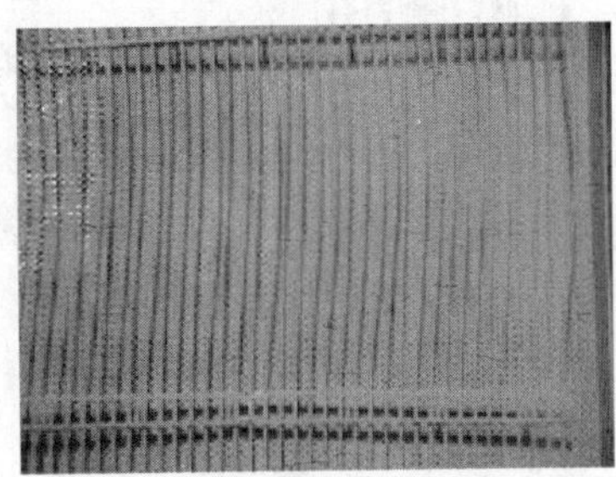

图9-18　G型辐射板示意图

这一结构可与金属板结合形成模块化辐射板产品，也可以直接与楼板或吊顶板连接，因而在改造项目中得到较广泛应用。图9-19、图9-20给出了各种G型辐射板格栅结构及连接结构示意图。

（4）“双层波状不锈钢膜”结构（Two Corrugated Stainless Steel Foils，简称F型）

“双层波状不锈钢膜”结构是由两块分别压模成型的薄不锈钢板（约0.6mm厚）点焊在一起，由于两块板凸凹有序，因此在两块板间形成水流通道，见图9-21。这种结构大大降低了从水到室内空气的传热热阻，可以作为吊顶板安装于室内，或固定在垂直墙壁上，是瑞士最新型的产品。这种结构对生产工艺，特别是金属板的加工工艺要求较高。水流可在板内通道均匀分布，系统性能很好。

（5）“多通道塑料板”结构（Multi-Channel Plastic Panel，简称P型）

“多通道塑料板”结构是清华大学魏庆芃等自行研制开发的新型辐射板结构（图9-22），它采用硬聚氯乙稀PVC或硬聚乙烯PE为材料，通过挤塑

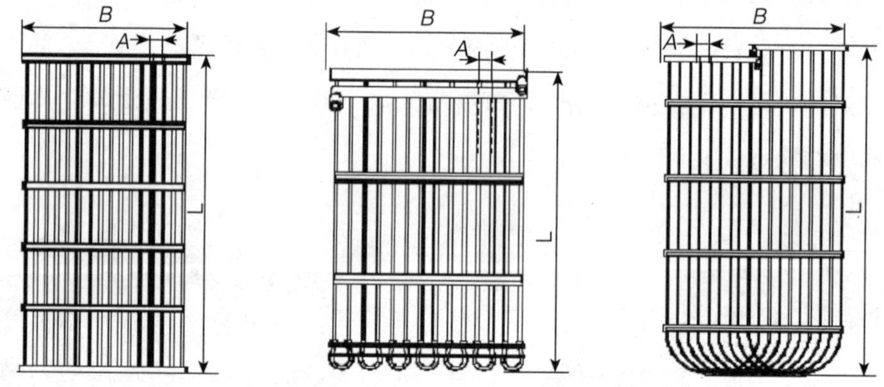

图9-19　各种G型辐射板格栅结构示意图

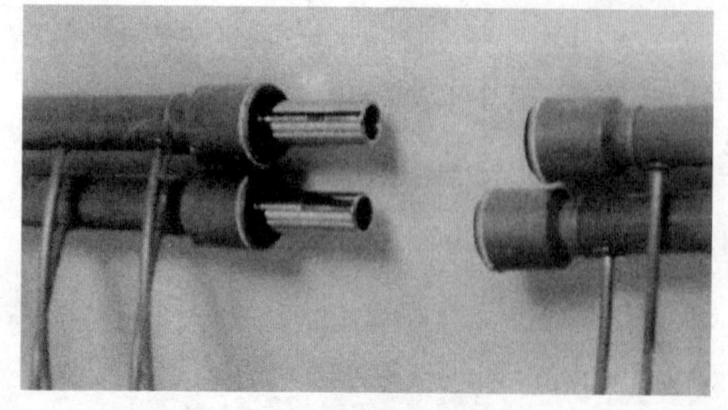

图9-20　G型辐射板格栅连接结构示意图

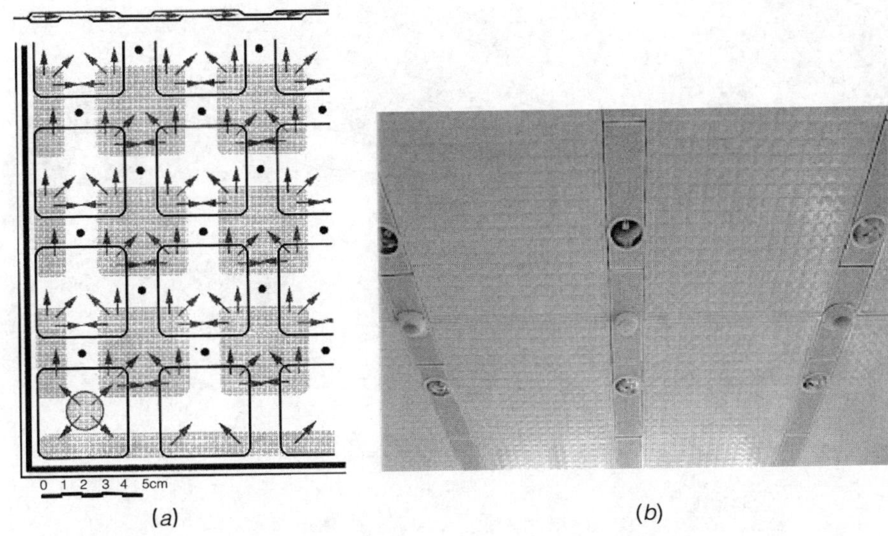

图 9-21　F 型辐射板
(a) 结构示意图；(b) 作吊顶安装后室内情景

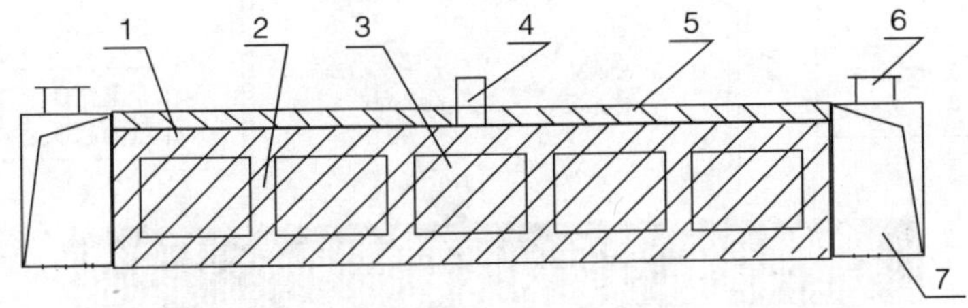

图 9-22　P 型辐射板结构示意图（截面）
1—PVC 板壁；2—导流板；3—水流通道；4—进（出）水口；5—保温层；6—进风口；7—风道

成型工艺制造出多通道并联的塑料辐射板主体，再与端部密封件连接形成模块化的辐射板。这种结构同样大大降低了从水到室内空气的传热热阻，并使用价格相对低廉的塑料为材料，可大大降低成本和重量。

采用独立新风系统 + 干式风机盘管是另外一种新的解决思路。即利用新风承担室内的湿负荷，风机盘管运行在干工况情况，不再有冷凝水产生，从而使得风机盘管不需要装设凝水盘，甚至结构更加简单和紧凑。如图 9-23 ~ 图 9-25 所示的是 Danfoss 公司生产的一种新型的贯流型干式风机盘管。

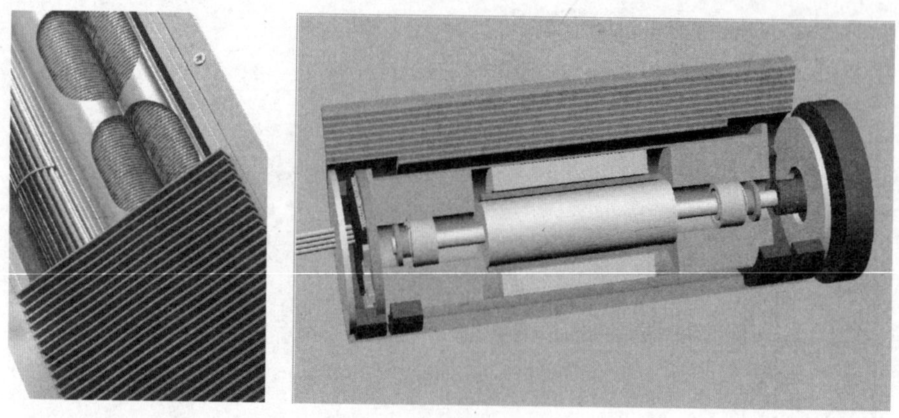

图 9-23 DANFOSS 贯流型干式风机盘管产品示意图

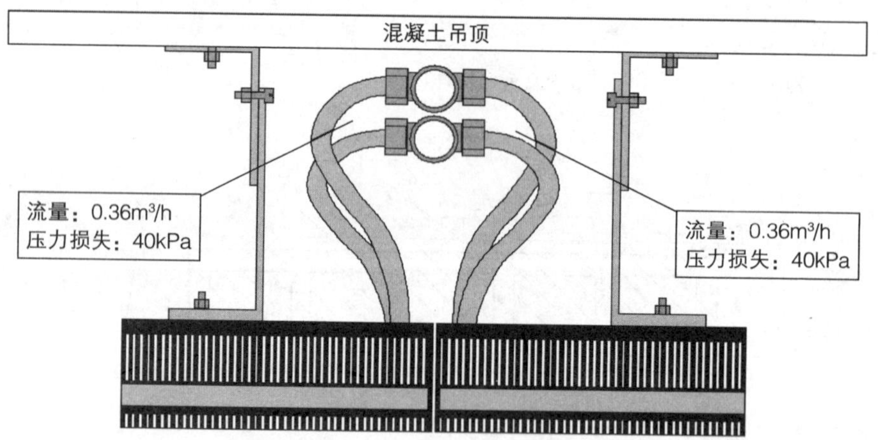

图 9-24 DANFOSS 贯流型干式风机盘管吊装在楼板下方的安装示意图

该产品为模块化设计，在长度方面可灵活改变，与建筑物的尺寸很容易配合。在风扇和导流板之间放置了特殊的材料 VORTEX 以消除由于高风速引起的噪声。采用专用高精度轴承，确保长寿命及消除机械噪声。电机为直流无刷型，这也就意味着无磨损件。电机效率很高，并可在 400～3000r/min 的范围内进行连续调节。DANFOSS 干式风机盘管的输出量参见表 9-5，其中 ΔT = （供水温度 + 回水温度）/2 - 房间空气温度。

图9-25 DANFOSS干式风机盘管应用效果图

不同风速下干式风机盘管输出冷热量 表9-5

	1500r/m	2800r/m
ΔT=35℃时，每米的热输出能力	400W	730W
ΔT=9℃时，每米的冷输出能力	110W	190W

9.4.2 新型冷热源装置

以下提出几种新型住宅用的新型冷热源配置方式，供参考。

（1）户式温水冷风机

夏季同时产生18℃冷水和除湿后的冷风进行空调，冬季只产生25～30℃热水进行采暖，末端可以配置地板采暖、风机盘管等；每户一台室外机外挂（图9-26）。

（2）集中新风送到各户，计量收费

可以设置专门的除湿机组处理新风，然后送到各户，利用室内新风机的分档控制进行计量和收费。

同时可以考虑采用集中供热热水作楼板辐射供热，用地下水循环作楼板辐射供冷，用集中制冷机制18℃冷水作楼板辐射供冷（高COP），这样整个系统的COP较高，且室内冬夏季的热舒适状况均较好。

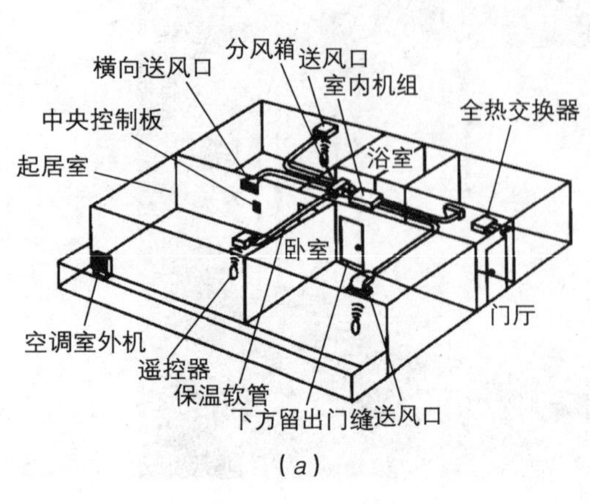

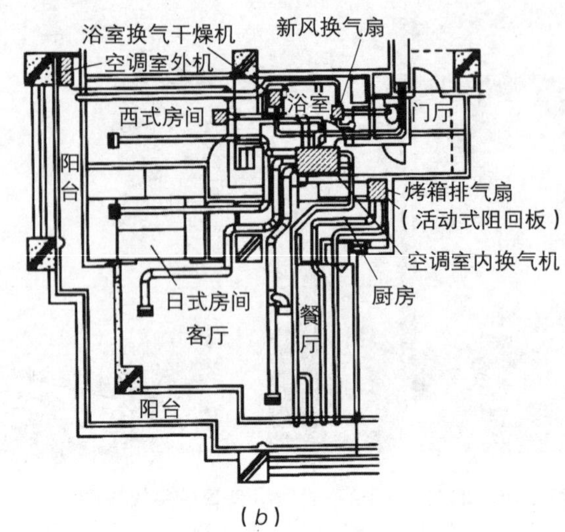

图 9-26 户式温水风管空调采暖系统

图 9-27 建筑实景（外观为干挂石材）

9.5 案例分析

9.5.1 锋尚国际公寓

锋尚国际公寓是参照欧洲发达国家居住建筑节能标准在国内建造的住宅（图 9-27）。该公寓位于北京市海淀区中关村的万柳社区内，占地 2.6hm^2，总建筑面积 10 万 m^2，其中塔楼 D、F 座住宅建筑面积各 1.8 万 m^2，板楼 E 住宅建筑面积 7000m^2。

在围护结构设计上，该住宅采用了高保温性能的围护结构构造（图 9-28），其中屋顶为 200mm 厚现浇钢筋混凝土楼板上贴 200mm 聚苯板，局部屋顶绿化；外墙墙体由 150mm 厚现浇钢筋混凝土板、外贴 100mm 厚聚苯板、加 100mm 厚空气间层、外挂 7mm 厚瓷片组成；外墙保温板延伸到地下 1.5m；外窗为铝合金断热 Low-e 中空玻璃平开窗，外设遮阳卷帘。

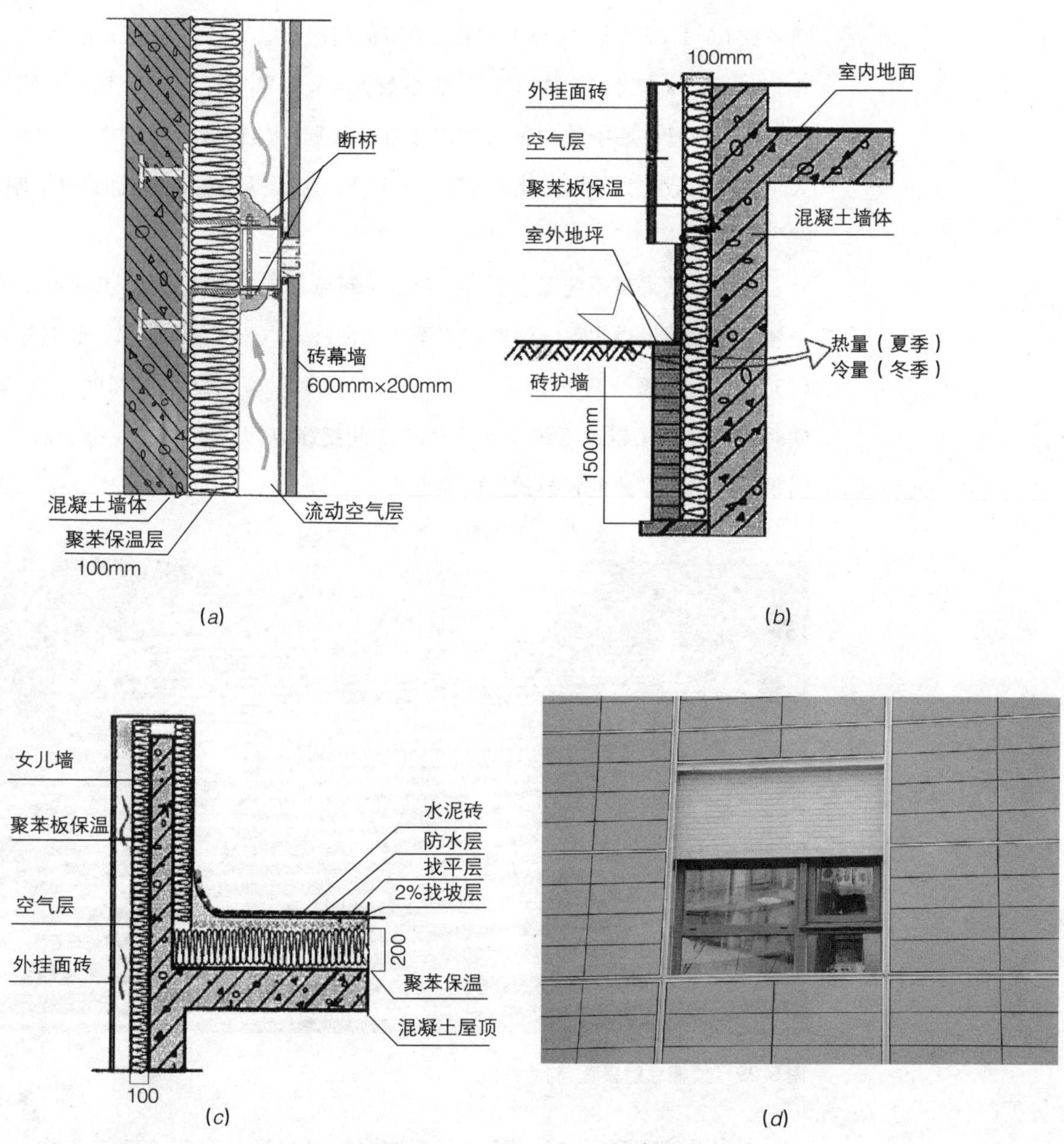

图 9-28　围护结构构造设计

(a) 外墙保温截面图；(b) 地下保温截面图；(c) 屋顶保温截面图；(d) 外窗及外卷帘

根据中国建筑科学研究院和清华大学冬季现场联合测试的结果，外墙主体部位的综合传热系数 K 值达到 0.37W/(m^2·K)，墙体平均传热系数为 0.53 W/(m^2·K)；外窗在卷帘关闭的情况下，整个外窗（包括卷帘）的传热系数 K=1.89W/(m^2·K)，在无卷帘的情况下，其传热系数 K 值为 2.17 W/(m^2·K)，窗框部位的平均传热系数 K=2.03W/(m^2·K)。然而，测试中发现，尽管外墙主体的保温性能很好，其局部热桥部位的热损失仍相当大，热流一般约为外墙主体部位的 2~4 倍，尤其以窗洞口附近的外墙热桥损失最大。

住宅空调采暖系统采用了天棚辐射+新风系统（图 9-29），其中在混凝土楼板内部埋设供水系统管道，夏季供高温冷水（21℃）、冬季供低温热水（23℃），一套系统两季使用，承担建筑的冬季采暖与夏季空调两种负荷；同时采用集中式新风系统对每个住户房间提供新风，在末端（每个房间）则采用下送上排式的置换式送回风形式。

图 9-29　顶棚辐射采暖/制冷系统

锋尚公寓实测室内温湿度可稳定地控制在 24℃、40%~60% 范围内，室内物理环境和空气品质质量高；采暖能耗指标为 12.4W/m^2，节能效果明显。但是由于夏季过渡季和夏季全部空调，空调季节的节能效果并不明显。

该采暖空调系统的不足之处在于，末端风量用户无法自调节，全楼统一控制；此外，冷源应分别制取两种温度冷水，以提高冷机 COP。运行中还可考虑把节能与管理挂钩，实施节能管理激励机制，例如物业管理部门的收益没有和节能、节约资源等直接挂钩等。

9.5.2　空气热泵 + 地板辐射

以空气为热泵的热源在寒冷地区进行采暖是当前研究的热点。它较之以往的燃煤、燃油、直接用电等取暖方式，在环保、节能、安全使用，甚至经济等方面有突出的优点，其可推广性也超过了水源、地源热泵。国内最近有厂家提出了低温空气源热泵 + 低温热水地板辐射采暖相结合的方式，通过在京、津、青岛、武汉等 20 多个工程两个冬季的试点，在保证室内 18℃以上的舒适环境及无辅助热源的前提下，获得了较好的节能效果。

这种低温空气源热泵在室外气温较低的情况下，依然有较高的 COP，从而为提高采暖质量和节能效果提供了可能，机组在不同室外气温下的性能如表 9-6 所示。

空气源热泵的低温性能①　　**表** 9-6

采暖室外设计温度（℃）	-2	-7	-10	-15
热泵供水温度（℃）	34	34	34	34
COP	2.00	1.92	1.75	1.50

在利用这种低温空气热泵作为热源时，供水温度或供回水平均温度应尽可能设计得低些，以使机组效率尽可能高。此外，供回水的温差也尽量

① 机组额定功率为 5kW。

控制在较小的范围内，一般为2~3℃。选择地板下埋管时，可参照《低温热水地板辐射供暖应用技术规程》（DBJ/T01-49-2000）附录E-1至E-3中平均水温35℃一栏，按照地板所需散热量选择间距，然后，将管道直径放大到ϕ20/16成间距缩小一档即可。图9-30为该采暖方式在某小区试点的系统平面布置图。

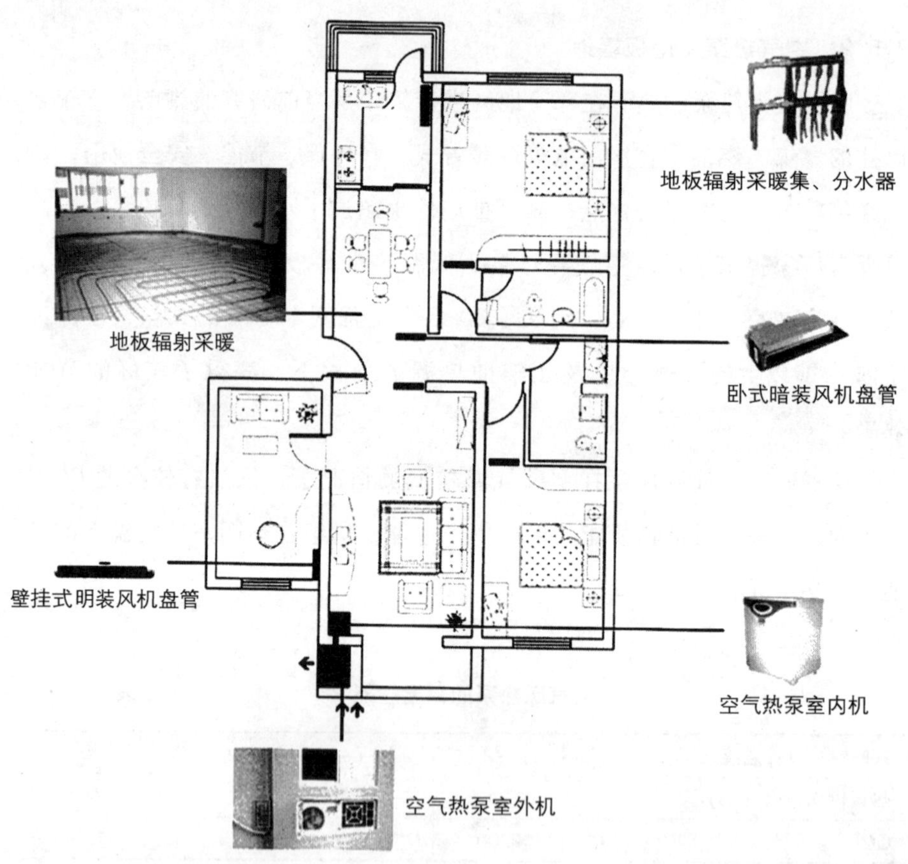

图9-30　某试点住宅系统平面布置图

该系统在京、津地区建立了一些住宅用空气热泵地板采暖工程，其中针对京津地区试点工程进行的运行测试结果如表9-7所示。

试点工程的比较（测试时间：2001年11月~2002年3月）　　表9-7

试点名称	曙光花园	海丰园1号楼402	天津银河公寓3#1门402	望京世安家园	回龙观云趣园10#4单元202
建筑面积（m^2）	88.6	90	86	102	122
保温等级及地板	外墙内保温，单塑框双玻璃，地面没装修	外墙保温，单铝框双玻，瓷砖地面	37红砖墙，无保温，单铝门窗，瓷砖地面	外墙内保温，单层钢窗，主要房间为复合木地板	外墙内保温，单层塑钢窗，素水泥地面
朝向	南、西，南阳台	西，西阳台	东西向	南、西、北角，西北阳台	南北向南阳台
周围邻舍采暖情况	有人居住，并有采暖	周围无任何居住采暖	周围有采暖	周围无采暖住户	周围有采暖
设置室温（℃）	20	21	18	18	18
测试日期	1.23~2.6	12.7~12.20	11.16~2.20	2.8~2.19	12.23~3.5
平均电耗（度/m^2日）	0.20	0.41	0.29	0.25	0.13
备注	2.5P机	2.5P机	2.5P机	3P机	3P机

根据上表，平均耗电量约0.26度/(m^2·d)，那么一个采暖季下来采暖费约12~14元/(m^2·采暖季)。考虑到2001~2002年是暖冬，室外平均温度为+2.5℃，比标准年高出约4.1℃，那么修正之后的运行费约15~18元/(m^2·采暖季)，比燃气、燃油集中供暖有较好的竞争力，而且室内可以实现较好的采暖效果。随着谷值电价的推行，与燃气、燃油比，该系统在运行费上还将有额外的优势，系统回收年限会缩短。对于燃气管网铺设不到的区域，如别墅、平房区，该系统将具有更好的应用前景。

9.6 总　结

基于改善采暖空调效果、提高能效的空调采暖系统节能设计，是绿色建筑的主要内容。

面对变化的环境与条件，住宅的采暖空调系统也必须相应变化。例如，在燃料结构上，天然气、电正逐步替代燃煤；在使用者侧，正面临着房屋私有化和用户对冷、热都存在需求的变化；同时，还存在着计量收费强制化、取消大锅饭的供热体制改革。因此，面对如此形式，传统方式已经不可能完全适应新的变化，必然导致新的住宅空调采暖系统和新方式的涌现，如各种热泵技术、新型末端设备及技术等。

“告别空调暖气”，未来不是梦。

参考文献

1 江亿. 华北地区大中型城市供暖方式分析. 暖通空调，2000.3：30~33

2 郭非，江亿，田贯三. 分户燃气供暖方式调研分析. 暖通空调，2002.6：11~15

3 江亿. 我国建筑节能现状及技术发展趋势. 暖通空调，2005年第35卷第5期

4 辛长征. 深井回灌式水源热泵系统耦合传热研究. 清华大学硕士论文，2003

5 戴永庆等编. 燃气空调技术及应用. 北京：机械工业出版社，2004

6 范存养，许雷. 日本住宅的空调方式与设备. 暖通空调，2005年35卷第6期

7 吴荣华，张承虎，孙德兴. 城市污水冷热源应用技术发展状况研究. 暖通空调，2005年35卷第6期

8 清华同方人工环境设备公司技术产品资料

9 北京清华索兰环能技术研究所网站，http://www.suolan.cn/docc/jianjie.htm

10 张晓亮. 住宅能耗标识体系的研究. 清华大学硕士论文，2005